电力系统过电压

李静　程祥　编著

科 学 出 版 社

北　京

内 容 简 介

本书主要内容包括电力系统暂态分析理论基础、雷电过电压、内部过电压和过电压数值仿真方法4篇，共9章。本书较全面地介绍了电力系统过电压的种类、形成原因、研究方法及防护措施。

本书可作为高等学校电气工程及其自动化专业本科生、研究生教材，也可作为电力运行与制造部门工程技术人员的参考书。

图书在版编目(CIP)数据

电力系统过电压 / 李静，程祥编著. —北京：科学出版社，2018.12

ISBN 978-7-03-060137-7

Ⅰ. ①电… Ⅱ. ①李… ②程… Ⅲ. ①电力系统-过程-研究 Ⅳ. ①TM86

中国版本图书馆 CIP 数据核字（2018）第 291845 号

责任编辑：余 江 张丽花 董素芹 / 责任校对：王萌萌
责任印制：赵 博 / 封面设计：迷底书装

科学出版社 出版
北京东黄城根北街16号
邮政编码：100717
http://www.sciencep.com
北京富资园科技发展有限公司印刷
科学出版社发行 各地新华书店经销
*
2018年12月第 一 版 开本：787×1092 1/16
2025年 5 月第三次印刷 印张：13
字数：316 000

定价：69.00元
(如有印装质量问题，我社负责调换)

前　言

电力建设的迅速发展，使得电力系统的过电压保护工作显得更为重要。电力系统的工作可靠性与其绝缘水平和过电压大小密切相关。根据历年来的事故统计，电力系统中过电压所引起的事故占比较大；同时，随着电力规模不断扩大，额定电压的提高，内部过电压的增高也对电力系统的稳定运行产生影响。本书针对以上问题，对电力系统的暂态过程及在此过程中产生的过电压进行研究分析，并积极采取预防措施，以进一步提高电力系统的安全可靠性。书中着重介绍集中参数和分布参数电路的暂态分析方法，各种过电压的发生与发展机理，过电压保护装置的原理及其应用，电力系统过电压数值仿真方法。

全书分 4 篇，共 9 章，主要内容有：线性集中参数电路的暂态过程，包括采用经典法、叠加法、等值电源法、对称分量法及网孔法等求解线性时不变集中参数电路的暂态过程；线路和绕组中的波过程，包括均匀无损导线中的波过程、行波的折射与反射、行波通过串联电感和并联电容的计算方法、平行多导体中的波过程、冲击电晕对波过程的影响、绕组中的波过程以及波过程的数值计算方法；雷电过电压的产生，包括雷电放电过程、雷电参数、雷电过电压的形成；防雷保护装置，包括避雷针、避雷线、避雷器和接地装置；输电线路的防雷保护，包括输电线路的感应雷过电压防护、输电线路的直击雷过电压防护、输电线路的雷击跳闸率计算和输电线路的防雷措施；发电厂和变电所的防雷保护，包括直击雷的防护、进线段保护、阀式避雷器保护、变压器保护和旋转电机的防雷保护；电力系统的操作过电压主要介绍操作过电压的产生、计算和预防措施，包括电力系统短时过电压、切除空载线路时的过电压、空载线路的合闸过电压、弧光接地过电压和切除空载变压器引起的过电压；电力系统的谐振过电压，包括线性谐振过电压和非线性谐振过电压；电力系统的数值仿真方法。

本书的第 1 章、第 2 章、第 4～8 章由李静编写；第 3 章和第 9 章由程祥编写。全书由李静统稿。

本书内容参考了解广润教授主编的《电力系统过电压》和鲁铁成教授主编的《电力系统过电压》，以及其他相关文献资料，在此向各位作者表示感谢！本书的文字整理工作得到了研究生刘伟、闫敏的协助，在此一并表示感谢！

由于编者水平有限，书中难免存在不足之处，恳请读者批评指正。

编　者

2018 年 9 月

目　　录

第一篇　电力系统暂态分析理论基础

第 1 章　线性时不变集中参数电路的暂态过程……1
1.1　具有 R、L、C 元件的电路在直流电压作用下的暂态过程……1
1.2　任意电压作用在 LC 串联电路上的暂态过程……8
1.3　参数突变时的暂态过程……15
1.4　多网孔振荡回路的暂态过程……28
习题……33
第 2 章　长线和绕组中的波过程……34
2.1　无损耗单导线线路中的波过程……34
2.2　行波的折射与反射……40
2.3　行波通过串联电感和并联电容……50
2.4　行波的多次折射与反射(网格法)……53
2.5　无损耗平行多导线系统中的波过程……55
2.6　冲击电晕对线路波过程的影响……60
2.7　贝瑞隆法计算电力系统过电压……62
2.8　单相变压器绕组中的波过程……70
2.9　三相变压器绕组中的波过程……76
2.10　旋转电机绕组中的波过程……77
习题……79

第二篇　雷电过电压

第 3 章　雷电及防雷保护装置……80
3.1　雷电放电过程……80
3.2　雷电参数……83
3.3　避雷针、避雷线的保护范围……86
3.4　避雷器……90
3.5　接地装置……98
习题……104
第 4 章　输电线路的防雷保护……106
4.1　输电线路的感应雷过电压……106

4.2 输电线路的直击雷过电压和耐雷水平 ······ 108
4.3 输电线路的雷击跳闸率 ······ 114
4.4 输电线路的防雷措施 ······ 116
习题 ······ 117
第 5 章 发电厂和变电所的防雷保护 ······ 119
5.1 发电厂、变电所的直击雷防护 ······ 119
5.2 变电所内侵入波的防护 ······ 120
5.3 变电所的进线段保护 ······ 128
5.4 三绕组变压器和自耦变压器的防雷保护 ······ 130
5.5 变压器中性点保护 ······ 132
5.6 旋转电机的防雷保护 ······ 133
习题 ······ 138

第三篇 内部过电压

第 6 章 电力系统中的工频过电压 ······ 140
6.1 空载长线路的电容效应引起的工频电压升高 ······ 140
6.2 不对称短路引起的工频电压升高 ······ 145
6.3 突然甩负荷引起的工频电压升高 ······ 146
习题 ······ 147
第 7 章 电力系统中的操作过电压 ······ 148
7.1 切除空载线路时的过电压 ······ 148
7.2 切除空载变压器引起的过电压 ······ 152
7.3 间歇电弧接地过电压 ······ 154
7.4 空载线路的合闸过电压 ······ 161
习题 ······ 163
第 8 章 电力系统的谐振过电压 ······ 165
8.1 线性谐振过电压 ······ 165
8.2 非线性(铁磁)谐振过电压 ······ 167
8.3 参数谐振过电压 ······ 171
8.4 常见谐振过电压实例 ······ 173
习题 ······ 181

第四篇 过电压数值仿真方法

第 9 章 电力系统过电压的数值仿真 ······ 182
9.1 EMTDC/PSCAD 简介 ······ 182
9.2 PSCAD 工作环境 ······ 183

9.3 PSCAD 的基本操作……189
9.4 雷电过电压仿真示例……197

参考文献……200

第一篇　电力系统暂态分析理论基础

第1章　线性时不变集中参数电路的暂态过程

电力系统是由输电线、配电线及各种电气设备(如电机、变压器、互感器、避雷器、断路器、电抗器和电容器等)经线路连接成的一个保证安全发供电的整体。电力系统的工作状态可分为稳态和暂态两种，暂态是两个稳态过程之间的过渡过程，也是过电压产生的基本原因。暂态过程可由内因和外因引起，内因是在系统中存在 L、C 储能元件，由于能量的存储与释放不能即刻完成，L、C 中能量相互交换形成过电压；外因则是雷电冲击、换路、参数变化等故障、非故障条件的改变。当电力系统发生电磁暂态过程时，会引起系统电压的升高，危及电气设备的绝缘，造成系统事故。研究过电压可采用波过程和集中参数电路两种方法，当电路中的最大实际线性尺寸 l 比谐波的波长 λ 小得多时，可以采用集中参数电路处理，否则应作为分布参数电路，采用波过程进行分析。本章主要讨论集中参数电路的过渡过程问题，有关分布参数电路的过渡过程问题将在第 2 章讨论。

1.1　具有 R、L、C 元件的电路在直流电压作用下的暂态过程

1.1.1　直流电压作用在 LC 串联回路上的暂态过程

在电力系统中，负载、变压器、电磁式电压互感器、电抗器等一般为感性，绝缘为容性，当进行与电源接通或分断操作时，就会产生电磁暂态过程，在暂态变化过程中，若电感储能转化为电容储能，就会产生高幅值的过电压，危害绝缘。下面以直流电压作用于 LC 回路上为基础，研究回路上的暂态过程以及由此而产生过电压的物理成因。

图 1-1 为一直流电压源合闸于 LC 串联电路，在未合闸时 $i=0, u_C=0$，根据基尔霍夫定理，可写出

$$E = u_L + u_C \tag{1-1}$$

$$u_L = L\frac{\mathrm{d}i}{\mathrm{d}t} \tag{1-2}$$

$$u_C = \frac{q}{C} = \frac{1}{C}\int i\mathrm{d}t \tag{1-3}$$

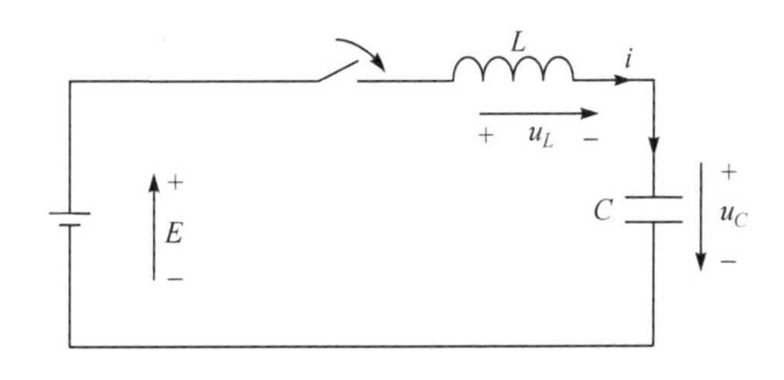

图 1-1　直流电压作用在 LC 回路上

因此，电路方程可写为

$$E = L\frac{\mathrm{d}i}{\mathrm{d}t} + \frac{1}{C}\int i\mathrm{d}t$$

或

$$LC\frac{\mathrm{d}^2u_C}{\mathrm{d}t^2}+u_C=E \tag{1-4}$$

式(1-4)的解为

$$u_C=E(1-\cos\omega_0 t) \tag{1-5}$$

式中，$\omega_0=\frac{1}{\sqrt{LC}}$。

将式(1-5)代入式(1-3)，并将式(1-3)改写为$i=C\frac{\mathrm{d}u_C}{\mathrm{d}t}$，则得

$$i=\frac{E}{\sqrt{\frac{L}{C}}}\sin\omega_0 t \tag{1-6}$$

现在用物理概念来说明数学解的意义。由于电感中电流不能突变，因此在$t=t_1=0^+$时(图 1-2)，$i_L=0$，又由于$t=t_1=0^+$时C上的电荷q为零，即$u_C=0$，故有$\frac{\mathrm{d}i}{\mathrm{d}t}=\frac{E}{L}$，即$t=t_1=0^+$时$i$曲线将自零向上增长，且在整个暂态过程中，此时电流增长最快。到时刻t_2时，由于$q=\int_0^{t_2}i\mathrm{d}t$已有一定的数值，即$u_C=\frac{1}{C}\int_0^{t_2}i\mathrm{d}t$已上升到一定的数值，此时$u_L=E-u_C$的值必然下降，因此$\frac{\mathrm{d}i}{\mathrm{d}t}=\frac{u_L}{L}$也随之下降，即$i$曲线向上增长的势头已渐趋平缓。到某一时刻$t_3$，当$u_C$上升到电源电压$E$时，将有$u_L=E-E=0$，即$\frac{\mathrm{d}i}{\mathrm{d}t}=0$，此时$i$的曲线变平，即$i$达到最大值。由于电感中电流不能突变，所以尽管电容上的电压已充至电源电压，i将继续经L向C流通，继续对电容充电。$t_3<t\leqslant t_5$时，u_C值就会越来越大。此时$u_L=E-u_C$已变为负值，即$\frac{\mathrm{d}i}{\mathrm{d}t}$是负的，随着$t$的加大，电流$i$将逐渐下降，然而只要$i$未下降到零，电容$C$就将继续得到充电，$u_C$就会继续增大，只不过增长速度逐渐变慢。而在$u_C$增长的同时，$u_L$必然会越来越负，即$\frac{\mathrm{d}i}{\mathrm{d}t}$负得越来越大，这意味着$i$曲线下降得越来越快。到某一时刻$t_5$，当$i$下降到零时，$u_C$将上升到最大值$U_\mathrm{m}$。由于电流由$t_1$到$t_3$以及$t_3$到$t_5$是对称的，由式(1-6)可以看出，由$t_3$到$t_5$间$C$上电荷的增多必然等于由$t_1$到$t_3$间$C$上电荷的增多，因此到$t_5$时$u_C$的值必然为$t_3$时$u_C$值的两倍，即$U_\mathrm{m}=2E$(当$C$上无初始电荷时)。

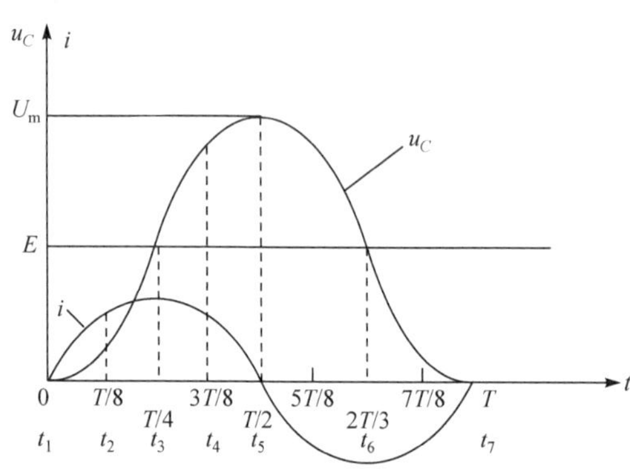

图 1-2　图 1-1 回路中i和u_C随时间的变化

上述分析说明，C上电压的最大值之所以会比电源电压E高出一倍，是因为当电源通过电感L向电容C充电时，除使C获得静电场能量外，电源所提供的电流同时使电感L中

储有磁能$\frac{1}{2}Li^2$。当$t=t_3$时，C上电压u_C到达E，i正好到达最大值，即L中的磁能最大，为$\frac{1}{2}Li^2=\frac{1}{2}L\left(E\Big/\sqrt{\frac{L}{C}}\right)^2=\frac{1}{2}CE^2$。此时电源供出的能量将为$CE^2$。当$t_3<t\leqslant t_5$时，由于电流方向未变，电源仍继续供给能量，且又有磁场能量转变为静电场能量，当$t=t_5$时，电源供出的总能量$2CE^2=\frac{1}{2}C(2E)^2$完全以静电场的形式储存于电容中，所以$u_{Cm}=2E$。

显然，当$t>t_5$时电容将开始经过L向电源放电，此时电流i将为负值(放电电流)。和前述充电过程一样，初始放电电流很小，随着时间的增长，放电电流将不断增加，同时随着电容上电压的不断下降，放电电流的增加也将不断减慢。当电容上的电压下降到$u_C=E$时(图 1-2 中时刻t_6)，将有$\frac{\mathrm{d}i}{\mathrm{d}t}=0$，此时放电电流将不再增加，也就是说电流到达负的最大值。同样由于电感中电流不能突变，当$t_6\leqslant t<t_7$，$u_C\leqslant E$时，电容还将继续经电感向电源放电，直到放电电流减小到零，电容上的电压也下降到零(图 1-2 中时刻t_7)。

从t_7开始，电流和电压的变化将重复上述过程。由于回路中没有电阻存在，这一过程将一直重复下去。即回路中的电流i及电容上的电压u_C将发生周期性振荡。实际上，回路中不可避免地要存在电阻，只要回路中有少量电阻$R(R<2\sqrt{\frac{L}{C}})$存在，经过若干周期后，电容上的电压最终一定会衰减到它的稳定值——电源电压E。

再来讨论直流电源E通过电感L作用到初始电压为$u_C(0)$的电容C上的情况[图 1-3(a)]。此时u_C的解为

$$u_C=E-[E-u_C(0)]\cos\omega_0 t \tag{1-7}$$

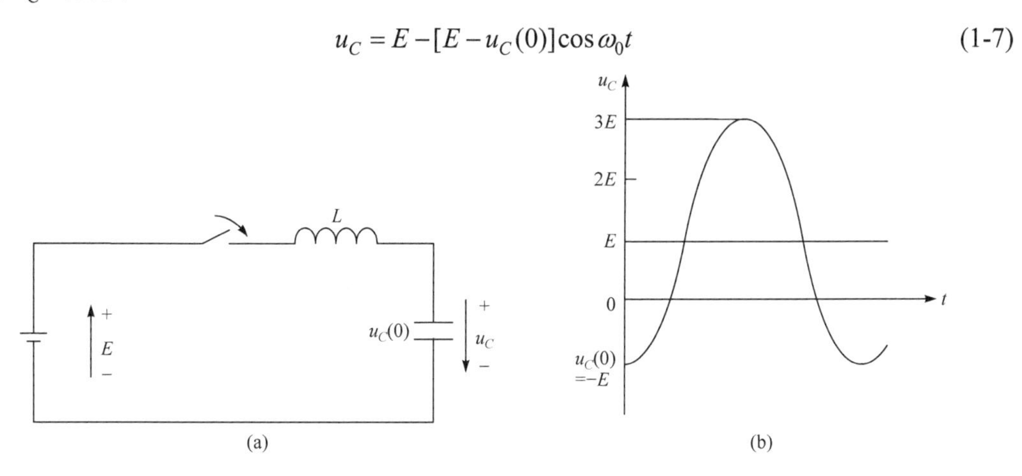

图 1-3　直流电源E通过电感L加到初始电压为$-E$的电容C上

从式(1-7)可知，u_C可以看作由两部分叠加而成，第一部分为稳态值E，第二部分为振荡部分，后者是起始状态和稳定状态有差别而引起的。振荡部分的振幅为(稳态值－起始值)。因此，由振荡而产生的过电压可以用下面更普通的式子求出：

$$
\begin{aligned}
\text{过电压} &= \text{稳态值} + \text{振荡幅值} = \text{稳态值} + (\text{稳态值}-\text{起始值}) \\
&= 2\text{倍稳态值} - \text{起始值}
\end{aligned} \tag{1-8}
$$

式(1-8)是最大过电压估算的基础，利用这个关系式，可以很方便地估算出由振荡而产生的过电压的值。例如，当电容 C 上的起始电压 $u_C(0)=-E$ 时，由于稳态电压为 E，电容上出现的最大过电压将为 $3E$，u_C 的波形如图 1-3(b)所示。

1.1.2 电阻对振荡的阻尼作用

为了抑制过电压的发展，可采用串联阻尼——在 LC 回路中串入电阻，如图 1-4 所示，或并联阻尼——在 L 或 C 上并联电阻，如图 1-5 的方式。定量的分析要借助于回路的特征方程和特征根。

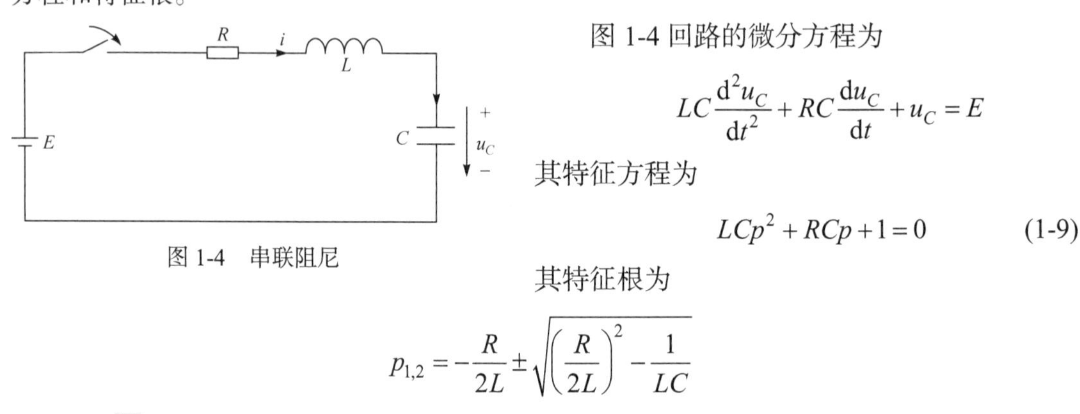

图 1-4 串联阻尼

图 1-4 回路的微分方程为

$$LC\frac{\mathrm{d}^2u_C}{\mathrm{d}t^2}+RC\frac{\mathrm{d}u_C}{\mathrm{d}t}+u_C=E$$

其特征方程为

$$LCp^2+RCp+1=0 \tag{1-9}$$

其特征根为

$$p_{1,2}=-\frac{R}{2L}\pm\sqrt{\left(\frac{R}{2L}\right)^2-\frac{1}{LC}}$$

取 $R_0=\sqrt{\frac{L}{C}}$，上式可改写为

$$p_{1,2}=-\frac{1}{\sqrt{LC}}\times\frac{R}{2R_0}\pm\sqrt{\frac{1}{LC}\left(\frac{R}{2R_0}\right)^2-\frac{1}{LC}}$$

由上式可见，当 $R\geqslant 2R_0=2\sqrt{\frac{L}{C}}$ 时，$p_{1,2}$ 均为实数根。此时振荡将完全被阻尼，在电容上不会出现高出电源电压的过电压，因此就不进一步讨论这种情况了。以下在讨论电阻对 u_C 的影响时，均假设初始条件为零。

当 $R<2R_0=2\sqrt{\frac{L}{C}}$ 时，u_C 将为由下式所表示的衰减振荡

$$u_C=E\left[1-\frac{\mathrm{e}^{-\alpha t}}{\cos\varphi}\cos(\omega t-\varphi)\right] \tag{1-10}$$

式中，$\alpha=\frac{1}{\sqrt{LC}}\times\frac{R}{2R_0}$；$\omega=\sqrt{\frac{1}{LC}\left[1-\left(\frac{R}{2R_0}\right)^2\right]}=\sqrt{\omega_0^2-\alpha^2}$；$\varphi=\arctan\frac{\alpha}{\omega}$。

为求电容上电压最大值出现的时间，可将式(1-10)对 t 求导，得

$$\frac{\mathrm{d}u_C}{\mathrm{d}t}=\frac{E}{\cos\varphi}[\omega\mathrm{e}^{-\alpha t}\sin(\omega t-\varphi)+\alpha\mathrm{e}^{-\alpha t}\cos(\omega t-\varphi)] \tag{1-11}$$

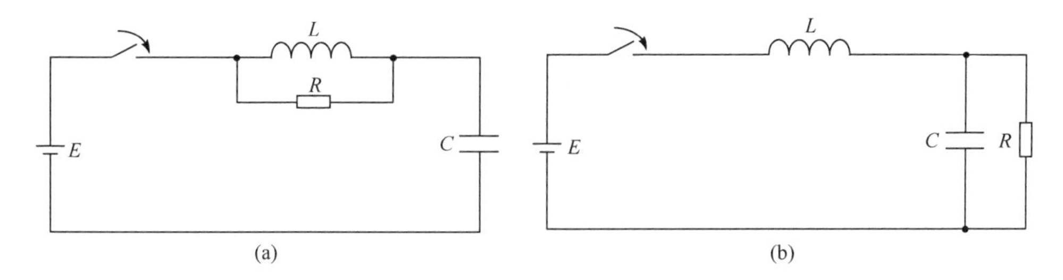

图 1-5 并联阻尼

令 $\frac{\mathrm{d}u_C}{\mathrm{d}t}=0$，得 $\frac{\sin(\omega t-\varphi)}{\cos(\omega t-\varphi)}=-\frac{\alpha}{\omega}$，即

$$\tan(\omega t-\varphi)=-\tan\varphi$$

由此可见电容上的电压最大值将出现在 $\omega t=\pi$ 时，其值为

$$u_{C\mathrm{m}}=E(1+\mathrm{e}^{-\frac{\alpha}{\omega}\pi}) \tag{1-12}$$

同样，根据图 1-5 可得并联阻尼时回路的特征方程为

$$LCRp^2+Lp+R=0 \tag{1-13}$$

其特征根为

$$\begin{aligned} p_{1,2}&=-\frac{1}{2RC}\pm\sqrt{\left(\frac{1}{2RC}\right)^2-\frac{1}{LC}} \\ &=-\frac{1}{\sqrt{LC}}\times\frac{R_0}{2R}\pm\sqrt{\left(\frac{1}{\sqrt{LC}}\times\frac{R_0}{2R}\right)^2-\frac{1}{LC}} \end{aligned} \tag{1-14}$$

由此可知，在并联阻尼的情况下，当 $R\leqslant\frac{1}{2}R_0=\frac{1}{2}\sqrt{\frac{L}{C}}$ 时，$p_{1,2}$ 均为实根，电容上将不会出现过电压，而当 $R>\frac{1}{2}R_0=\frac{1}{2}\sqrt{\frac{L}{C}}$ 时，电容上的最大过电压仍可用式(1-12)表示，只要取 $\alpha=\frac{1}{\sqrt{LC}}\times\frac{R_0}{2R}$，$\omega=\sqrt{\frac{1}{LC}\left[1-\left(\frac{R_0}{2R}\right)^2\right]}$ 即可。

在这里，串联电阻的作用是使电感中的磁能和电容中的电能在相互转换的过程中不断被消耗，显然它越大越好。并联电阻的作用是直接消耗掉 L(或 C)中的能量使之不能全部转送到 C(或 L)中，因此它越小越好。

采用阻尼电阻后，电容上的过电压值应按式(1-12)进行计算，即过电压的值将由 $\frac{\alpha}{\omega}$ 决定。由式(1-12)不难算出，在不满足临界阻尼的条件下，在串联阻尼时只要满足 $R\geqslant1.4R_0$，在并联阻尼时只要满足 $R\leqslant\frac{1}{1.4}R_0$ 就有 $\mathrm{e}^{-\frac{\alpha}{\omega}\pi}\leqslant0.05$，即 $u_{C\mathrm{m}}$ 只为 $1.05E$。

下面再来讨论既存在串联电阻 R 又存在并联电阻 R_b 的情况(图 1-6)。

图 1-6(a)为 R_b 和电容并联的情况，其特征方程及特征根为

$$LCR_bp^2+(CRR_b+L)p+R+R_b=0 \tag{1-15}$$

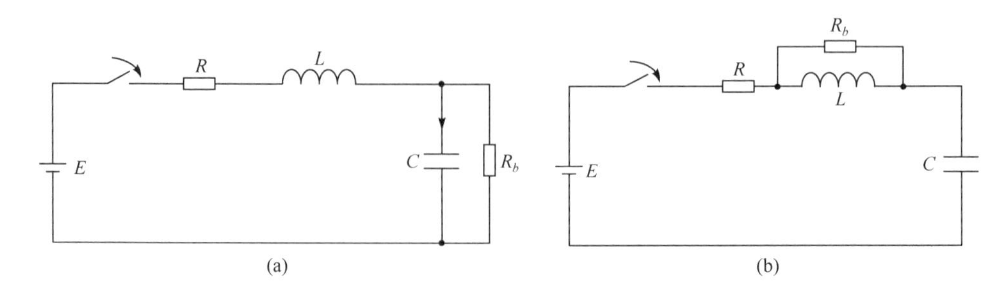

图 1-6　同时存在串联和并联电阻时

$$p_{1,2}=-\frac{1}{\sqrt{LC}}\left(\frac{R}{2R_0}+\frac{R_0}{2R_b}\right)\pm\frac{1}{\sqrt{LC}}\sqrt{\left(\frac{R}{2R_0}+\frac{R_0}{2R_b}\right)^2-\left(1+\frac{R}{R_b}\right)} \tag{1-16}$$

图 1-6(b)为 R_b 和电感并联的情况，其特征方程及特征根为

$$LC(R+R_b)p^2+(CRR_b+L)p+R_b=0 \tag{1-17}$$

$$\begin{aligned}p_{1,2}=&-\frac{1}{\sqrt{LC}}\left(\frac{R}{2R_0}+\frac{R_0}{2R_b}\right)\left(\frac{R_b}{R+R_b}\right)\\&\pm\frac{1}{\sqrt{LC}}\times\frac{R_b}{R+R_b}\sqrt{\left(\frac{R}{2R_0}+\frac{R_0}{2R_b}\right)^2-\left(1+\frac{R}{R_b}\right)}\end{aligned} \tag{1-18}$$

可见无论 R_b 和电容并联还是和电感并联，其不振荡的条件均为

$$R_b^2R^2-2R_0^2R_bR+(R_0^4-4R_0^2R_b^2)\geqslant 0 \tag{1-19}$$

如取 R 为串联阻尼的临界值 $2R_0$，即 $R=2R_0$，则式(1-19)可改写为

$$R_0-4R_b\geqslant 0$$

这一结果说明，在已被串联电阻 $2R_0$ 完全阻尼的 LC 串联回路($R_b=\infty$)中，加并联电阻 R_b 后，有时反而会引起振荡，只有当 $R_b\leqslant\frac{1}{4}R_0$ 时，振荡才能消除。

如在式(1-19)中取 $R_b=\frac{1}{2}R_0$，则该式可改写为

$$\frac{1}{4}R-R_0\geqslant 0$$

即在已被并联电阻 $\frac{1}{2}R_0$ 完全阻尼的 LC 回路(R=0)中，加串联电阻后也可能引起振荡，而只有当 $R\geqslant 4R_0$ 时，振荡才会消除。

可见，电阻不是在任何情况下都可起到阻尼振荡的作用，不正确地使用电阻有时反而可导致振荡。还需说明的是，在已实现串联阻尼的条件下，在电容上并联电阻或在电感上并联电阻而促使电容上电压重新振荡的机制是不同的。前者是并联电阻 R_b 和 R 的分压使电容上的稳态电压降低所造成的。振荡只是围绕稳态值 $\frac{R_b}{R+R_b}E$ 进行，其方程为

$$u_C=\frac{R_b}{R+R_b}E\left[1-\frac{e^{-\alpha t}}{\cos\varphi}\cos(\omega t-\varphi)\right] \tag{1-20}$$

式中，$\alpha=\frac{1}{\sqrt{LC}}\left(\frac{R}{2R_0}+\frac{R_0}{2R_b}\right)$；$\omega=\frac{1}{\sqrt{LC}}\sqrt{\left(1+\frac{R}{R_b}\right)-\left(\frac{R}{2R_0}+\frac{R_0}{2R_b}\right)^2}$；$\varphi=\arctan\frac{\alpha}{\omega}$。

此时电容上出现的最大电压值为

$$u_{Cm}=\frac{R_b}{R+R_b}E(1+e^{-\frac{\alpha}{\omega}\pi}) \tag{1-21}$$

在 $R=2R_0$，且 $R_b>\frac{1}{4}R_0$ 的情况下所算得的与不同的 R_b 所对应的 $\frac{u_{Cm}}{E}$ 值列于表 1-1。由表 1-1 可见，当 $\frac{R_b}{R_0}\to\infty$ 时，振荡将因幅值趋于零而消失；当 $\frac{R_b}{R_0}\to\frac{1}{4}$ 时，振荡的幅值也将趋于零；而当 $R_b=R_0$ 时，振荡发展最充分。然而，当 $R=2R_0$ 时，在 $R_b>\frac{1}{4}R_0$ 的所有范围内，回路都有振荡，但由于其稳态值低且衰减又强，因此根本不会出现任何过电压。可见，振荡虽然常常会产生过电压，但它并不是形成过电压的充分条件。

表 1-1

R_b	$\frac{R_b}{2R_0+R_b}$	$e^{-\frac{\alpha}{\omega}\pi}$	$\frac{u_{Cm}}{E}$
$\frac{1}{4}R_0$	$\frac{1}{9}$	0	0.111
$\frac{1}{3}R_0$	$\frac{1}{7}$	0.000115	0.143
$\frac{1}{2}R_0$	$\frac{1}{5}$	0.001867	0.200
R_0	$\frac{1}{3}$	0.004334	0.335
$2R_0$	$\frac{1}{2}$	0.002640	0.501
$4R_0$	$\frac{2}{3}$	0.000675	0.667
$6R_0$	$\frac{3}{4}$	0.000200	0.750
$8R_0$	$\frac{4}{5}$	0.000068	0.800
$10R_0$	$\frac{5}{6}$	0.000026	0.833
$\to\infty$	$\to 1$	$\to 0$	$\to 1$

在电感上并联电阻而引起电容上电压振荡的机制是：R_b 与 L 的并联加速了电源对电容的充电过程，它会使 C 上产生过电压。L 上并联电阻后，电容上的电压仍可用式(1-10)表示，电容上出现的最大过电压值也可用式(1-12)表示。只是式中 α 、ω 、φ 应取为

$$\alpha = \frac{1}{\sqrt{LC}} \frac{R_b}{R+R_b}\left(\frac{R}{2R_0}+\frac{R_0}{2R_b}\right)$$

$$\omega = \frac{1}{\sqrt{LC}} \frac{R_b}{R+R_b}\sqrt{\left(1+\frac{R}{R_b}\right)-\left(\frac{R}{2R_0}+\frac{R_0}{2R_b}\right)^2}$$

$$\varphi = \arctan\left[\frac{\alpha}{\omega}-\frac{1}{\omega C(R+R_b)}\right]$$

在 $R=2R_0$，且 $R_b>\frac{1}{4}R_0$ 的情况下，在 L 上并联不同的 R_b 时所求得的 $e^{-\frac{\alpha}{\omega}\pi}$ 及 $\frac{u_{Cm}}{E}$ 值列于表 1-2 中。计算结果同样说明当 $\frac{R_b}{R_0}\to\infty$ 和 $\frac{R_b}{R_0}\to\frac{1}{4}$ 时振荡将消失，而且最严重的振荡发生在 $R_b=R_0$ 时。由于此时 R_b 是和电感并联的，它不再能够使电容上的稳态电压得到降低，所以振荡可以使电容上的电压高出电源电压。虽然如此，由于振荡的衰减极快，所呈现的过电压值是极为微小的，最大不超过 $1.005E$，在工程上完全可以忽略不计。

表 1-2

R_b	$e^{-\frac{\alpha}{\omega}\pi}$	$\frac{u_{Cm}}{E}$
$\frac{1}{4}R_0$	0	1.00000
$\frac{1}{3}R_0$	0.000115	1.000115
$\frac{1}{2}R_0$	0.001867	1.001867
R_0	0.004334	1.004334
$2R_0$	0.002640	1.002640
$4R_0$	0.000675	1.000675
$6R_0$	0.000200	1.000200
$8R_0$	0.000068	1.000068
$10R_0$	0.000026	1.000026
$\to\infty$	$\to 0$	$\to 1.000000$

鉴于这种既有并联阻尼电阻，又有串联阻尼电阻的回路衰减极快，所以通常把这种回路称为“超衰减回路”。其衰减系数为 $\alpha=\frac{1}{2\sqrt{LC}}\left(\frac{R_0}{R_b}+\frac{R}{R_0}\right)$。在这种回路中，只要其中一个电阻能满足临界阻尼的条件，虽然仍有产生振荡的可能，但已不必担心过电压的产生。

1.2 任意电压作用在 LC 串联电路上的暂态过程

在实际情况下，作用在 LC 振荡回路上的电源电压可以具有各种不同的波形，如交流正弦波、雷电作用下等效的斜角波或双指数波等。假设某直流电压源作用于已知 LC 振荡回路下的单位阶跃响应为 $y(t)$，任意波形电压源 $e(t)$ 作用于该二端口网络，响应就可用一系列在时间上依次延迟相隔 $\Delta\tau$ 的阶跃函数来逼近 $e(t)$，如图 1-7 所示。于是，$e(t)$ 可近似写为

$$e(t) \approx e(0)1(t) + \Delta e_1 1(t-\Delta\tau) + \Delta e_2 1(t-2\Delta\tau) + \Delta e_3 1(t-3\Delta\tau) + \cdots + \Delta e_k 1(t-k\Delta\tau) + \cdots$$

式中，Δe_k 为在时间 $t = k\Delta\tau$ 时阶跃增量的高度；$1(t-k\Delta\tau)$ 为时间 $t-k\Delta\tau$ 时的单位阶跃函数。由于单位阶跃响应为 $y(t)$，对每一个延迟的阶跃函数 $\Delta e_k 1(t-k\Delta\tau)$，其响应将是 $\Delta e_k y(t-k\Delta\tau)$，这样，根据叠加定理，任意波形电压源 $e(t)$ 作用下的响应 $Y(t)$ 如下：

$$\begin{aligned}
Y(t) &= e(0)y(t) + \Delta e_1 y(t-\Delta\tau) + \Delta e_2 y(t-2\Delta\tau) + \Delta e_3 y(t-3\Delta\tau) + \cdots + \Delta e_k y(t-k\Delta\tau) + \cdots \\
&= e(0)y(t) + \lim_{\Delta\tau\to 0}\sum_{k=1}^{t} \Delta e_k y(t-k\Delta\tau) \\
&= e(0)y(t) + \sum_{k=1}^{t} \lim_{\Delta\tau\to 0} \frac{\Delta e_k}{\Delta\tau}\Delta\tau \cdot y(t-k\Delta\tau) \\
&= e(0)y(t) + e'(\tau)\sum_{k=1}^{t} y(t-k\Delta\tau)\cdot\Delta\tau \\
&= e(0)y(t) + \int_0^t e'(\tau)y(t-\tau)\mathrm{d}\tau
\end{aligned}$$

即任意电压源作用下的响应如式(1-22)所示，此式被称为杜阿梅尔(Duhamel)积分公式。

$$Y(t) = e(0)y(t) + \int_0^t e'(\tau)y(t-\tau)\mathrm{d}\tau \tag{1-22}$$

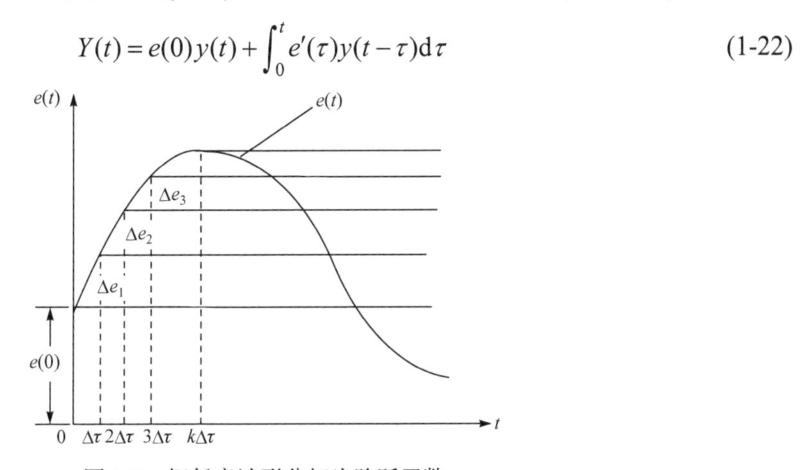

图 1-7　把任意波形分解为阶跃函数

下面来讨论过电压计算中常遇到的几种特殊电压波形作用于 LC 振荡回路时的暂态过程及电容上可能出现的过电压。

1.2.1　波长为 S 的矩形波电压作用于 LC 串联回路

由于这种波形比较简单，可以直接分解为两个幅值相同、极性相反、作用时间相差 S 的直流电压，如图 1-8(a)中虚线所示。因此，应用叠加原理很容易得出 u_C 上的电压为

当 $t \leqslant S$ 时，

$$u_C = E(1-\cos\omega_0 t) \tag{1-23a}$$

当 $t \geqslant S$ 时，

$$\begin{aligned}
u_C &= E(1-\cos\omega_0 t) - E[1-\cos\omega_0(t-S)] \\
&= 2E\sin\frac{\omega_0 S}{2}\sin\omega_0\left(t-\frac{S}{2}\right)
\end{aligned} \tag{1-23b}$$

式中，$\omega_0=\dfrac{1}{\sqrt{LC}}$；$T=\dfrac{2\pi}{\omega_0}$。由式(1-23a)可知，若$S=\dfrac{T}{2}=\dfrac{\pi}{\omega_0}$，则在$\omega_0 t=\pi$，即$t=\dfrac{\pi}{\omega_0}=S$时，振荡恰好能得到完全发展，电容上电压恰达到其最大值 $2E$。显然，在$S>\dfrac{T}{2}$的情况下，由于在$t=\dfrac{\pi}{\omega_0}<S$时，振荡已得到完全发展，所以电容上的电压可达最大值 $2E$。但若波长较短，即$S<\dfrac{T}{2}$，则当$t=S$时，电容上电压还来不及上升到其最大值 $2E$，此时，电容上电压的最大值应根据$t\geqslant S$时的式(1-23b)进行判定，也就是说电容上电压的最大值将出现在$\omega_0\left(t-\dfrac{S}{2}\right)=\dfrac{\pi}{2}$或$t=\dfrac{\pi}{2\omega_0}+\dfrac{S}{2}$时，其值为

$$u_{Cm}=2E\sin\frac{\omega_0 S}{2} \tag{1-24}$$

式(1-24)说明，当$S<\dfrac{T}{2}$时，u_{Cm}与 S 的关系式呈正弦式。只有当$\sin\dfrac{\omega_0 S}{2}\geqslant\dfrac{1}{2}$即$S\geqslant\dfrac{T}{6}$时，$u_C$上才会出现高于电源电压的过电压。而当 S 增至$\dfrac{T}{2}$时，u_C将达 $2E$，和由式(1-23a)所得的结果相同。

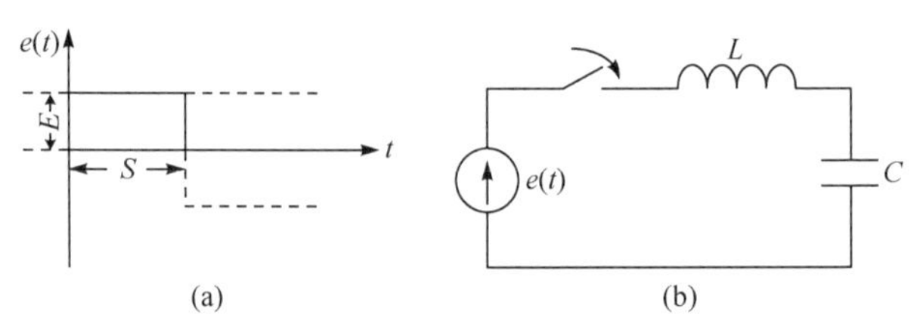

图 1-8　波长为 S 的矩形波电压作用于 LC 回路

由以上分析可知，由于振荡的发展需要时间，因此并不是所有有限波长的矩形波作用在 LC 振荡回路上都可以使电容上出现过电压。只有当波长和回路的自振频率相比满足$S\geqslant\dfrac{1}{3}\dfrac{\pi}{\omega_0}=\dfrac{T}{6}$的条件时，才可能出现过电压。

1.2.2　波头时间为 *S*、幅值为 *E* 的斜角波电压作用于 *LC* 振荡回路

雷电电压可用具有一定波头陡度的斜角波表示，如图 1-9(a)所示，波头时间为 S、幅值为 E，此电压可以分解成两个极性相反、在时间上相差 S 的斜角波，如图 1-9(a)中虚线所示。

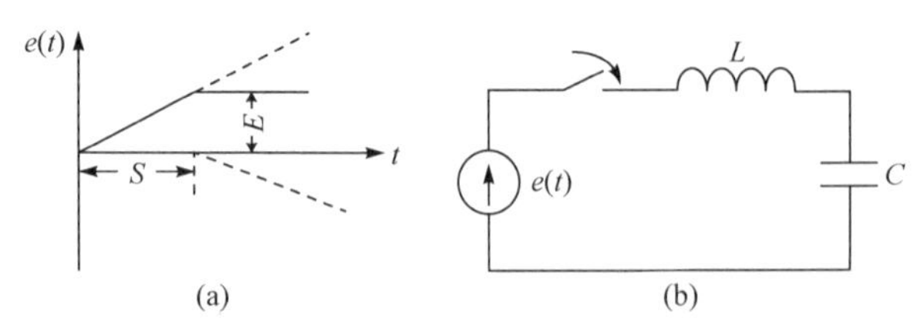

图 1-9　波长为 S 的斜角波电压作用于 LC 回路

首先，用杜阿梅尔积分由式(1-5)及式(1-22)求出当一个陡度为$\frac{E}{S}$的斜角波作用在LC振荡回路时，电容上的电压为

$$u_C=\int_0^t\frac{E}{S}[1-\cos\omega_0(t-\tau)]\mathrm{d}\tau=\frac{E}{S}\left[t-\frac{1}{\omega_0}\sin\omega_0 t\right] \tag{1-25}$$

式中，$\omega_0=\frac{1}{\sqrt{LC}}$；$T=\frac{2\pi}{\omega_0}$。然后利用叠加原理得出当两个极性相反、作用时间相差 S 的斜角波同时作用时，电容上的电压为

$$\text{当}\,t\leqslant S\,\text{时，}\quad u_C=\frac{E}{S}\left[t-\frac{\sin\omega_0 t}{\omega_0}\right] \tag{1-26a}$$

$$\begin{aligned}\text{当}\,t\geqslant S\,\text{时，}\quad u_C&=\frac{E}{S}\left[t-\frac{\sin\omega_0 t}{\omega_0}-(t-S)+\frac{\sin\omega_0(t-S)}{\omega_0}\right]\\&=E\left[1-\frac{\sin\frac{\omega_0 S}{2}}{\frac{\omega_0 S}{2}}\cos\omega_0\left(t-\frac{S}{2}\right)\right]=E\left[1-\frac{\sin\frac{\pi S}{T}}{\frac{\pi S}{T}}\cos\frac{2\pi}{T}\left(t-\frac{S}{2}\right)\right]\end{aligned} \tag{1-26b}$$

下面分几种情况对电容上的电压进行讨论：

1. $S=T$ 时

由式(1-26a)知，当$t\leqslant S$时电容上电压的最大值将在$t=S=T$时出现，其值显然为E。又由式(1-26b)知，由于$t=S$时，$\sin\pi=0$，因此在$t\geqslant S$的任何时刻，u_C上的电压均为E。即$S=T$时，将无过电压出现。这一现象很容易从图 1-10 得到解释。由图显见，由于$T=S$，负波投入后的过渡过程恰好和正波的过渡过程相抵消，因此过渡过程在电容电压上升到 E 时即告终止。

2. $S<T$ 时

当$S<T$时，负波投入后暂态过程还将继续发展。当$t>S$时，u_C的最大值将为

$$u_{C\mathrm{m}}=E\left[1+\left|\frac{\sin\frac{\pi S}{T}}{\frac{\pi S}{T}}\right|\right] \tag{1-27}$$

而当$S\ll T$时，将有$u_{C\mathrm{m}}\approx 2E$，和直角波作用的情况相当。

3. $S>T$ 时

不难看出，当$S=kT$ (k为任何正整数)时，由于负波投入后的过渡过程正好和正波的过渡过程抵消，所以电容上的电压是不会超出电源电压E的。只有当$S\neq kT$时，u_C上才会出现高于电源电压的过电压，而其中以$S=\frac{kT}{2}$ ($k=3,5,7,\cdots$)的情况比较严重，此时负波的暂态过程恰好和正波的暂态过程完全重合，过电压最大值可达

$$u_{C\mathrm{m}}=\left(1+\frac{T}{\pi S}\right)E=\left(1+\frac{2}{k\pi}\right)E \tag{1-28}$$

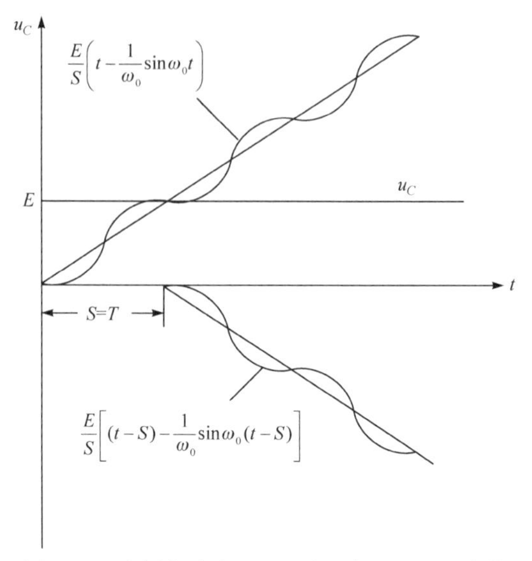

图 1-10　当斜角波头 $S=T$ 时电容上电压的变化

图 1-11 中给出了 $k=3$ 时，电容上的电压变化曲线(图中粗线所示)。其过电压最大值可达

$$u_{Cm}=\left(1+\frac{2}{3\pi}\right)E=1.21E$$

显然，随着 k 的增大，即 S 的增大，u_{Cm} 将越来越小。当 $S\gg T$ 时，u_{Cm} 将趋近于 E。这是因为随着 S 的增大，电容上电压和电源电压间的差值在电源电压幅值中所占比例越来越低的缘故。也就是说，当电源电压的幅值一定时，波的陡度越小，则越难引起振荡。事实上，当 $k=13$，即 $S=\frac{13}{2}T=6.5T$ 时，u_{Cm} 已下降到 $1.05E$，从工程实际出发，可以认为此时已不会产生过电压。

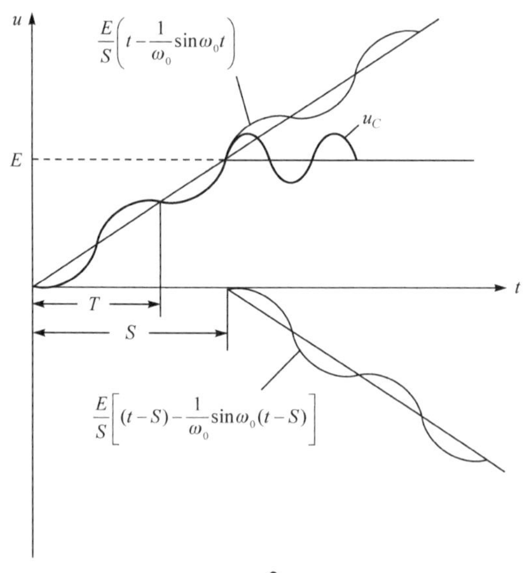

图 1-11　当斜角波头 $S=\frac{3}{2}T$ 时电容上电压的变化

综上所述可知，当幅值有限的斜角波作用于 LC 振荡回路上时，过电压的大小将取决于波头长度 S 和回路振荡周期 T 的比值。当 S 为 T 的整数倍时，电容上将没有过电压出现。当 $\frac{S}{T}<1$ 时，$\frac{S}{T}$ 越小，过电压倍数将越高，最大可达 $2E$。当 $\frac{S}{T}>1$ 时，过电压和 $\frac{S}{T}$ 的关系可由式(1-28)决定，但一般在 $\frac{S}{T}\geqslant 6.5$ 时，过电压就可以忽略。

1.2.3 交流电源作用于 LC 振荡回路

当 $e(t)=E_{\mathrm{m}}\sin(\omega t+\varphi)$ 的交流电压作用于 LC 振荡回路(图 1-12)时，电容上的电压同样可由杜阿梅尔积分求出(当然也可以用其他方法得出)，其公式为

$$
\begin{aligned}
u_C &= E_{\mathrm{m}}\sin\varphi(1-\cos\omega_0 t)+\int_0^t \omega E_{\mathrm{m}}\cos(\omega\tau+\varphi)[1-\cos\omega_0(t-\tau)]\mathrm{d}\tau \\
&= E_{\mathrm{m}}\frac{\omega_0^2}{\omega_0^2-\omega^2}\sin(\omega t+\varphi)-E_{\mathrm{m}}\frac{\omega_0^2}{\omega_0^2-\omega^2}\sqrt{\sin^2\varphi+\left(\frac{\omega}{\omega_0}\cos\varphi\right)^2}\times\sin(\omega_0 t+\psi)
\end{aligned} \tag{1-29}
$$

式中，$\omega_0=\frac{1}{\sqrt{LC}}$；$\psi=\arctan\frac{\sin\varphi}{\frac{\omega}{\omega_0}\cos\varphi}$。

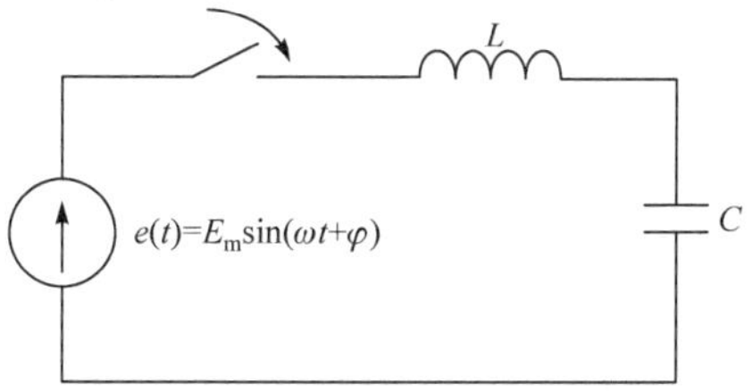

图 1-12 交流电压作用于 LC 振荡电路

而电容上电压的最大值将为

$$
u_{C\mathrm{m}}=E_{\mathrm{m}}\left|\frac{\omega_0^2}{\omega_0^2-\omega^2}\right|\left[1+\sqrt{\sin^2\varphi+\left(\frac{\omega}{\omega_0}\cos\varphi\right)^2}\right] \tag{1-30}
$$

它和交流电源合闸时的相位角 φ 有关。如果 $\varphi=0$，即在电源电压过零时合闸，则

$$
u_{C\mathrm{m}}=E_{\mathrm{m}}\left|\frac{\omega_0}{\omega_0-\omega}\right|=E_{\mathrm{m}}\left|\frac{1}{1-\frac{\omega}{\omega_0}}\right| \tag{1-31}
$$

如果 $\varphi=\frac{\pi}{2}$，即在电源电压过最大值时合闸，则

$$
u_{C\mathrm{m}}=2E_{\mathrm{m}}\left|\frac{\omega_0^2}{\omega_0^2-\omega^2}\right|=2E_{\mathrm{m}}\left|\frac{1}{1-\left(\frac{\omega}{\omega_0}\right)^2}\right| \tag{1-32}
$$

可见，当$\omega=\omega_0$时，无论在什么相位时合闸，电容上的电压都可达无穷大，这就是共振(谐振)。也就是说，正弦交流电源合闸到 LC 振荡回路和其他非周期振荡电源合闸到 LC 振荡回路的主要差别是，前者可能存在共振现象。共振可使电容上的电压大大升高，还可使电感上的电压也大大升高。在暂态过程中，电感上电压的变化u_L可根据电源电压 $e(t)$与电容上电压u_C之差算出，即

$$\begin{aligned}u_L &= e(t)-u_C\\ &= -E_{\mathrm{m}}\frac{\omega^2}{\omega_0^2-\omega^2}\sin(\omega t+\varphi)+E_{\mathrm{m}}\frac{\omega_0^2}{\omega_0^2-\omega^2}\sqrt{\sin^2\varphi+\left(\frac{\omega}{\omega_0}\cos\varphi\right)^2}\times\sin(\omega_0 t+\varphi)\end{aligned} \tag{1-33}$$

因此，电感上电压的最大值可求出为

$$u_{L\mathrm{m}}=E_{\mathrm{m}}\left[\left|\frac{\omega^2}{\omega_0^2-\omega^2}\right|+\left|\frac{\omega_0^2}{\omega_0^2-\omega^2}\right|\sqrt{\sin^2\varphi+\left(\frac{\omega}{\omega_0}\cos\varphi\right)^2}\right] \tag{1-34}$$

当$\varphi=0$时

$$u_{L\mathrm{m}}=E_{\mathrm{m}}\left|\frac{\omega}{\omega_0-\omega}\right|=E_{\mathrm{m}}\left|\frac{\dfrac{\omega}{\omega_0}}{1-\dfrac{\omega}{\omega_0}}\right| \tag{1-35}$$

当$\varphi=\dfrac{\pi}{2}$时

$$u_{L\mathrm{m}}=E_{\mathrm{m}}\left|\frac{\omega^2+\omega_0^2}{\omega_0^2-\omega^2}\right|=E_{\mathrm{m}}\left|\frac{1+\left(\dfrac{\omega}{\omega_0}\right)^2}{1-\left(\dfrac{\omega}{\omega_0}\right)^2}\right| \tag{1-36}$$

图 1-13 中给出了$u_{C\mathrm{m}}$和$u_{L\mathrm{m}}$随$\dfrac{\omega}{\omega_0}$变化的曲线。由图可知，当$\omega<\omega_0$时，随着电源频率的下降，$u_{C\mathrm{m}}$和$u_{L\mathrm{m}}$都将降低，但$u_{C\mathrm{m}}$恒大于$u_{L\mathrm{m}}$，而且其中电源电压在零点合闸时($\varphi=0$时)过电压的下降速度要比电源电压在幅值合闸时$\left(\varphi=\dfrac{\pi}{2}\right)$快。当电源频率下降到$\omega=0$时，在$\varphi=\dfrac{\pi}{2}$的情况下，电容上的过电压将下降到电源电压幅值的两倍，在$\varphi=0$的情况下，将下降到电源电压。这是因为$\omega=0$的交流电源在幅值E_{m}时合闸到 LC 振荡回路的情况实际上就是直流电源E_{m}合闸到 LC 回路的情况；而$\omega=0$的交流电源在零点合闸时，由于电源电压为零，其上升速度又极慢，因此电容上不可能出现振荡而形成过电压。

当$\omega>\omega_0$时，随着电源频率的增大，$u_{L\mathrm{m}}$和$u_{C\mathrm{m}}$也将降低，但$u_{L\mathrm{m}}$恒大于$u_{C\mathrm{m}}$，而电源电压在零点合闸时过电压的下降速度要比电源电压在幅值合闸时慢。当$\omega\to\infty$时，$u_{L\mathrm{m}}\to E_{\mathrm{m}}$。

综上所述可知，交流电源合闸到 LC 振荡回路时，回路中总会有高于电源电压的过电压出现，当$\omega<\omega_0$时，最大过电压出现在电容上，当$\omega>\omega_0$时，最大过电压出现在电感上。

考虑到从工程实际出发允许$u_{C\mathrm{m}}$或$u_{L\mathrm{m}}$上升到$1.05E_{\mathrm{m}}$，则在$\varphi=0$合闸的情况下根据式(1-31)

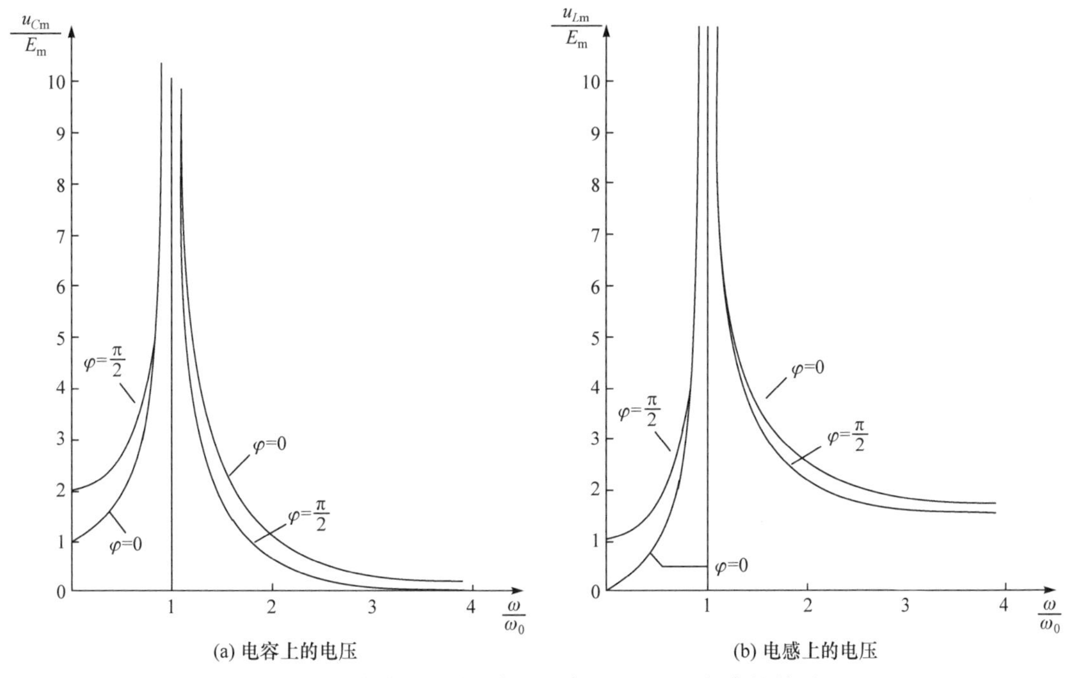

(a) 电容上的电压　　(b) 电感上的电压

图 1-13　交流电源时电容、电感上的电压和频率的关系

可以算出$\omega<\omega_0$时不考虑过电压的条件为$\frac{\omega}{\omega_0}<0.05$，根据式(1-35)可以算出$\omega>\omega_0$时不考虑过电压的条件为$\frac{\omega}{\omega_0}>21$。同样，根据式(1-36)可以算出在$\varphi=\frac{\pi}{2}$合闸的情况下，当$\omega>\omega_0$时不考虑过电压的条件为$\frac{\omega}{\omega_0}>6.5$，然而应该注意到，在$\varphi=\frac{\pi}{2}$合闸的情况下，在所有$\omega<\omega_0$的范围内都可以出现比$2E_m$大的过电压。由于交流电源的合闸相角是随机的，回路的过电压应根据最严重的情况考虑，即在$\omega<\omega_0$时应考虑$\varphi=\frac{\pi}{2}$的情况，在$\omega>\omega_0$时应考虑$\varphi=0$的情况。

1.3　参数突变时的暂态过程

除了在 LC 振荡回路上突然加上一定电压会激起暂态过程而出现过电压，回路参数的突然改变也会激起暂态过程而产生过电压。本节将讨论这些暂态过程的计算。

参数突变可以发生在开关操作或系统发生故障时。其中一个简单的例子就是开关开断短路故障，如图 1-14 所示。由图可见，当电弧未熄灭前，触头间的电容 C_0 是被电弧所短接的，此时回路中只有电感 L，而电弧熄灭后电容 C_0 将突然接入电路，这就引起了回路参数的突变。由于交流电弧一般都在电流过工频零点时熄灭，因此电路只能在电流过零时开断，即 C_0 只能在回路电流过零时接入。电容接入后，电源将通过 L 向 C_0 充电。这和 1.2 节所讨论的交流电源作用到电感中无起始电流、电容上无起始电压的 LC 振荡回路的情况完全相同。因此电容 C_0 上的电压可按式(1-29)计算。考虑到电容接入瞬间是电流过零的瞬间，此

时电源电压恰为最大值，因此在使用式(1-29)时，应取$\varphi=\dfrac{\pi}{2}$，即

$$u_{C_0}=E_{\mathrm{m}}\frac{\omega_0^2}{\omega_0^2-\omega^2}\cos\omega t-E_{\mathrm{m}}\frac{\omega_0^2}{\omega_0^2-\omega^2}\cos\omega_0 t \tag{1-37}$$

式中，$\omega_0=\dfrac{1}{\sqrt{LC_0}}$，当$\omega_0\gg\omega$时，式(1-37)可简化为

$$u_{C_0}=E_{\mathrm{m}}(\cos\omega t-\cos\omega_0 t) \tag{1-38}$$

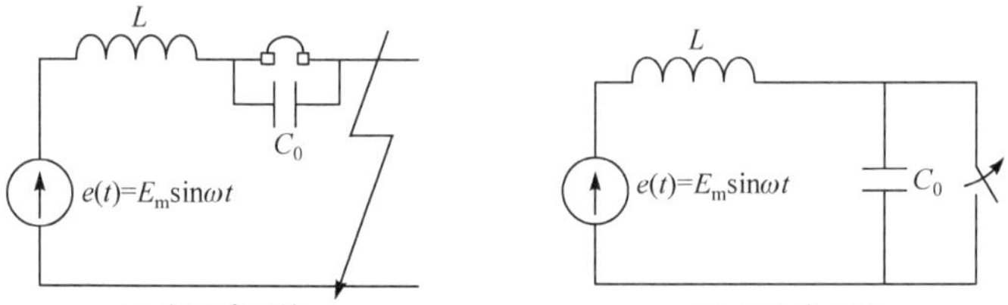

(a) 电弧熄灭前　　(b) 电弧熄灭后

图 1-14　开关开断短路故障

即在参数突变后出现在电容C_0上的高频振荡将围绕工频进行(图 1-15)，而出现在电容 C_0上的最大电压(即作用在开关断口上的电压或断口上的恢复电压)可达电源电压幅值的两倍。实际上电路中不可避免地会存在电阻，因此出现在电容 C_0 上的高频振荡将很快衰减，而开关断口上的恢复电压将如图 1-16 所示。应当指出，一般在回路自振频率远大于电源频率的情况下，当高频衰减殆尽时，工频电压将仍处在幅值附近，如图 1-16 所示。所以实际上在计算开关断口上的恢复电压时，我们常常不必解微分方程，而把这一参数突变的过程简化为电压为E_{m}的直流电源作用到LC振荡回路的情况，而直接按式(1-5)写出电容C_0上电压变化的方程

$$u_{C_0}=E_{\mathrm{m}}(1-\cos\omega_0 t) \tag{1-39}$$

式中，$\omega_0=\dfrac{1}{\sqrt{LC_0}}$，而按式(1-6)推算出出现在电容上的最大电压为

$$u_{C_0\mathrm{m}}=2E_{\mathrm{m}}-0=2E_{\mathrm{m}}$$

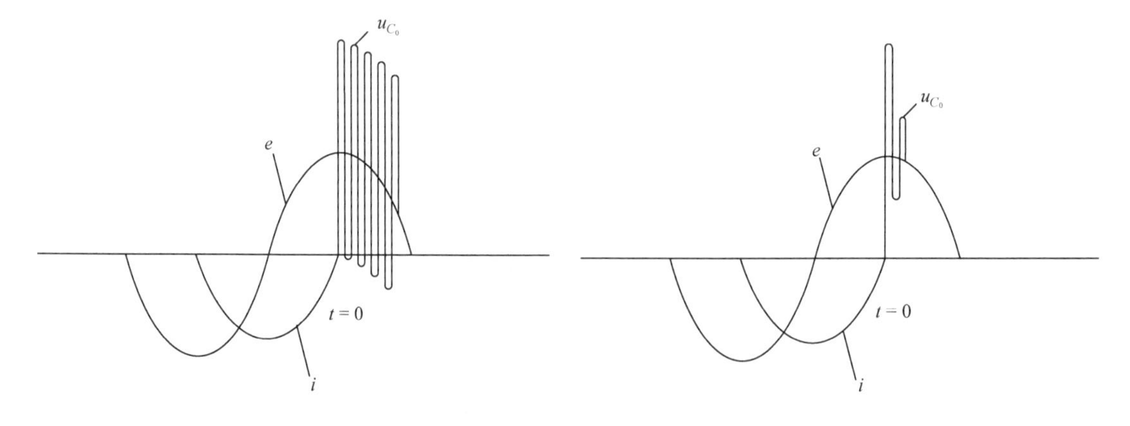

图 1-15　不考虑电阻时断口上电压的变化　　图 1-16　考虑电阻时断口上电压的变化

应该指出，以上所讨论的还只限于单相回路的情况，而实际的电力系统都是三相的。在参数突变时三相对称回路将变成不对称回路。直接进行三相不对称回路的暂态过程计算一般是比较复杂的。在过电压计算中，为简化三相系统暂态过程的计算可采用等值电源定理、叠加原理和对称分量法。

1.3.1 用等值电源定理化三相交流电路为单相等值电路

仍以开关开断短路故障为例来说明这一计算，图 1-17 为开关开断三相短路的情况。由于三相交流电流不会同时为零，所以三相电弧不能同时熄灭。假定 $t=0$ 时 A 相电流首先过零，A 相电弧先熄灭，也就是 $t=0$ 时 C_0 突然接入电路使原来对称的三相电路变成三相不对称的电路。现在来求加在 A 相触头电容 C_0 上的电压变化。

注意到 $t=0$ 时 $i_A=0$，因此在 $t=0$ 时，三相电流的表达式应为

$$\begin{cases} i_A = I_{\mathrm{m}} \sin \omega t \\ i_B = I_{\mathrm{m}} \sin(\omega t - 120°) \\ i_C = I_{\mathrm{m}} \sin(\omega t + 120°) \end{cases} \tag{1-40}$$

而三相电势的表达式为

$$\begin{cases} e_A = E_{\mathrm{m}} \cos \omega t \\ e_B = E_{\mathrm{m}} \cos(\omega t - 120°) \\ e_C = E_{\mathrm{m}} \cos(\omega t + 120°) \end{cases} \tag{1-41}$$

由此可知，在 $t=0$ 参数突变时，B 相和 C 相的电感中将有起始电流 $i_B(0)$ 和 $i_C(0)$，显然

$$i_B(0) = I_{\mathrm{m}} \sin(-120°)$$
$$i_C(0) = I_{\mathrm{m}} \sin(120°)$$

即 $i_B(0) = -i_C(0) = -\dfrac{\sqrt{3}}{2} I_{\mathrm{m}}$。所以这一参数突变所引起的过渡过程计算应按图 1-18 所示的等值电路进行。

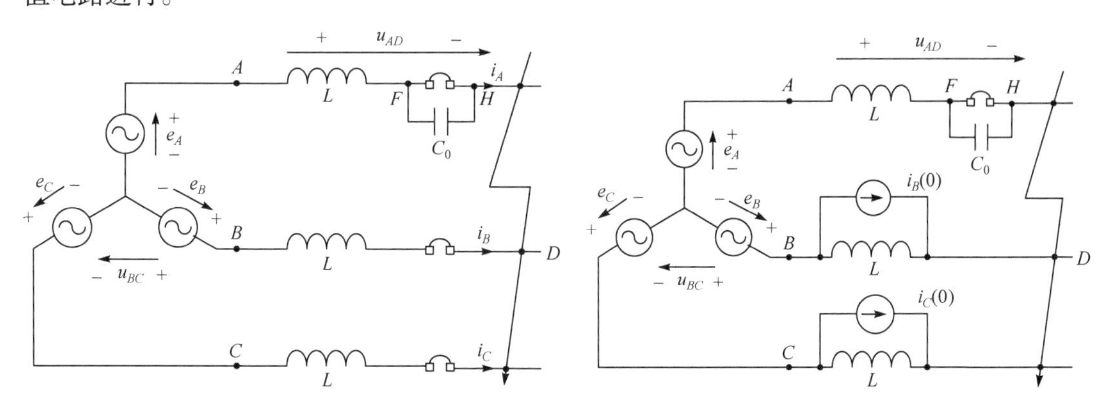

图 1-17　开断三相短路故障

图 1-18　计算开断三相短路故障暂态过程的等值电路图

根据等值电源定理：任何一个复杂的电路，对外都可以转化为由等值电势和等值内阻串联的简单等值电路。为求 C_0 上的电压，可在图 1-18 中将 A 相触头间的电容 C_0 作为负荷，

将其余部分作为电源画出等值电路图(图 1-19)。图中的等值电势$e_d(t)$应为在图 1-18 中将 C_0 拿开后用电压表在 F、H 两点间测得的电压值。此电压也可以从向量图(图 1-20)中算出。参看图 1-18，由于此时 F、H 间的电容 C_0 已经拿开，所以 A、F 间无电流流过，因此 F 点与 A 点等电位。这样 F、H 两点间的电压也就是 A 点和短路点 D 间的电压u_{AD}。又考虑到图 1-18 中电压源 BC 的负荷是对称的，而且电流源$i_B(0)=-i_C(0)$共同以电压源 BC 为回路，所以 D 点的电位应当就是u_{BC}的中点。从向量图显见$u_{AD}=1.5e_A$。也就是说等值电源的电势应为

$$e_d(t)=1.5E_{\mathrm{m}}\cos\omega t$$

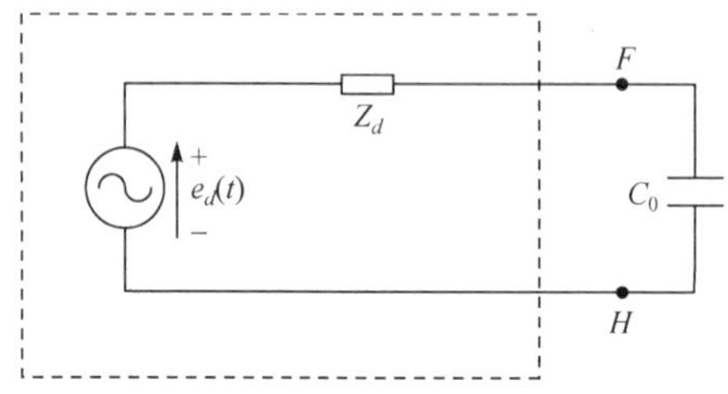

图 1-19　利用等值电源定理简化图

下面求等值阻抗。在图 1-17 中将电压源全部短路，电流源全部开路后，从 F、H 两端量得的阻抗就是等值电源的内阻抗。此内阻抗也可以直接从图 1-18 中算出。由于此时电压源已短路，电流源已开路，所以等值阻抗显然为图 1-21 所示，即图 1-19 中的 Z_d 应当用 $1.5L$ 取代。以上分析说明，在使用等值电源定理来简化参数突变的三相电路从而进行暂态过程计算时，并不需要专门考虑电路储能元件的起始状态，因为事实上储能元件的起始状态已在等值电势的计算中考虑过了。

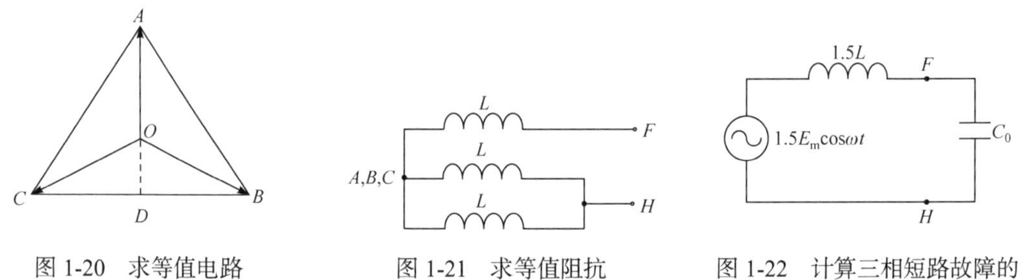

图 1-20　求等值电路　　图 1-21　求等值阻抗　　图 1-22　计算三相短路故障的单相等值电路

根据以上分析可知，在这一开断三相短路故障所引起的参数突变的暂态过程中，断口电容 C_0 上的电压变化可用图 1-22 所示的单相等值电路图进行计算。这就是交流电源通过电感向电容充电的暂态过程，因此电容 C_0 上的电压可按式(1-29)进行计算，即

$$u_{C_0}=1.5E_{\mathrm{m}}\frac{\omega_0'^2}{\omega_0'^2-\omega_0^2}(\cos\omega t-\cos\omega_0' t) \tag{1-42}$$

而当$\omega_0'\gg\omega$时，式(1-42)可简化为

$$u_{C_0}=1.5E_{\mathrm{m}}(1-\cos\omega_0 t) \tag{1-43}$$

式中，$\omega_0'=\dfrac{1}{\sqrt{1.5LC_0}}$。可见触头电容 C_0 上的最大电压可达电源相电压幅值的三倍。

等值电源定理也可用来简化其他参数突变时的三相等值电路。图 1-23(c)给出了 A 相断线且电源侧接地时，计算断线未接地侧对地电容上电压变化的单相等值线路图。图 1-24(c)给出了 A 相断线且负载侧接地时，计算断线未接地侧对地电容上的电压变化的单相等值线

路图。图中C_0'为负载侧线路对地的自电容，C_0''为电源侧线路对地的自电容，C_1'为负载侧的线间互电容，C_1''为电源侧的线间互电容，L为负载变压器的激磁电感。

但是应该注意到，使用等值电源定理简化所得的等值线路图只能用来计算被看作负载的元件上的暂态过程。它不能用来计算等值阻抗内所包含的各元件的过渡过程，所以并不是在所有参数突变的过渡过程计算中都能很容易地把三相电路化成单相等值电路。

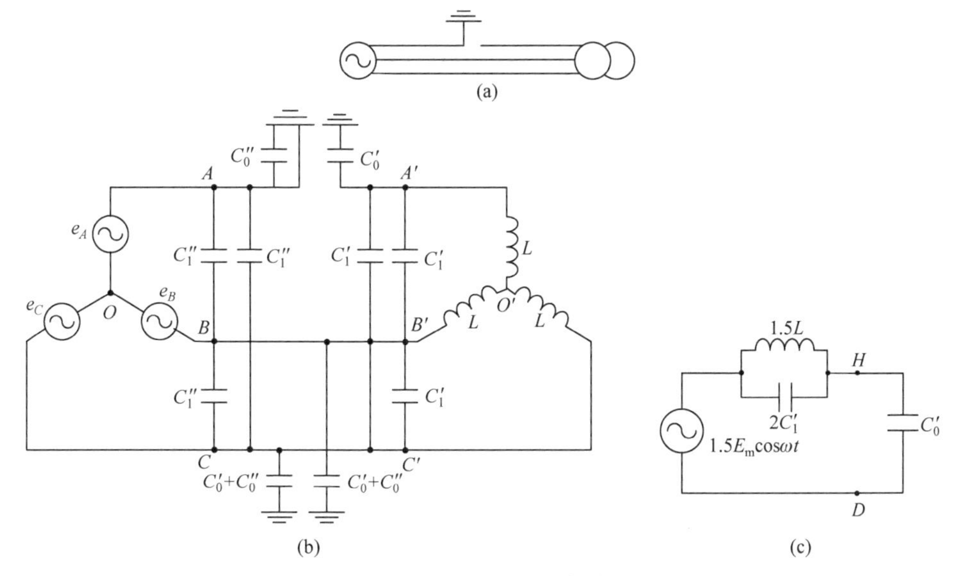

图 1-23　A 相断线电源侧接地

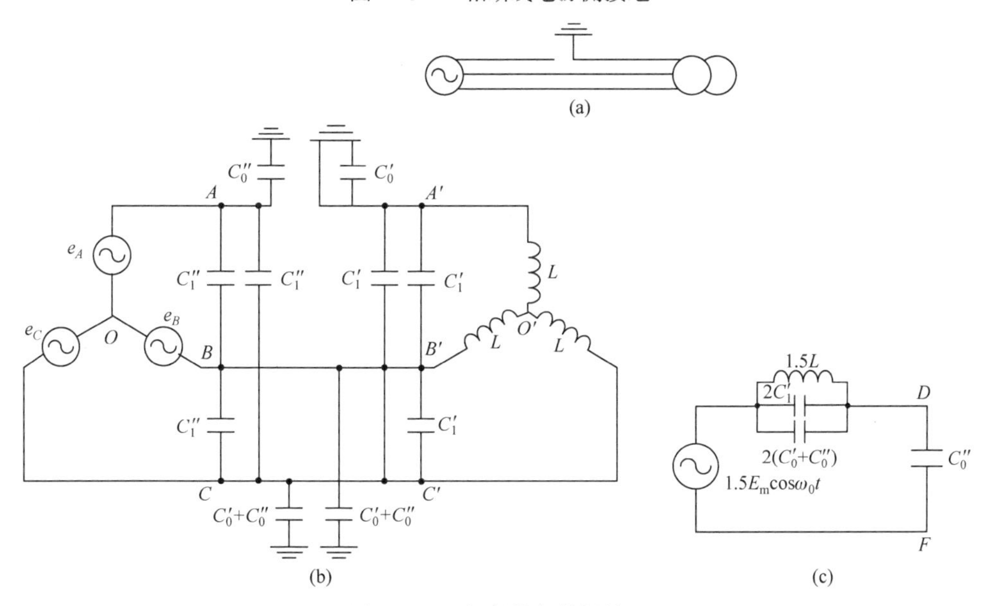

图 1-24　A 相断线负载侧接地

1.3.2　用叠加原理计算参数突变时的暂态过程

在图 1-25 中，L为电源内电感，C_0为线路对地电容，欲求 A 相突然接地时，健全相对地电容上电压的过渡过程。此题应用前面的等值电源定理就会遇到一定的困难。因为以健全相对地电容为负荷求 C、D 两点(或 B、D 两点)的开路电压时，电路是不对称的。此时求取等值电势就比较复杂了。用叠加原理可以比较容易地解决此问题。叠加原理的出发点是把 A 处的突然接地故障看成在 A 点突然加上串联的两个大小相等、方向相反的电压源 $e(t)$ 和 $-e(t)$(图 1-26)。因为 $e(t)$ 和 $-e(t)$ 叠加的结果恰好能使 A 点的电位为零，和 A 点接地的情况完全等价。由于图 1-26 可以看成图 1-27 和图 1-28(a)两种情况的叠加，因此只要算出图 1-27 中各相的对地电压 u'_A、u'_B、u'_C 以及图 1-28(a)中各相的对地电压 u''_A、u''_B、u''_C，图 1-26 中参数突变时各相的对地电位 u_A、u_B、u_C 即可由式(1-44)求得

$$\begin{cases} u_A = u'_A + u''_A \\ u_B = u'_B + u''_B \\ u_C = u'_C + u''_C \end{cases} \tag{1-44}$$

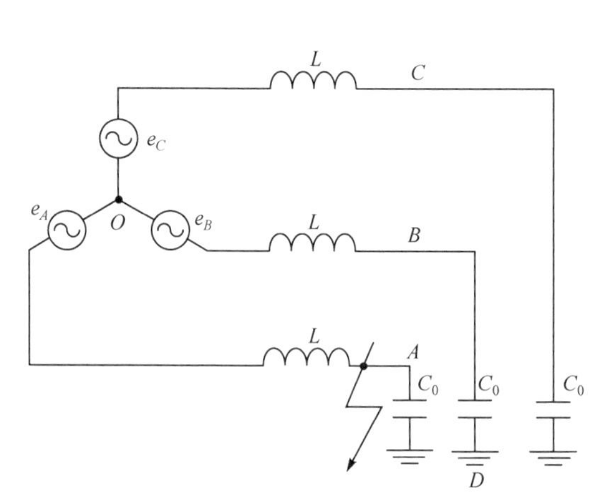

图 1-25　求 A 相接地时健全相电压

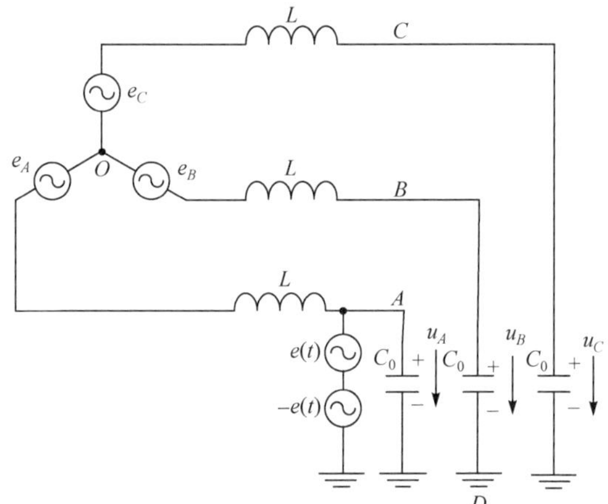

图 1-26　利用叠加原理计算单相接地故障

设源电压为

$$\begin{cases} e_A = E_\mathrm{m}\sin(\omega t+\varphi) \\ e_B = E_\mathrm{m}\sin(\omega t+\varphi-120°) \\ e_C = E_\mathrm{m}\sin(\omega t+\varphi+120°) \end{cases} \tag{1-45}$$

则由图 1-25 不难算出，短路前 A、B、C 三相的对地电压分别为

$$\begin{cases} u_A = \dfrac{\omega_0^2}{\omega_0^2-\omega^2}E_\mathrm{m}\sin(\omega t+\varphi) = E'_\mathrm{m}\sin(\omega t+\varphi) \\ u_B = \dfrac{\omega_0^2}{\omega_0^2-\omega^2}E_\mathrm{m}\sin(\omega t+\varphi-120°) = E'_\mathrm{m}\sin(\omega t+\varphi-120°) \\ u_C = \dfrac{\omega_0^2}{\omega_0^2-\omega^2}E_\mathrm{m}\sin(\omega t+\varphi+120°) = E'_\mathrm{m}\sin(\omega t+\varphi+120°) \end{cases} \tag{1-46}$$

式中，$E'_\mathrm{m} = \dfrac{\omega_0^2}{\omega_0^2-\omega^2}E_\mathrm{m}$；$\omega_0 = \dfrac{1}{\sqrt{LC_0}}$。

如取 $e(t)=u_A$，则图 1-27 中各相线路的对地电压显然就是式(1-46)所给的结果，即

$$
\begin{cases} u'_A = E'_{\mathrm{m}} \sin(\omega t + \varphi) \\ u'_B = E'_{\mathrm{m}} \sin(\omega t + \varphi - 120°) \\ u'_C = E'_{\mathrm{m}} \sin(\omega t + \varphi + 120°) \end{cases} \tag{1-47}
$$

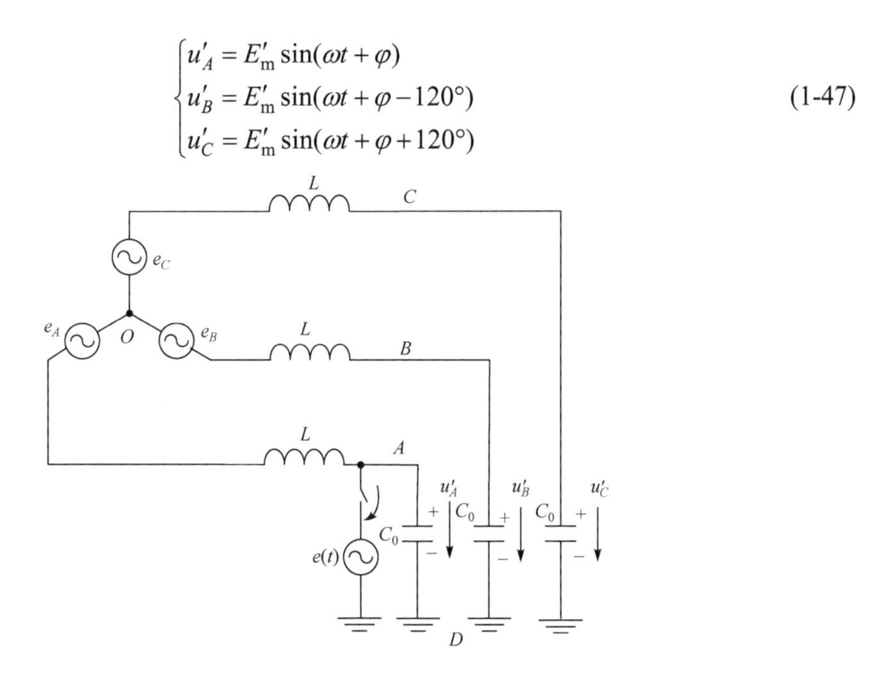

图 1-27　图 1-26 的分解第 1 项

u''_A、u''_B、u''_C 则可按由图 1-28(a)简化所得的等值线路图 1-28(c)求得。根据式(1-29)不难写出

$$
u''_B = u''_C = -E'_{\mathrm{m}} \frac{\omega_0'^2}{\omega_0'^2 - \omega^2} \sin(\omega t + \varphi) + E'_{\mathrm{m}} \frac{\omega_0'^2}{\omega_0'^2 - \omega^2} \sqrt{\sin^2 \varphi + \left(\frac{\omega}{\omega'_0} \cos\varphi\right)^2} \sin\left(\omega'_0 t + \psi'\right) \tag{1-48}
$$

$$
u''_A = -E'_{\mathrm{m}} \sin(\omega t + \varphi)
$$

式中，$\omega'_0 = \dfrac{1}{\sqrt{1.5L \times 2C_0}}$；$\psi' = \arctan \dfrac{\sin\varphi}{\dfrac{\omega}{\omega'_0}\cos\varphi}$。

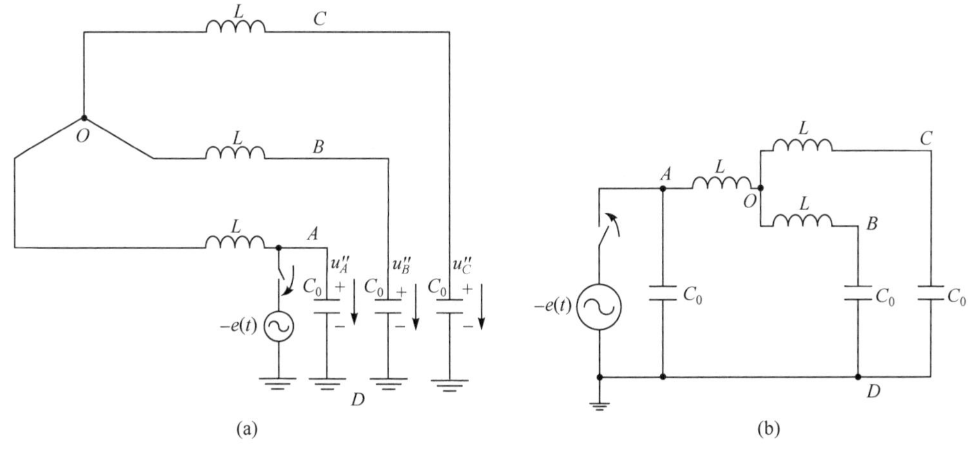

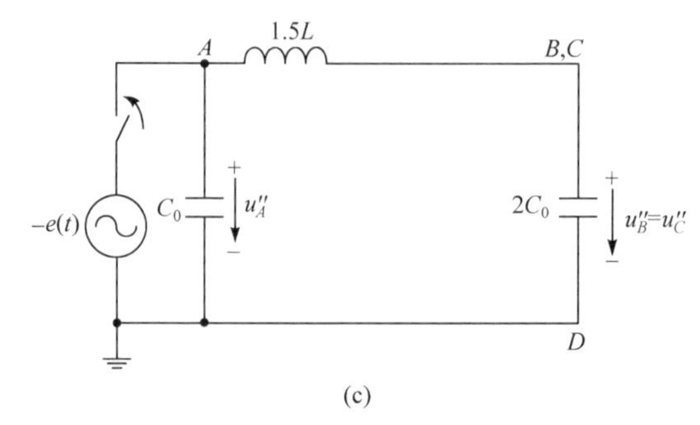

图 1-28　图 1-26 的分解第 2 项

将式(1-47)与式(1-48)叠加，即得 C 相接地时健全相上的电压为

$$\begin{cases} u_B = u'_B + u''_B = -E''_m \sin(\omega t+\varphi+\psi'') + E'_m \dfrac{\omega_0'^2}{\omega_0'^2-\omega^2} \\ \qquad \times\sqrt{\sin^2\varphi+\left(\dfrac{\omega}{\omega'_0}\cos\varphi\right)^2}\sin\left(\omega'_0 t+\psi'\right) \\ u_C = u'_C + u''_C = -E''_m \sin(\omega t+\varphi-\psi'') + E'_m \dfrac{\omega_0'^2}{\omega_0'^2-\omega^2} \\ \qquad \times\sqrt{\sin^2\varphi+\left(\dfrac{\omega}{\omega'_0}\cos\varphi\right)^2}\sin\left(\omega'_0 t+\psi'\right) \end{cases} \tag{1-49}$$

式中，$E''_m = E'_m\sqrt{\left[\dfrac{3\omega_0'^2-\omega^2}{2(\omega_0'^2-\omega_0^2)}\right]^2+\dfrac{3}{4}}$；$\psi''=\arctan\left[\dfrac{\sqrt{3}(\omega_0'^2-\omega^2)}{3\omega_0'^2-\omega^2}\right]$。

叠加原理在进行参数突变时的暂态过程计算中应用广泛。前述开关开断短路故障(图 1-17)时触头电容上的电压变化也可用叠加原理求出。在解决这一问题时，可用两个和断口电容并联的大小相等、方向相反的电流源 $i(t)$ 和 $-i(t)$ 来表示 $t=0$ 时 A 相的突然开断。

1.3.3　用对称分量法求参数突变时的暂态过程

故障情况下，系统对称状态被破坏，局部或全局构成不对称三相运行，任意不对称三相量可分解为正序(幅值相等，相角顺时针相差120°)、负序(幅值相等，相角逆时针相差120°)和零序(幅值相等，相角相同)三组对称分量，称为对称分量法。电力系统发生不对称故障后产生的不对称电压、电流相量，通过应用对称分量法，可以将其分解到正序、负序、零序三个序网，在各序网内按照序电压、电流对称的方式进行分析，之后再合成为实际的非对称相量，从而使不对称故障计算大为简化。对称分量法特别适用于求开断电路时的暂态过程。

设三相相量 $\dot F_A$、$\dot F_B$、$\dot F_C$ 不对称，其对应的正序分量为 $\dot F_{A1}$、$\dot F_{B1}$、$\dot F_{C1}$，负序分量为 $\dot F_{A2}$、$\dot F_{B2}$、$\dot F_{C2}$，零序分量 $\dot F_{A0}$、$\dot F_{B0}$、$\dot F_{C0}$，则

$$\begin{bmatrix}\dot F_A\\ \dot F_B\\ \dot F_C\end{bmatrix}=\begin{bmatrix}1 & 1 & 1\\ a^2 & a & 1\\ a & a^2 & 1\end{bmatrix}\begin{bmatrix}\dot F_{A1}\\ \dot F_{A2}\\ \dot F_{A0}\end{bmatrix} \tag{1-50}$$

式中，$a = e^{j\frac{2\pi}{3}}$。由式(1-50)可得

$$\begin{bmatrix} \dot{F}_{A1} \\ \dot{F}_{A2} \\ \dot{F}_{A0} \end{bmatrix} = \begin{bmatrix} 1 & 1 & 1 \\ a^2 & a & 1 \\ a & a^2 & 1 \end{bmatrix}^{-1} \begin{bmatrix} \dot{F}_A \\ \dot{F}_B \\ \dot{F}_C \end{bmatrix} = \frac{1}{3} \begin{bmatrix} 1 & a & a^2 \\ 1 & a^2 & a \\ 1 & 1 & 1 \end{bmatrix} \begin{bmatrix} \dot{F}_A \\ \dot{F}_B \\ \dot{F}_C \end{bmatrix} \tag{1-51}$$

因此有

$$\begin{aligned} \dot{F}_{A1} &= \frac{1}{3}(\dot{F}_A + a\dot{F}_B + a^2\dot{F}_C) \\ \dot{F}_{A2} &= \frac{1}{3}(\dot{F}_A + a^2\dot{F}_B + a\dot{F}_C) \\ \dot{F}_{A0} &= \frac{1}{3}(\dot{F}_A + \dot{F}_B + \dot{F}_C) \end{aligned} \tag{1-52}$$

图1-29为用对称分量法求开断三相短路时，在最先开断的A相断口(电容C_d)上电压的变化。

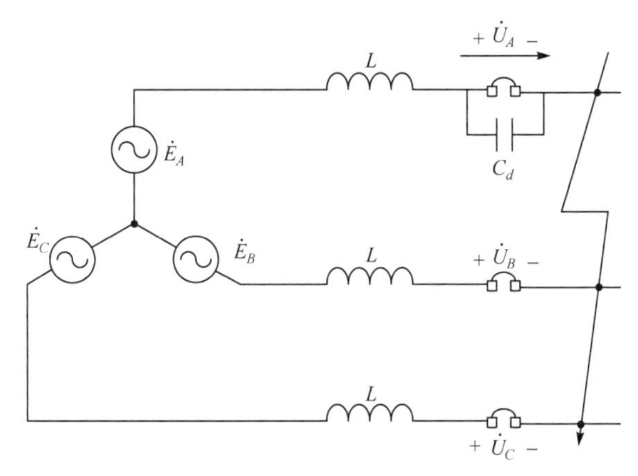

图1-29　用对称分量法计算三相短路的开断

稳态条件下，用$\dot{U}_A$、$\dot{U}_B$、$\dot{U}_C$分别表示三相断口上的稳态电压，$\dot{I}_A$、$\dot{I}_B$、$\dot{I}_C$分别表示断路器三相稳态电流。在A相开断前它们都是对称的，即

$$\dot{U}_A = \dot{U}_B = \dot{U}_C = 0, \quad \dot{I}_B = a^2\dot{I}_A, \quad \dot{I}_C = a\dot{I}_A \tag{1-53}$$

当A相开断后，其稳态为

$$\dot{U}_A = \dot{I}_A Z, \quad \dot{U}_B = \dot{U}_C = 0, \quad \dot{I}_B = -\dot{I}_C \tag{1-54}$$

式中，Z为断口A所接负载阻抗。显然此时$\dot{U}_A$、$\dot{U}_B$、$\dot{U}_C$及$\dot{I}_A$、$\dot{I}_B$、$\dot{I}_C$已不对称。而且应该注意到式(1-54)中的$\dot{I}_A$、$\dot{I}_B$、$\dot{I}_C$和$\dot{U}_A$、$\dot{U}_B$、$\dot{U}_C$已与式(1-53)中相应的值不同了。

根据对称分量法，设此不对称系统的正序系统三相对称电压为$\dot{U}_1$、$a^2\dot{U}_1$、$a\dot{U}_1$(或电流$\dot{I}_1$、$a^2\dot{I}_1$、$a\dot{I}_1$)，负序系统的三相对称电压为$\dot{U}_2$、$a\dot{U}_2$、$a^2\dot{U}_2$(或电流$\dot{I}_2$、$a\dot{I}_2$、$a^2\dot{I}_2$)，以及零序系统的对称电压为$\dot{U}_0$(或电流$\dot{I}_0$)，根据式(1-50)，它们的关系是

$$\dot{U}_A = \dot{U}_0 + \dot{U}_1 + \dot{U}_2, \quad \dot{U}_B = \dot{U}_0 + a^2\dot{U}_1 + a\dot{U}_2, \quad \dot{U}_C = \dot{U}_0 + a\dot{U}_1 + a^2\dot{U}_2 \tag{1-55}$$

$$\dot{I}_A = \dot{I}_0 + \dot{I}_1 + \dot{I}_2, \quad \dot{I}_B = \dot{I}_0 + a^2\dot{I}_1 + a\dot{I}_2, \quad \dot{I}_C = \dot{I}_0 + a\dot{I}_1 + a^2\dot{I}_2 \tag{1-56}$$

或者根据式(1-51)有

$$\dot{U}_0=\frac{1}{3}(\dot{U}_A+\dot{U}_B+\dot{U}_C),\quad \dot{U}_1=\frac{1}{3}(\dot{U}_A+a\dot{U}_B+a^2\dot{U}_C),\quad \dot{U}_2=\frac{1}{3}(\dot{U}_A+a^2\dot{U}_B+a\dot{U}_C) \tag{1-57}$$

$$\dot{I}_0=\frac{1}{3}(\dot{I}_A+\dot{I}_B+\dot{I}_C),\quad \dot{I}_1=\frac{1}{3}(\dot{I}_A+a\dot{I}_B+a^2\dot{I}_C),\quad \dot{I}_2=\frac{1}{3}(\dot{I}_A+a^2\dot{I}_B+a\dot{I}_C) \tag{1-58}$$

把断口电压分成三组对称电压后，就可以用叠加原理把这一不对称网络看成正序、负序和零序三个网络之和。图 1-30 给出了各序网络图。图中 Z_1、Z_2 和 Z_0 分别为从断口处测得的网络正序、负序和零序阻抗。$\dot{E}_1$ 为从断口处测得的网络的开路电势(电力系统一般只有正序电势)。对各序网络可以写出下列关系式：

$$\begin{cases}\text{正序}\quad \dot{U}_1=\dot{E}_1-\dot{I}_1Z_1\\ \text{负序}\quad \dot{U}_2=-\dot{I}_2Z_2\\ \text{零序}\quad \dot{U}_0=-\dot{I}_0Z_0\end{cases} \tag{1-59}$$

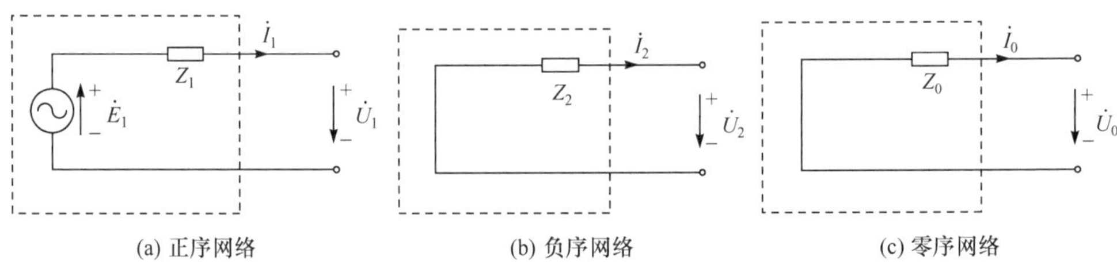

图 1-30　各序网络图

把式(1-53)中的条件代入式(1-57)和式(1-58)，可得开断三相故障前：

$$\begin{cases}\dot{I}_A=\dot{I}_0+\dot{I}_1+\dot{I}_2\\ \dot{U}_0=\dot{U}_1=\dot{U}_2=0\end{cases} \tag{1-60}$$

按式(1-60)的要求将相序网络进行连接后可得图 1-31 所示的等值线路图。

把式(1-54)中的条件(为便于区别，把 $\dot{I}_A$ 改为 $\dot{I}'_A$，$\dot{U}_A$ 改为 $\dot{U}'_A$)代入式(1-57)和式(1-58)，可得 A 相开断后：

$$\begin{cases}\dot{I}'_A=\dot{I}_0+\dot{I}_1+\dot{I}_2\\ \dot{U}_0=\dot{U}_1=\dot{U}_2=\dfrac{\dot{U}'_A}{3}=\dfrac{\dot{I}'_AZ}{3}\end{cases} \tag{1-61}$$

按式(1-61)的要求将相序网络进行互联后，可得图 1-32 所示的等值线路图。此线路图中 X、Y 两点间的电压 $\dfrac{\dot{I}'_AZ}{3}$，即欲求的断口电压的 1/3。

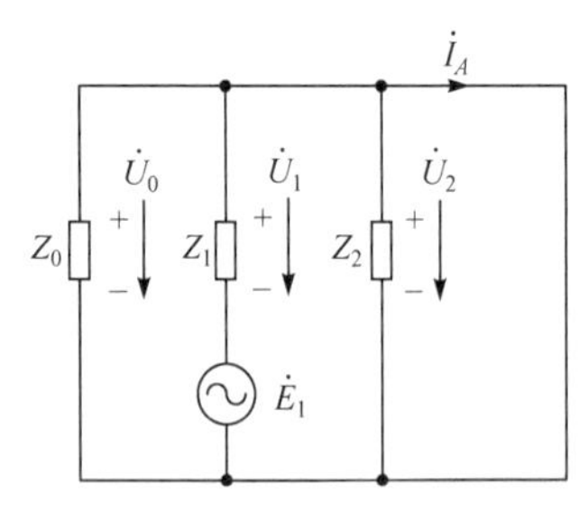

图 1-31　三相短路时相序网络的互联网

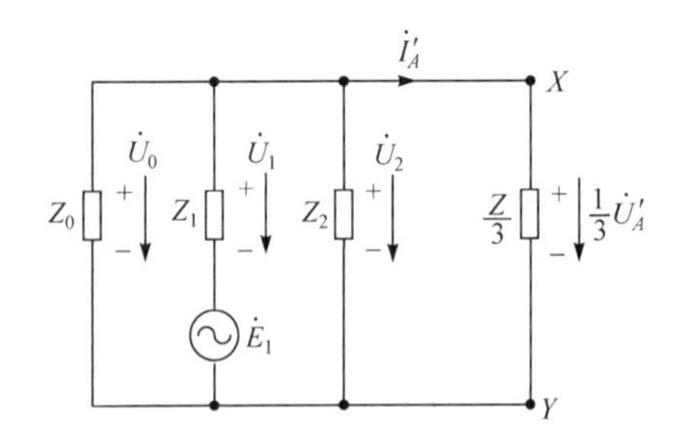

图 1-32　A 相开断后相序网络的互联网

为计算方便，把式(1-60)和式(1-61)改写为

$$\begin{cases}\dot{I}_A=\dot{I}_0+\dot{I}_1+\dot{I}_2\\3\dot{U}_0=3\dot{U}_1=3\dot{U}_2=0\end{cases}\tag{1-62}$$

和

$$\begin{cases}\dot{I}'_A=\dot{I}_0+\dot{I}_1+\dot{I}_2\\3\dot{U}_0=3\dot{U}_1=3\dot{U}_2=\dot{U}'_A=\dot{I}'_AZ\end{cases}\tag{1-63}$$

把式(1-59)改写为

$$\begin{cases}3\dot{U}_1=3\dot{E}_1-\dot{I}_1(3Z_1)\\3\dot{U}_2=-\dot{I}_2(3Z_2)\\3\dot{U}_0=-\dot{I}_2(3Z_0)\end{cases}\tag{1-64}$$

即把相序网络中的电压和阻抗都扩大三倍。按式(1-62)和式(1-63)的要求对式(1-64)所示的相序网络进行互联后，可得图 1-33 和图 1-34 所示的等值线路图。

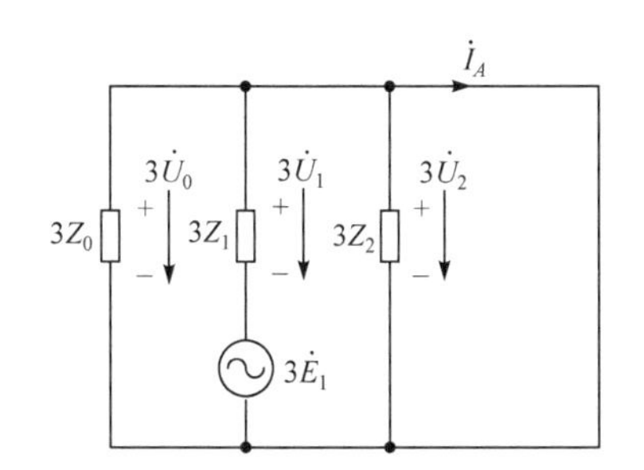

图 1-33　电压和阻抗都扩大到三倍后的图 1-31

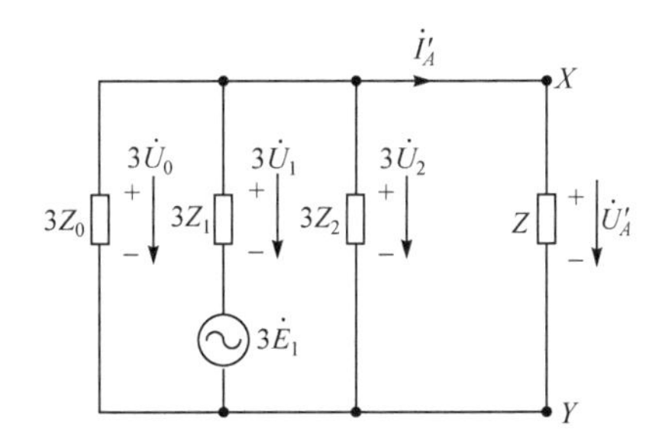

图 1-34　电压和阻抗都扩大到三倍后的图 1-32

显然图 1-33 和图 1-34 两种情况可以用图 1-35 加以综合。图 1-35 在断口 K 接通时代表图 1-33，断口 K 断开时代表图 1-34。这样三相短路时最先开断的 A 相断口电压 $\dot{U}_A$ 的计算就可归结为求图 1-35 中 $\dot{I}_A$ 为零时 X、Y 两点间电压的变化。

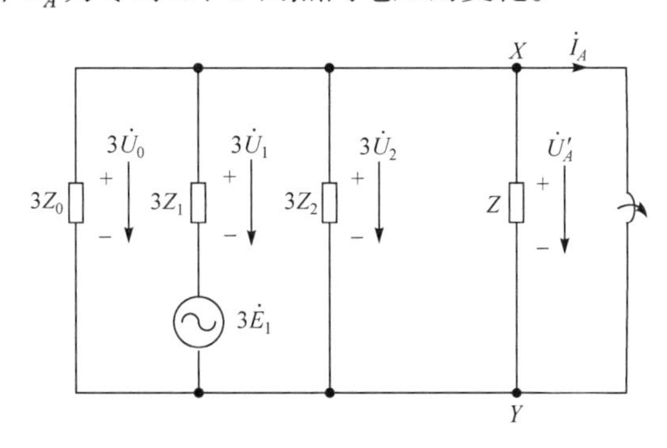

图 1-35　图 1-33 和图 1-34 的合成

应当注意：图 1-35 的电路不仅适用于稳定状态的计算，也适用于过渡过程的计算，只要将 $\dot{E}_1$、$\dot{I}_A$ 改为瞬时值，而 Z_0、Z_1、Z_2 及 Z 等用其相对应的 L、C、R 代替即可。这是对

称分量法的一个发展。例如，由叠加原理可知，欲求 $\dot{I}_A$ 在过零断开后出现在 X、Y 两点间的电压，只要把电压源短接，并在 X、Y 两点间加入一个 $-i_A$ 的电流源，直接求电流源引起的暂态过程即可。图 1-36(a)为计算所用的等值线路图。考虑到在所讨论的条件下(参看图 1-29)，稳态时 $Z_1 = Z_2 = \omega L$，$Z_0 = \infty$，$Z = \dfrac{1}{\omega C_d}$，而 $i_A = \dfrac{E_{\text{m}}}{\omega L}\sin\omega t$，图 1-36(a)可进一步改为稳态及暂态通用的图 1-36(b)。

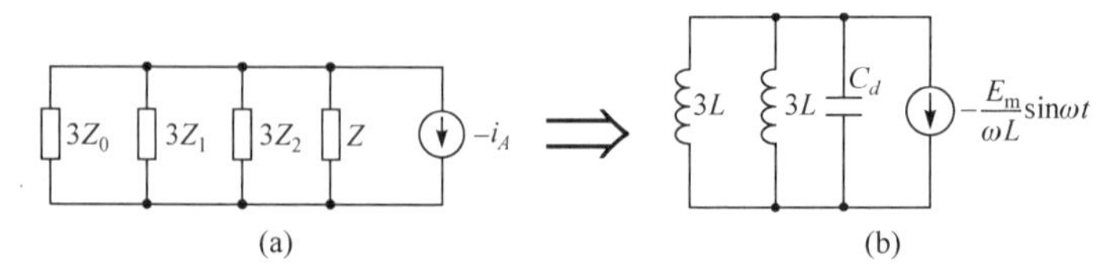

图 1-36　用对称分量法求首开相断口恢复电压的等值电路

下面再用对称分量法来计算一个比较复杂的回路——开断单相接地故障时，故障相断口电容上电压的变化(图 1-37)。图中 C_P 为线路对地自电容，C_Q 为接在线路上的调整功率因数的电容器组电容，C_R 为电容器组中性点对地电容，线路 A 相接地。

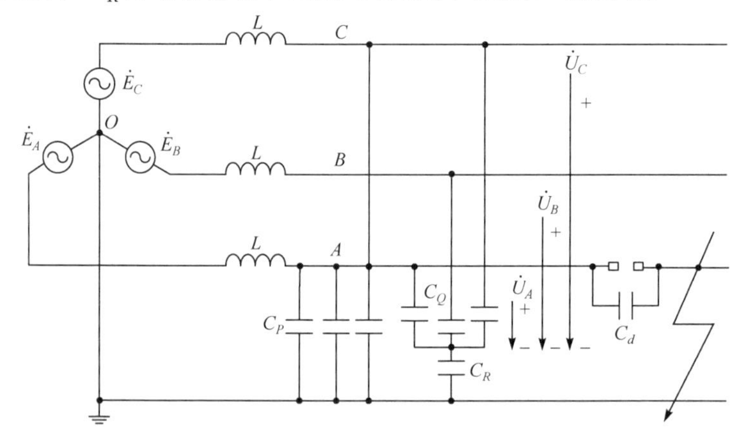

图 1-37　开断单相接地故障

在 A 相接地时将有

$$\begin{cases}\dot{U}_A = 0 \\ \dot{I}_B = \dot{I}_C = 0\end{cases} \tag{1-65}$$

当 A 相断路器断开接地故障时将有

$$\begin{cases}\dot{U}'_A = \dot{I}'_A Z \\ \dot{I}'_B = \dot{I}'_C = 0\end{cases} \tag{1-66}$$

把式(1-65)和式(1-66)的条件代入式(1-55)和式(1-58)，可分别得到断开故障前后的方程为

$$\begin{cases}\dot{U}_0 + \dot{U}_1 + \dot{U}_2 = 0 \\ \dot{I}_0 = \dot{I}_1 = \dot{I}_2 = \dfrac{\dot{I}_A}{3}\end{cases} \tag{1-67}$$

及

$$\dot{U}_0+\dot{U}_1+\dot{U}_2=\dot{U}'_A=\dot{I}'_A Z,\quad \dot{I}_0=\dot{I}_1=\dot{I}_2=\frac{\dot{I}'_A}{3} \tag{1-68}$$

按式(1-67)的要求，将相序网络进行互联后可得图 1-38 所示的等值线路图。由之可求得 A 相未开断时流经断口的电流 $\dot{I}_A$ 为

$$\dot{I}_A=3\dot{I}_0=3\frac{\dot{E}_1}{Z_1+Z_2+Z_0}$$

$\dot{I}_A$ 显然也可以从图 1-37 的线路图直接写出，即

$$\dot{I}_A=\frac{\dot{E}}{\omega L}$$

按式(1-68)的要求将相序网络进行互联后，可得图 1-39 所示的计算断口电压的等值线路图，图中 X、Y 两点间的电压即断口电压。

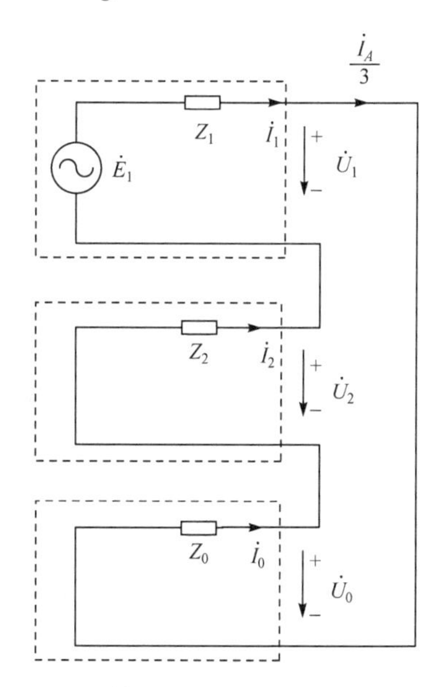

图 1-38　单相接地时相序网络的互联网

把图 1-38 和图 1-39 综合成图 1-40 后，应用叠加原理不难得出图 1-41 所示的计算断口电压的等值线路图。其中图 1-41(b)为按图 1-37 计算出 Z_1、Z_2 和 Z_0 后的情况。考虑到 C_d 比 C_1 及 C_0 小得多，所以等值线路还可进一步简化为图 1-41(c)的形式。图 1-41(c)是很容易进行计算的，因为在这里 L_1C_1 和 L_0C_0 是两个彼此独立的振荡回路。近似计算时，$i_A(t)$ 可取为斜角波，其斜率取工频零点时的斜率 $\frac{E_{\mathrm{m}}}{L}$，得

$$\frac{i_A}{3}=\frac{E_{\mathrm{m}}}{3L}t$$

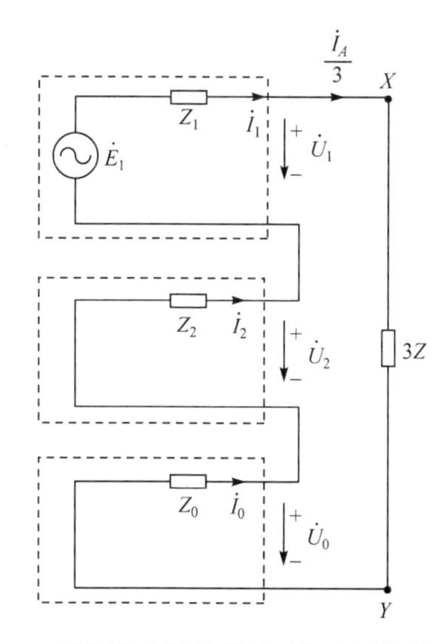

图 1-39　开断单相接地故障后相序网络的互联网

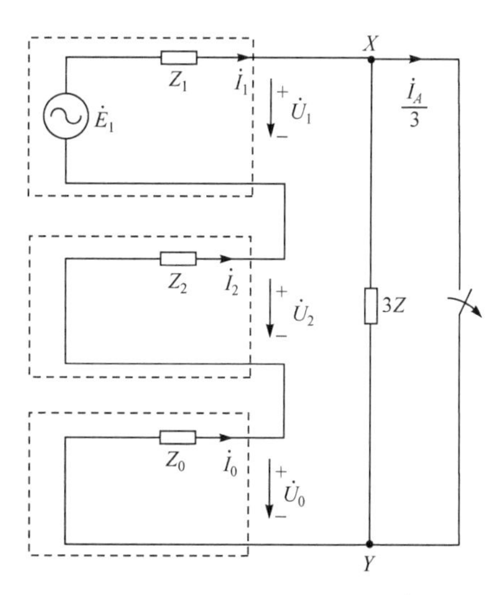

图 1-40　图 1-38 和图 1-39 的合成

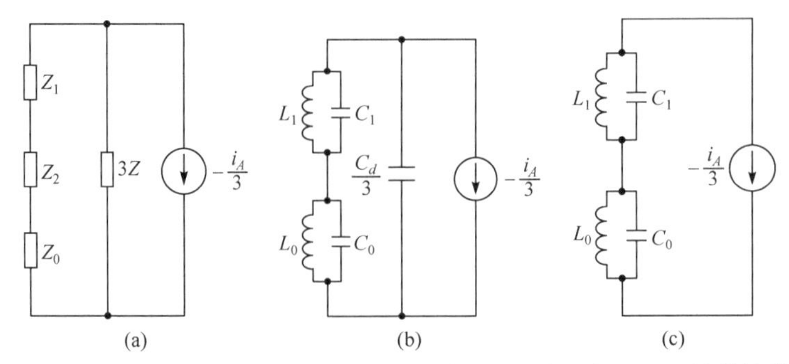

图 1-41　利用对称分量法求开断单相接地故障后，故障相断口电压的等值线路图

$$L_1 = 2L,\quad C_1 = \frac{C_P + C_Q}{2},\quad L_0 = L,\quad C_0 = \frac{3C_P C_Q + C_P C_R + C_Q C_R}{3C_Q + C_R}$$

利用拉普拉斯变换(简称拉氏变换)，不难求出 C_1 上电压的近似解为

$$u_{C_1} = E_{\mathrm{m}} \frac{L_1}{3L}(1-\cos\omega_1 t) = \frac{2}{3}E_{\mathrm{m}}(1-\cos\omega_1 t) \tag{1-69}$$

C_0 上电压的近似解为

$$u_{C_0} = E_{\mathrm{m}} \frac{L_0}{3L}(1-\cos\omega_0 t) = \frac{E_{\mathrm{m}}}{3}(1-\cos\omega_0 t) \tag{1-70}$$

而断口两端的电压就是 u_{C_1} 和 u_{C_0} 之和，即

$$u_A = \frac{2}{3}E_{\mathrm{m}}(1-\cos\omega_1 t) + \frac{1}{3}E_{\mathrm{m}}(1-\cos\omega_0 t) \tag{1-71}$$

式中，$\omega_1 = \frac{1}{\sqrt{L_1 C_1}}$；$\omega_0 = \frac{1}{\sqrt{L_0 C_0}}$。

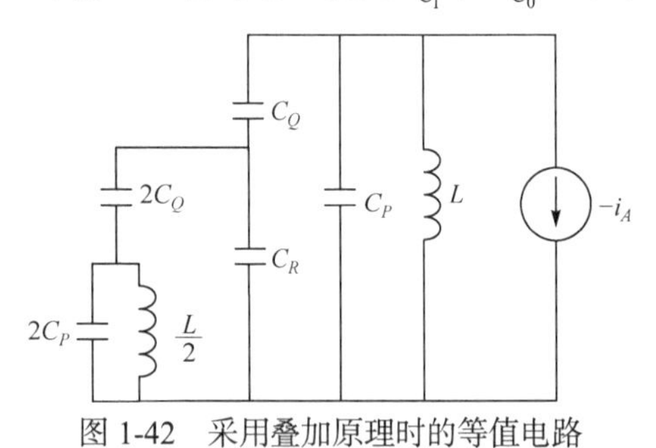

图 1-42　采用叠加原理时的等值电路

当然，图 1-37 的问题也可以采用在 A 相断口上直接加一对幅值相等方向相反的并联电流源的方法求解。但此时将得到图 1-42 所示的极为复杂的等值线路图，而对称分量法可以简化等值线路图。

1.4　多网孔振荡回路的暂态过程

在处理实际问题时，常会遇到较为复杂的多网孔振荡回路。1.3 节已介绍了一些把多网孔回路简化成单网孔回路进行计算的方法，但并不是对所有复杂的多网孔回路都是有效的。本节将介绍一些对常见的多网孔回路进行计算的方法。

1.4.1　用拉氏变换法计算双网孔振荡回路的暂态过程

图 1-43 为实际问题中常遇到的一种双网孔振荡回路。讨论直流电源作用到这个双网孔振荡回路的情况，其他电源作用时的解可在此基础上用杜阿梅尔积分法求出。下面我们来求 u_A 和 u_B 的解。

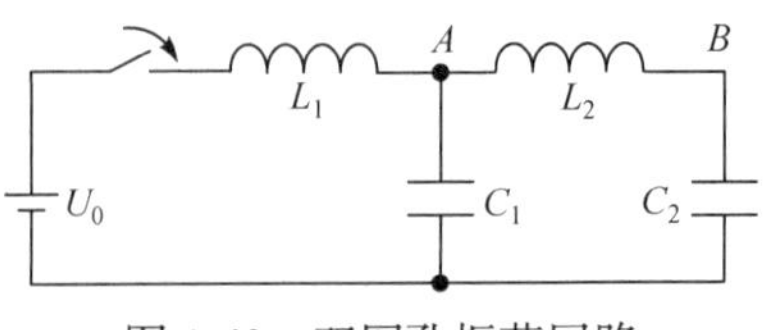

图 1-43　双网孔振荡回路

首先，u_A 和 u_B 的拉氏变换如式(1-72)所示：

$$u_A(p)=\frac{U_0}{p}\frac{\dfrac{1}{\dfrac{1}{pL_2+\dfrac{1}{pC_2}}+pC_1}}{\dfrac{1}{\dfrac{1}{pL_2+\dfrac{1}{pC_2}}+pC_1}+pL_1}$$

$$=\frac{U_0}{p}\times\frac{p^2L_2C_2+1}{p^4L_1C_1L_2C_2+p^2(L_2C_2+L_1C_2+L_1C_1)+1} \tag{1-72}$$

和

$$u_B(p)=u_A(p)\frac{\dfrac{1}{pC_2}}{pL_2+\dfrac{1}{pC_2}}=\frac{U_0}{p}\times\frac{1}{p^4L_1C_1L_2C_2+p^2(L_2C_2+L_1C_2+L_1C_1)+1} \tag{1-73}$$

令 $\alpha=\frac{1}{L_2C_2}+\frac{1}{L_2C_1}+\frac{1}{L_1C_1}$，$\beta=\frac{1}{L_1C_1L_2C_2}$，则式(1-72)和式(1-73)可简化为

$$u_A(p)=\frac{U_0}{p}\times\frac{\dfrac{p^2}{L_1C_1}+\beta}{p^4+\alpha p^2+\beta}=\frac{U_0}{p}\times\frac{\dfrac{p^2}{L_1C_1}+\beta}{(p^2+\omega_1^2)(p^2+\omega_2^2)} \tag{1-74}$$

$$u_B(p)=\frac{U_0}{p}\times\frac{\beta}{p^4+\alpha p^2+\beta}=\frac{U_0}{p}\times\frac{\beta}{(p^2+\omega_1^2)(p^2+\omega_2^2)} \tag{1-75}$$

式中，$\omega_1^2=\frac{\alpha}{2}-\sqrt{\left(\frac{\alpha}{2}\right)^2-\beta}$；$\omega_2^2=\frac{\alpha}{2}+\sqrt{\left(\frac{\alpha}{2}\right)^2-\beta}$。

显然下式是成立的：

$$\omega_1^2\omega_2^2=\beta,\quad \omega_2^2-\omega_1^2=2\sqrt{\left(\frac{\alpha}{2}\right)^2-\beta}$$

利用分解定理或查表，可知 $\varphi(p)=\frac{1}{p(p^2+\omega_1^2)(p^2+\omega_2^2)}$ 的原函数为

$$\varphi(t)=\frac{1}{\omega_1^2\omega_2^2}+\frac{1}{\omega_1^2(\omega_1^2-\omega_2^2)}\cos\omega_1 t-\frac{1}{\omega_2^2(\omega_1^2-\omega_2^2)}\cos\omega_2 t$$

而 $\varphi(p)=\frac{p}{(p^2+\omega_1^2)(p^2+\omega_2^2)}$ 的原函数为 $\varphi(t)=\frac{1}{\omega_1^2-\omega_2^2}(\cos\omega_2 t-\cos\omega_1 t)$，由之可得

$$u_A(t)=U_0-(U_1\cos\omega_1 t-U_2\cos\omega_2 t) \tag{1-76}$$

而

$$U_1=U_0\frac{\omega_2^2-\dfrac{1}{L_1C_1}}{\omega_2^2-\omega_1^2},\quad U_2=U_0\frac{\omega_1^2-\dfrac{1}{L_1C_1}}{\omega_2^2-\omega_1^2} \tag{1-77}$$

同时得到

$$u_B(t)=U_0-(U_1'\cos\omega_1 t-U_2'\cos\omega_2 t)=U_0-\sum_{k=1}^{2}(-1)^{k-1}U_k'\cos\omega_k t \tag{1-78}$$

而

$$U_1'=U_0\frac{\omega_2^2}{\omega_2^2-\omega_1^2},\quad U_2'=U_0\frac{\omega_1^2}{\omega_2^2-\omega_1^2} \tag{1-79}$$

计算结果说明，出现在这个双孔振荡回路电容上的电压，由稳态分量和两个按不同频率振荡的自由分量组成，且振荡分量各谐波的初相值(即在 $t=0$ 时的值)反号。从式(1-77)和式(1-79)可知，由于 $\omega_2>\omega_1$，所以必有 $U_1>U_2$，$U_1'>U_2'$。也就是说，振荡频率较高的振荡将具有较低的振幅。这个概念可以推广到 n 个振荡网孔的链形网络上去，此时任一分支电容上的电压 u 可以写成如下形式：

$$u=U_0-\sum_{k=1}^{n}U_k\cos\omega_k t \tag{1-80}$$

1.4.2 *n* 级 *LC* 链形回路的暂态过程

下面采用拉氏变换法来讨论图 1-44 所示的直流电源合闸到末端短路的 n 级链形回路。对其中任一环节(如第 s 环节)，电流和电压的拉氏方程：

$$u_s(p)-u_{s+1}(p)=i_s(p)\times pL \tag{1-81}$$

$$u_{s-1}(p)-u_s(p)=i_{s-1}(p)\times pL \tag{1-82}$$

$$i_{s-1}(p)-i_s(p)=u_s(p)\times pC \tag{1-83}$$

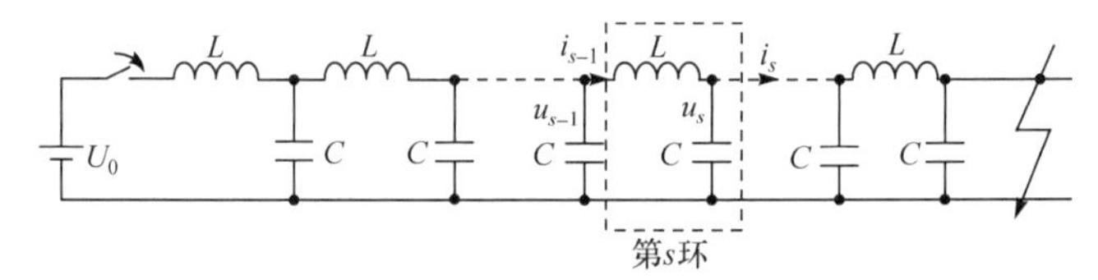

图 1-44　n 级链形回路

把式(1-81)和式(1-82)相减，再利用式(1-83)，可得差分方程为

$$u_{s-1}(p)-2u_s(p)+u_{s+1}(p)=u_s(p)p^2LC \tag{1-84}$$

差分方程的解的形式是

$$u_s(p)=M\mathrm{e}^{vs}$$

将其代入式(1-84)，可得

$$M\mathrm{e}^{v(s-1)}-2M\mathrm{e}^{vs}+M\mathrm{e}^{v(s+1)}=M\mathrm{e}^{vs}p^2LC$$

消去 $M\mathrm{e}^{vs}$，得到

$$\mathrm{e}^{-v}-(2+p^2LC)+\mathrm{e}^{v}=0$$

所以

$$\frac{\mathrm{e}^{-v}+\mathrm{e}^{v}}{2}=1+\frac{LC}{2}p^2$$

由此可得

$$\mathrm{ch}v=1+\frac{LC}{2}p^2$$

所以

$$v=\pm\operatorname{arch}\left(1+\frac{LC}{2}p^{2}\right)$$

令 $\beta=\operatorname{arch}\left(1+\frac{LC}{2}p^{2}\right)$，则 $u_s(p)$ 的解将为

$$u_s(p)=M_1\mathrm{e}^{\beta s}+M_2\mathrm{e}^{-\beta s} \tag{1-85}$$

式中，M_1 和 M_2 可由边界条件定出。图 1-44 的边界条件为

$$s=0\text{ 时},\quad u_s=\frac{U_0}{p}$$

$$s=n\text{ 时},\quad u_s=0$$

代入式(1-85)，可得

$$\begin{cases}M_1+M_2=\dfrac{U_0}{p}\\ M_1\mathrm{e}^{\beta n}+M_2\mathrm{e}^{-\beta n}=0\end{cases} \tag{1-86}$$

解得

$$M_1=-\frac{U_0}{p}\times\frac{\mathrm{e}^{-\beta n}}{2\operatorname{sh}\beta n}$$

$$M_2=\frac{U_0}{p}\times\frac{\mathrm{e}^{\beta n}}{2\operatorname{sh}\beta n}$$

代入式(1-85)，得 $u_s(p)$ 的解为

$$u_s(p)=\frac{U_0}{p}\times\frac{\operatorname{sh}\beta(n-s)}{\operatorname{sh}\beta n} \tag{1-87}$$

利用分解定理可求得式(1-87)的原函数为

$$u_s(t)=U_0\left(1-\frac{s}{n}-\frac{1}{n}\sum_{k=1}^{n}\cot\frac{k\pi}{2n}\sin\frac{ks}{n}\pi\cos\omega_k t\right) \tag{1-88}$$

而

$$\omega_k=\frac{2}{\sqrt{LC}}\sin\frac{k\pi}{2n}\quad(k=1,2,\cdots,n) \tag{1-89}$$

式(1-89)也就是 LC 链形回路在末端短路时，各分支电容上电压的表达式。它类同于末端开路时的式(1-80)。

在图 1-44 中，当 $n\to\infty$，且每个 LC 环节趋近于无限小时，它相当于分布参数长线末端短路时的情况，此时显见 $\frac{s}{n}\to\frac{x}{l}$，而式(1-88)将变为

$$\begin{aligned}u_x(t)&=U_0\left(1-\frac{x}{l}-\lim_{n\to\infty}\sum_{k=1}^{n}\frac{1}{n}\cot\frac{k\pi}{2n}\sin\frac{kx}{l}\pi\cos\omega_k t\right)\\&=U_0\left(1-\frac{x}{l}-\frac{2}{\pi}\sum_{k=1}^{\infty}\frac{1}{k}\sin\frac{kx}{l}\pi\cos\omega_k t\right)\end{aligned} \tag{1-90}$$

而

$$\omega_k = \frac{k\pi}{l\sqrt{L_0 C_0}} \quad (k = 1,2,\cdots,\infty) \tag{1-91}$$

而 L_0 及 C_0 为导线单位长度的电感和电容值。

式(1-90)的物理意义可作如下解释，式中的 $U_0\left(1-\dfrac{x}{l}\right)$ 项显然代表的是“稳定”状态时 x 处的电压(即强迫分量)。后面的 $\sum$ 项代表自由振荡分量，它表示在暂态过程中的振荡情况。由于线路的起始状态 $u_{x,t=0}=0$ 和“稳定”状态 $u_{x,t\to\infty}=U_0\left(1-\dfrac{x}{l}\right)$ 不同，而且回路是由电感和电容组成的，所以就发生了我们所熟悉的振荡过程。如果回路由 n 对集中电感和电容组成，则振荡角频率将有 n 个，如式(1-89)所示。如果回路由分布参数组成，即有无穷多个电感和电容，则振荡角频率就有无穷多个，如式(1-91)所示。频率的最小值(“基波”频率) f_0 可由式(1-91)令 $k=1$ 求出

$$f_0 = \frac{\omega_0}{2\pi} = \frac{1}{2l\sqrt{L_0 C_0}}$$

从式(1-90)还可以看出，各级谐波的振幅随谐波次数的升高而降低。在 $t=0$ 时，各级谐波沿导线的分布是正弦形的，也就是说，此时存在着各级空间驻波。这些空间驻波将随时间按各自固有的频率振荡。

式(1-90)说明，直流电压突然合闸到末端短路的长线时，沿线路全长的电压分布可以描绘为在强迫分量 $u=U_0\left(1-\dfrac{x}{l}\right)$ 上叠加无穷多个在时间上各自按其固有频率振荡的空间谐波。这是描绘分布参数电路中暂态过程的一种方法。关于描述分布参数电路暂态过程的其他方法将在第 2 章进行详细讨论。这里要说明的是，当 $n\to\infty$ 时，式(1-87)可改写为

$$u_s(p) = \frac{U_0}{p} \times \frac{\mathrm{sh}\beta n \cdot \dfrac{n-s}{n}}{\mathrm{sh}\beta n} = \frac{U_0}{p} \times \frac{\mathrm{sh}\dfrac{\beta n}{l}(l-x)}{\mathrm{sh}\beta n} \tag{1-92}$$

注意到 $n\to\infty$ 时 C 和 L 都趋近于零，此时 β 也趋近于零，所以有

$$\mathrm{ch}\beta = \frac{\mathrm{e}^{\beta}+\mathrm{e}^{-\beta}}{2} = \frac{\left(1+\beta+\dfrac{\beta^2}{2!}\right)+\left(1-\beta+\dfrac{\beta^2}{2!}\right)}{2}$$
$$= 1+\frac{1}{2}\beta^2 = 1+\frac{1}{2}p^2 LC$$

由之可求出

$$\beta = p\sqrt{LC} = p\sqrt{\frac{C_0 l}{n}\times\frac{L_0 l}{n}} = \frac{pl}{nv} \tag{1-93}$$

式中，$v=\dfrac{1}{\sqrt{L_0 C_0}}$。于是式(1-92)可改写为

$$u_x(p) = \frac{U_0}{p} \times \frac{\mathrm{sh}\dfrac{p}{v}(l-x)}{\mathrm{sh}\dfrac{p}{v}l} \tag{1-94}$$

第 2 章将证明，式(1-94)也就是用流动波方法来描绘分布参数暂态过程时所得的拉氏计算式。也就是说这两种描绘分布参数暂态过程的方法是可以互相转化的。

附带指出，在分布参数长线末端开路时，可以得出

$$u_x(t)=U_0\left[1-\frac{4}{\pi}\sum_{k=1}^{\infty}\frac{1}{(2k-1)}\sin\frac{(2k-1)\pi x}{2l}\cos\omega_k' t\right] \tag{1-95}$$

而

$$\omega_k'=\frac{(2k-1)\pi}{2l\sqrt{L_0C_0}}\quad (k=1,2,3,\cdots,\infty) \tag{1-96}$$

从式(1-90)和式(1-95)可以知道，分布参数的长线不论其末端是短路的还是开路的，其各次自由振荡的空间谐波的幅值都是随着谐波次数 k 的增大而减小的。所以在式(1-90)和式(1-95)中，对于代表各次自由振荡的 $\sum_{k=1}^{\infty}$ 来说，只要取 k=1~10 的前十项，即将其改为 $\sum_{k=1}^{10}$，则对 $u_x(t)$ 来说所引起的误差一般只有 5%左右。进一步还可以证明，这一结论在分布参数长线末端不管接有什么负载时都是成立的。

由此，得到了一条重要的结论：对于分布参数的长线来说，如用不少于十个环节的等值链形回路的集中参数电路来加以取代，则在过电压的计算或模拟实验中所引起的误差很小，一般可以满足工程上的要求。

习　题

1-1　试求在串联阻尼的电路中(图 1-4)，当 $R\Big/\sqrt{\dfrac{L}{C}}$ 分别为 0，0.25，0.5，0.75，1.0，1.25，1.5，1.75，2 时，相应的 ω/ω_0 及 U_{Cm}/E 的值。

1-2　同上，但在并联阻尼的电路中(图 1-5)又如何?

1-3　交流电源合闸于 LC 电路(图 1-12)，交流电源合闸的相位角为何值时，u_C 上过电压最大?

1-4　交流电源合闸于 RC 电路，在 C 上的电压会比电源电压大吗?

1-5　在图 1-17 中，当 A 相开关先断开时，在该相开关断口上的最大电压有多大?在以后 B 相及 C 相开关的断开过程中，在各该相开关的断口上最大电压又有多大?

1-6　用对称分量法分析暂态过程时应注意什么?

1-7　试分析 n 级 LC 链形回路的暂态物理过程。

第 2 章　长线和绕组中的波过程

2.1　无损耗单导线线路中的波过程

从电能的生产过程来看，电力系统是由发、变、用电设备经各类输配电线路连接而成的统一体；从电路的观点来看，电力系统是由电源和 R、L、C 等元件组合而成的一个复杂电路。由电路理论可知，当线路很长(如远距离输电线路)或电源频率很高(如在雷电或操作冲击电压作用下)时，此时线路的实际长度与电源波长相当，电路中的元件就不能按集中参数电路来分析，必须按分布参数电路来分析。也就是说，在某一时刻，电路上不同位置的电压、电流的数值不相同，电压和电流既是时间的函数也是空间的函数。分布参数电路中的电磁暂态过程属于电磁波的传播过程，这种传播过程简称为波过程。就其本质而言，输电线路上的波过程实际上是能量沿着导线传播的过程，即在导线周围空间逐步建立起电场和磁场的过程。

2.1.1　波过程的基本概念

实际电力系统的线路都属于多导线系统，但为了更清晰地分析波过程的物理本质和基本规律，这里以单导线线路的波过程为例。如图 2-1 所示，将传输线设想为由无数个很小的长度单元 $\mathrm{d}x$ 构成，假设沿线各处参数相同，若每单位长度导线的电感及电阻为 L_0 及 r_0；每单位长度导线对地的电容及电导为 C_0 及 g_0，则长度为 $\mathrm{d}x$ 线段的参数应为 $L_0\mathrm{d}x$ 、$r_0\mathrm{d}x$ 、$C_0\mathrm{d}x$ 和 $g_0\mathrm{d}x$ ，实际上，L_0 、r_0、C_0 、g_0 这些参数都和频率有关，当线路导线发生电晕时还与电压有关，但在分析波过程的基本规律时，可假定它们都是常数，同时暂时忽略线路中的电阻和电导损耗 r_0 、g_0 。

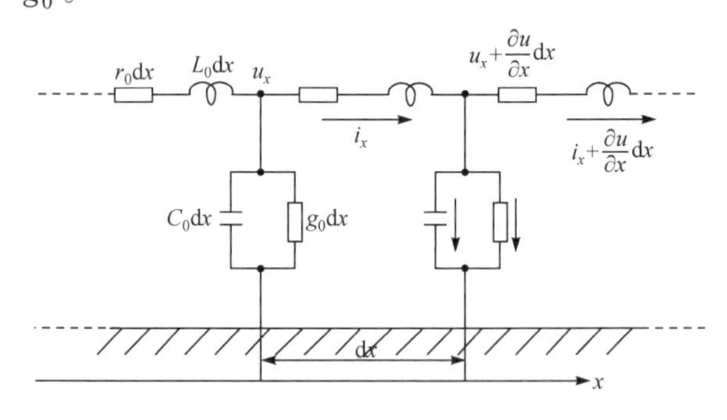

图 2-1　单导线线路的等值电路

设 $t=0$ 时线路首端合闸于直流电压源 E。$t=0$ 以后，近处的电容立即充电；而远处的电容由于电感的存在需隔一段时间才能充上电，并向更远处的电容放电。即一个电压波以一定速度沿 x 方向传播，在导线周围逐步建立起电场。在电容充放电时，将有电流流过导线的电感，所以也有一个电流波同时沿 x 方向传播，在导线周围逐步建立起磁场。实质上，电压波与电流波的流动就是电磁波沿线路的传播过程。这种电压波和电流波以波的形式沿导线传播，通常称为行波。

假设线路为零状态，在经过时刻 $\mathrm{d}t$ 时，电磁波行进 $\mathrm{d}x$ 距离，则长度为 $\mathrm{d}x$ 的导线对地电容为 $C_0\mathrm{d}x$，此电容充电到 u，即获得电荷 $uC_0\mathrm{d}x$，这些电荷是在时间 $\mathrm{d}t$ 内经电流波 i 传送过来的，因此

$$uC_0\mathrm{d}x = i\mathrm{d}t \tag{2-1}$$

另外，在 $\mathrm{d}t$ 时间内，长度为 $\mathrm{d}x$ 的导线上已建立起电流 i，电感为 $L_0\mathrm{d}x$，这些磁链是在 $\mathrm{d}t$ 时间内建立的，导线上的感应电动势为

$$u = \frac{iL_0\mathrm{d}x}{\mathrm{d}t} \tag{2-2}$$

由式(2-1)和式(2-2)消去 $\mathrm{d}x$、$\mathrm{d}t$ 可得，同一时刻、同一地点、同一方向电压波与电流波的比值 Z 为

$$Z = \frac{u}{i} = \sqrt{\frac{L_0}{C_0}} \tag{2-3}$$

即线路的波阻抗，通常以 Z 表示。显然，Z 具有阻抗的性质，其单位为欧姆(Ω)，其值取决于单位长度线路的电感 L_0 和对地电容 C_0，波阻抗与线路长度无关，即 Z 并无单位长度的含义。

对于单位长度导线的电容和电感为

$$L_0 = \frac{\mu_0\mu_\mathrm{r}}{2\pi}\ln\frac{2h}{r} \quad (\mathrm{H/m}) \tag{2-4}$$

$$C_0 = \frac{2\pi\varepsilon_0\varepsilon_\mathrm{r}}{\ln\dfrac{2h}{r}} \quad (\mathrm{F/m}) \tag{2-5}$$

式中，h 为导线离地面的平均高度(m)；r 为导线的半径(m)；μ_0、ε_0 分别为真空磁导率和介电常数；μ_r、ε_r 分别为介质相对磁导率和相对介电常数。

将式(2-4)、式(2-5)代入式(2-3)得

$$Z = \frac{1}{2\pi}\sqrt{\frac{\mu_0\mu_\mathrm{r}}{\varepsilon_0\varepsilon_\mathrm{r}}}\ln\frac{2h}{r} \tag{2-6}$$

对架空线路，$\varepsilon_\mathrm{r}=1$，$\mu_\mathrm{r}=1$，$Z=60\ln\dfrac{2h}{r}$，一般对单导线架空线而言，$Z=500\Omega$ 左右，计及电晕影响时取 400Ω 左右(参阅 2.6 节)。由于分裂导线和电缆的 L_0 较小，C_0 较大，故分裂导线架空线路和电缆的波阻抗都较小，电缆的波阻抗为十几欧姆至几十欧姆不等。

由式(2-1)和式(2-2)消去 u、i 可得行波的传播速度为

$$v = \frac{1}{\sqrt{L_0C_0}} \tag{2-7}$$

将式(2-4)、式(2-5)代入式(2-7)得

$$v = \frac{3\times10^8}{\sqrt{\mu_\mathrm{r}\varepsilon_\mathrm{r}}}$$

对于架空线路，$\mu_r=1$、$\varepsilon_r=1$，即波速 $v=3\times10^8\text{m/s}$，等于真空中的光速，对于电缆，因 $\mu_r=1$、$\varepsilon_r\approx4$，$v\approx1.5\times10^8\text{m/s}$，故电缆中的波速约为光速的一半。

对波的传播也可以从电磁能量的角度来分析。在单位时间里，波走过的长度为 l，在这段导线的电感中流过的电流为 i，在导线周围建立起磁场，相应的能量为 $\frac{1}{2}(lL_0)i^2$。电流对线路电容充电，使导线获得电位，故其能量为 $\frac{1}{2}(lC_0)u^2$，因为 $u=iZ$，不难证明：

$$\frac{1}{2}L_0i^2=\frac{1}{2}C_0u^2 \tag{2-8}$$

即电压、电流沿导线的传播过程就是电磁场能量沿导线传播的过程，而且导线在单位时间内获得的电场能量和磁场能量相等。

2.1.2 波动方程

为了求出单根无损导线上行波传播的规律，对图 2-1 所示的分布参数电路忽略电阻和电导损耗 r_0、g_0，取 $\mathrm{d}x$ 长度为研究对象，根据电路理论中的 KVL、KCL 可列出下面的方程：

$$u-\left(u+\frac{\partial u}{\partial x}\cdot\mathrm{d}x\right)=L_0\cdot\mathrm{d}x\cdot\frac{\partial i}{\partial t}$$

$$i-\left(i+\frac{\partial i}{\partial x}\mathrm{d}x\right)=C_0\mathrm{d}x\frac{\partial\left(u+\frac{\partial u}{\partial x}\mathrm{d}x\right)}{\partial t}$$

忽略上式中的二阶无限小 $(\mathrm{d}x)^2$ 各项，整理后得

$$-\frac{\partial u}{\partial x}=L_0\frac{\partial i}{\partial t} \tag{2-9}$$

$$-\frac{\partial i}{\partial x}=C_0\frac{\partial u}{\partial t} \tag{2-10}$$

经过数学推导，式(2-9)、式(2-10)可用含一个未知数 u 或 i 来表示：

$$\frac{\partial^2 u}{\partial x^2}=L_0C_0\frac{\partial^2 u}{\partial t^2} \tag{2-11}$$

$$\frac{\partial^2 i}{\partial x^2}=L_0C_0\frac{\partial^2 i}{\partial t^2} \tag{2-12}$$

式(2-11)、式(2-12)即描述均匀无损线波过程的微分方程，称为波动方程。

2.1.3 波动方程的解

应用拉氏变换来求解波动方程。将式(2-9)、式(2-10)经拉氏变换后可得

$$-\frac{\mathrm{d}\overline{u}}{\mathrm{d}x}=pL_0\overline{i} \tag{2-13}$$

$$-\frac{\mathrm{d}\overline{i}}{\mathrm{d}x}=pC_0\overline{u} \tag{2-14}$$

式中，$\overline{u}$ 及 $\overline{i}$ 为 u 及 i 的拉氏运算式；p 为拉氏算子。对式(2-13)求导，并将式(2-14)代入后得

$$\frac{\mathrm{d}^2\overline{u}}{\mathrm{d}x^2}=\gamma^2\overline{u} \tag{2-15}$$

$$\frac{\mathrm{d}^2\overline{i}}{\mathrm{d}x^2}=\gamma^2\overline{i} \tag{2-16}$$

式中，$\gamma^2 = p^2 L_0 C_0$ 或 $\gamma = p\sqrt{L_0 C_0}$。

解二阶微分方程可得

$$\begin{aligned}\overline{u}&=\overline{u}_q\exp(-\gamma x)+\overline{u}_f\exp(\gamma x)\\&=\overline{u}_q\exp\left(-\frac{x}{\frac{1}{\sqrt{L_0C_0}}}p\right)+\overline{u}_f\exp\left(\frac{x}{\frac{1}{\sqrt{L_0C_0}}}p\right)\\&=\overline{u}_q\exp\left(-\frac{x}{v}p\right)+\overline{u}_f\exp\left(\frac{x}{v}p\right)\end{aligned} \tag{2-17}$$

$$\begin{aligned}\overline{i}&=\overline{i}_q\exp(-\gamma x)+\overline{i}_f\exp(\gamma x)\\&=\overline{i}_q\exp\left(-\frac{x}{\frac{1}{\sqrt{L_0C_0}}}p\right)+\overline{i}_f\exp\left(\frac{x}{\frac{1}{\sqrt{L_0C_0}}}p\right)\\&=\overline{i}_q\exp\left(-\frac{x}{v}p\right)+\overline{i}_f\exp\left(\frac{x}{v}p\right)\end{aligned} \tag{2-18}$$

$\overline{u}_q$、$\overline{u}_f$ 或 $\overline{i}_q$、$\overline{i}_f$ 函数的具体形式要由线路的边界条件和初始条件来决定。

应用延迟定理，将式(2-17)和式(2-18)进行拉氏反变换后，可得

$$u=u_q\left(t-\frac{x}{v}\right)+u_f\left(t+\frac{x}{v}\right) \tag{2-19}$$

$$i=i_q\left(t-\frac{x}{v}\right)+i_f\left(t+\frac{x}{v}\right) \tag{2-20}$$

式(2-19)、式(2-20)即均匀无损单导线线路波动方程的解。以 $u_q\left(t-\frac{x}{v}\right)$ 为例来说明此解的含义，$u_q\left(t-\frac{x}{v}\right)$ 表示 u_q 是变量 $t-\frac{x}{v}$ 的函数，当 $t<\frac{x}{v}$ 时，$u_q\left(t-\frac{x}{v}\right)=0$；当 $t\geqslant\frac{x}{v}$ 时，$u_q\left(t-\frac{x}{v}\right)$ 有值，假定当 $t=t_1$ 时，线路上位置为 x_1 的点的电压函数值为 U_α，见图 2-2，则当时间由 t_1 变到 t_2 时，具有相同电压值 U_α 的点，必须满足：

$$t_1-\frac{x_1}{v}=t_2-\frac{x_2}{v}$$

必须使

$$t-\frac{x}{v}=常数$$

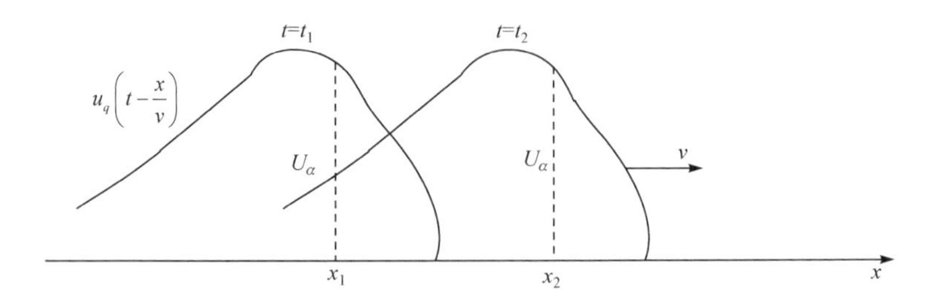

图 2-2　前行电压波$u_q\left(t-\dfrac{x}{v}\right)$流动的示意图

将上式微分得

$$\frac{\mathrm{d}x}{\mathrm{d}t}=v$$

上式表明，式(2-19)和式(2-20)中的v实际上是一个速度，对固定的电压值U_α而言，它在导线上的坐标是以速度v向x轴正方向移动的，因此，$u_q\left(t-\dfrac{x}{v}\right)$代表一个以速度$v$向$x$轴正方向行进的电压波。同样，可以说明$u_f\left(t+\dfrac{x}{v}\right)$代表一个以速度$v$向$x$轴负方向行进的电压波。通常称$u_q$为前行电压波，$u_f$为反行电压波。同理，$i_q$是前行电流波，$i_f$是反行电流波。

从式(2-19)和式(2-20)可知，线路上任一点的电压u由前行电压波u_q和反行电压波u_f叠加而成，任一点的电流i由前行电流波i_q和反行电流波i_f叠加而成。u_q与i_q，u_f与i_f之间的联系可由下面导出，将式(2-17)中的u对x微分可得

$$-\frac{\mathrm{d}\overline{u}}{\mathrm{d}x}=\gamma\overline{u}_q\mathrm{e}^{-\gamma x}-\gamma\overline{u}_f\mathrm{e}^{\gamma x}$$

将$\gamma=p\sqrt{L_0C_0}$代入上式，并将上式代入式(2-13)，可得

$$\overline{i}=\frac{1}{\sqrt{\dfrac{L_0}{C_0}}}\overline{u}_q\mathrm{e}^{-\gamma x}-\frac{1}{\sqrt{\dfrac{L_0}{C_0}}}\overline{u}_f\mathrm{e}^{\gamma x}=\frac{1}{Z}\overline{u}_q\mathrm{e}^{-\gamma x}-\frac{1}{Z}\overline{u}_f\mathrm{e}^{\gamma x}$$

将上式与式(2-18)对照，显然

$$\overline{i}_q\mathrm{e}^{-\gamma x}=\frac{1}{Z}\overline{u}_q\mathrm{e}^{-\gamma x} \tag{2-21}$$

$$\overline{i}_f\mathrm{e}^{\gamma x}=-\frac{1}{Z}\overline{u}_f\mathrm{e}^{\gamma x} \tag{2-22}$$

将式(2-21)和式(2-22)进行拉氏反变换，可得

$$i_q\left(t-\frac{x}{v}\right)=\frac{1}{Z}u_q\left(t-\frac{x}{v}\right) \tag{2-23}$$

$$i_f\left(t+\frac{x}{v}\right)=-\frac{1}{Z}u_f\left(t+\frac{x}{v}\right) \tag{2-24}$$

从上可知，电压行波与电流行波的比值为波阻抗，波阻抗为一定值，故电压行波与电

流行波波形相同。同时从式(2-23)和式(2-24)中还可以得到一个重要的结论：前行电压波u_q与前行电流波i_q极性相同，反行电压波u_f与反行电流波i_f极性相反。对于这个结论，可以解释如下：假定正电荷向x轴正方向运动而形成的电流行波的极性是正的，则正极性前行电压波u_q必然伴随正极性的前行电流波。反之，负极性前行电压波u_q必然伴随负极性前行电流波i_q，即u_q与i_q一定是同极性的。对反行波来说，就不一样了，如果是正极性的反行电压波u_f，则意味着正极性电荷向x轴反方向运动，它对应的反行电流波i_f应该是负极性的，同样，如果u_f是负的，则意味着负的电荷向x轴反方向运动，而此时对应的i_f却是正极性的，因此，i_f的极性必然与u_f的极性相异。

综上所述，我们可以得到如下的结论，无损单导线线路波过程的基本规律由式(2-25)决定，它的含义可以概括如下：导线上任何一点的电压或电流，等于通过该点的前行波与反行波之和，前行波电压与电流之比为$+Z$，反行波电压与电流之比为$-Z$。由这些基本方程出发，加上边界条件和起始条件就可以解决各种具体问题了。

$$\begin{cases} u = u_q + u_f \\ i = i_q + i_f \\ u_q = Zi_q \\ u_f = -Zi_f \end{cases} \tag{2-25}$$

线路上的前行波和反行波并非在任何时刻、任何情况下都同时存在，有时可能只有前行波，如一直流电势E合闸于线路，见图 2-3，此时，将有一个与电源电压相同的前行电压波$u_q(u_q = E)$自电源侧向线路末端运动，在u_q到达线路末端之前，线路上将只有前行电压波u_q，而无反行波u_f。

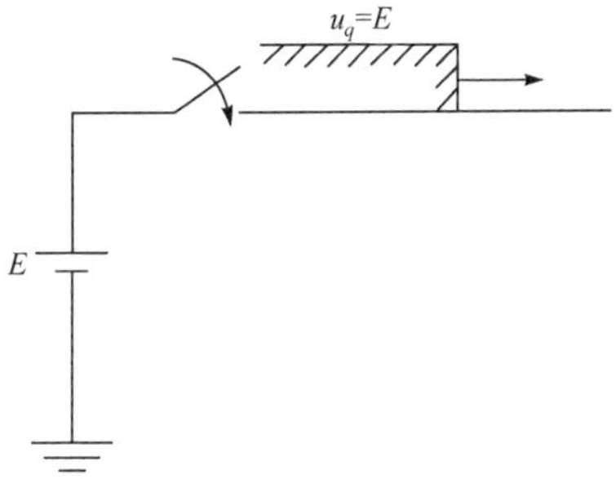

需强调指出，当线路上某点的前行波及反行波同时存在时，该点的电压与电流的比值并不等于波阻抗Z，即

$$Z \neq \frac{u_q + u_f}{i_q + i_f}$$

图 2-3　直流电源E合闸于线路

下面从电磁场的观点来简要地说明行波在无损线路上的运动，当行波在无损导线上传播时，在行波到达处的导线周围空间就建立了电场和磁场，图 2-4 表示无损导线周围的电场和磁场的分布，电磁场的向量E及H相互垂直并且完全处于垂直于导线轴的平面内，这样的电磁场称为平面电磁场，因此，行波沿无损导线的传播过程就是平面电磁场的传播过程。对架空线来说周围介质是空气，故电磁场的传播速度必然等于光速。

当线路上有一个行波如前行波u_q时，单位长度导线获得的电场能和磁场能分别为$\frac{1}{2}C_0u_q^2$和$\frac{1}{2}L_0i_q^2$。由于$u_q = \sqrt{\frac{L_0}{C_0}} \cdot i_q$，故$\frac{1}{2}C_0u_q^2 = \frac{1}{2}L_0i_q^2$，即单位长度导线获得的电场能与磁

场能相等。单位长度导线获得的总能量为$\frac{1}{2}C_0u_q^2+\frac{1}{2}L_0i_q^2=L_0i_q^2=C_0u_q^2$。因为波的传播速度为$v$，故单位时间内导线获得的能量为$vC_0u_q^2=vL_0i_q^2=u_q^2/z=i_q^2/z$。

从功率的观点来看，波阻抗 Z 与一个数值相等的集中参数电阻相当，但在物理含义上是不同的，电阻要消耗能量，而波阻抗并不消耗能量，当行波幅值一定时，波阻抗决定了单位时间内导线获得电磁能量的大小。

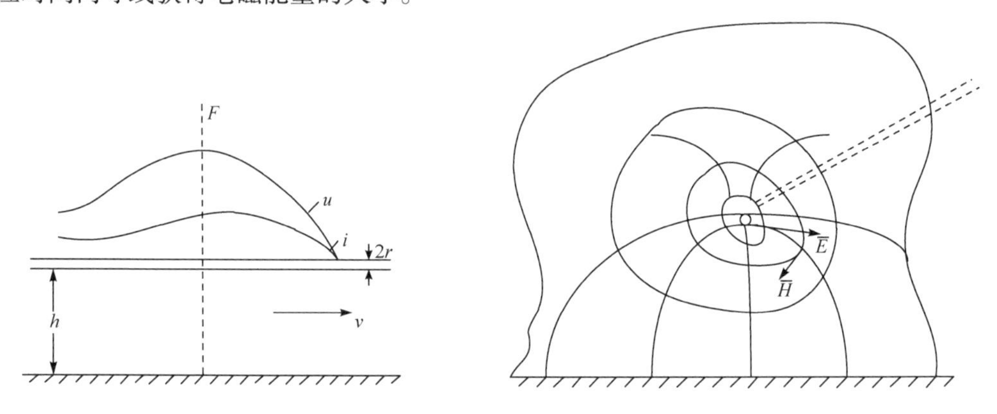

图 2-4　单导线线路上平面电磁波的传播

2.2　行波的折射与反射

在电力系统中，常常会遇到以下的情况：线路末端与另一不同波阻抗的线路相连，如一条架空线与一条电缆相连接；线路末端接有集中参数阻抗(如电阻、电容、电感或它们的组合)等。在这些情形下，当线路上有行波传播且到达两个不同波阻抗线路的连接点或到达接有集中参数的节点时将会发生什么情况呢?这便是本节所要讨论的主要问题，下面以两条不同波阻抗线路相连接的情况为例来讨论。

2.2.1　行波的折、反射系数计算

若具有不同波阻抗的两条线路相连接，如图 2-5 所示，连接点为A。现将线路Z_1合闸于直流电源U_0，合闸后沿线路Z_1有一个与电源电压相同的前行电压波u_{1q}($u_{1q}=U_0$)自电源向节点A传播，到达节点A遇到波阻抗为Z_2的线路，根据前面所述，在节点A前后都必须保持单位长度导线的电场能与磁场能相等的规律，但是，由于线路Z_1与Z_2的单位长度电感

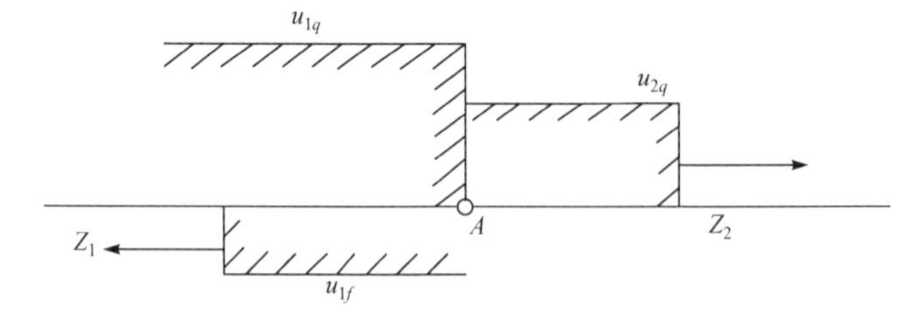

图 2-5　行波在节点 A 的折射与反射

与对地电容都不相同，因此当u_{1q}到达A点时必然要发生电压、电流的变化，也就是说，在节点A处要发生行波的折射与反射，反射电压波u_{1f}自节点A沿线路Z_1返回传播，折射电压波则自节点A沿线路Z_2继续向前传播。显然，此折射电压波也就是线路Z_2上的前行电压波，以u_{2q}表示。通过下面的分析，可以求得反射电压波u_{1f}和折射电压波u_{2q}。

假设折射电压波u_{2q}尚未到达线路Z_2的末端，即线路Z_2上尚未出现反行电压波，更为一般的说法是u_{2q}虽已到达Z_2的末端，线路Z_2上已出现反行电压波，但此反行电压波尚未到达节点A。于是，根据式(2-25)，对于线路Z_1，有

$$u_1 = u_{1q} + u_{1f}, \quad i_1 = i_{1q} + i_{1f}$$

$$u_{1q} = Z_1 i_{1q}, \quad u_{1f} = -Z_1 i_{1f}$$

对于线路Z_2，因Z_2上的反行电压波$u_{2f} = 0$，故

$$u_2 = u_{2q}$$

$$i_2 = i_{2q}$$

$$u_{2q} = Z_2 i_{2q} (\text{即} u_2 = Z_2 i_2)$$

在节点A处只能有一个电压和电流值，故

$$u_1 = u_2, \quad i_1 = i_2$$

于是得

$$u_{1q} + u_{1f} = u_{2q} \tag{2-26}$$

$$i_{1q} + i_{1f} = i_{2q} \tag{2-27}$$

将式(2-27)化为

$$\frac{u_{1q}}{Z_1} - \frac{u_{1f}}{Z_1} = \frac{u_{2q}}{Z_2}$$

即

$$u_{1q} - u_{1f} = \frac{Z_1}{Z_2} u_{2q} \tag{2-28}$$

将式(2-26)和式(2-28)相加，得

$$2u_{1q} = \left(1 + \frac{Z_1}{Z_2}\right) u_{2q}$$

故

$$u_{2q} = \frac{2Z_2}{Z_1 + Z_2} u_{1q} = \alpha u_{1q} \tag{2-29}$$

将u_{2q}代入式(2-26)可得

$$u_{1f} = u_{2q} - u_{1q} = \frac{2Z_2}{Z_1 + Z_2} u_{1q} - u_{1q} = \frac{Z_2 - Z_1}{Z_1 + Z_2} u_{1q} = \beta u_{1q} \tag{2-30}$$

式中，$\alpha = \dfrac{2Z_2}{Z_1 + Z_2}$表示线路$Z_2$上的折射电压波$u_{2q}$与入射电压波$u_{1q}$的比值，称为折射系数；

$\beta=\dfrac{Z_2-Z_1}{Z_1+Z_2}$ 表示线路 Z_1 上的反射电压波 u_{1f} 与 u_{1q} 的比值，称为反射系数。折射系数的值永远是正的，这说明折射电压波 u_{2q} 总是和入射电压波 u_{1q} 同极性的，当 $Z_2=0$ 时，$\alpha=0$；当 $Z_2\to\infty$时，$\alpha\to 2$，因此 $0\leqslant\alpha\leqslant 2$。反射系数可正可负，当 $Z_2=0$ 时，$\beta=-1$，当 $Z_2\to\infty$ 时，$\beta\to 1$，因此 $-1\leqslant\beta\leqslant 1$。折射系数 α 与反射系数 β 之间满足下列关系：

$$\alpha=1+\beta \tag{2-31}$$

应该指出，虽然波的折、反射系数是根据两段波阻不同的导线推出的，但它也可以用于导线末端接有不同电阻的情况。下面以线路末端开路，线路末端短路，两条不同波阻抗 Z_1、Z_2 线路的连接，接有与波阻相等的电阻这四种情况来对波的折、反射进一步讨论。

2.2.2 几种特殊条件下的折、反射波

1. 线路末端开路(图 2-6)

线路 Z_1 末端开路，沿线路 Z_1 有一无限长直角波 u_{1q} 向前传播，如图 2-6 所示。线路 Z_1 末端开路，相当于末端接有一条 $Z_2\to\infty$的线路，因此根据式(2-29)、式(2-30)可得

$$\alpha=2,\quad \beta=1$$

即

$$u_{2q}=u_2=2u_{1q},\quad u_{1f}=u_{1q}$$

由式(2-25)可得

$$i_{2q}=0,\quad i_{1f}=-\frac{u_{1q}}{Z_1}$$

这表明当 u_{1q} 到达末端时将发生折、反射，反射电压波等于入射电压波，折射电压波即末端电压将上升一倍，末端电流为零，反射电压波将自末端返回，所到之处将使电压上升一倍，电流降为零值。反射电压波到达处的全部磁场能量将转变为电场能量，从而使电压上升一倍。

2. 线路末端短路(图 2-7)

线路 Z_1 末端短路接地，如图 2-7 所示，线路 Z_1 末端短路接地相当于在末端接有一条 Z_2=0 的线路，根据式(2-29)、式(2-30)和式(2-25)，可得

$$\alpha=0,\quad \beta=-1$$

即

$$u_{2q}=0,\quad u_{1f}=-u_{1q}$$

$$i_{2q}=2\frac{u_{1q}}{Z_1},\quad i_{1f}=-\frac{u_{1f}}{Z_1}=\frac{u_{1q}}{Z_1}$$

这表明，当 u_{1q} 到达末端时将发生折、反射，反射电压波等于负的入射电压波，末端电压即折射电压波 u_{2q} 等于零，末端电流将增加一倍，反射电压波所到之处将使电压降为零值，使电流上升一倍，反射电压波所到之处的全部电场能量将转变成为磁场能量，从而使电流上升一倍。

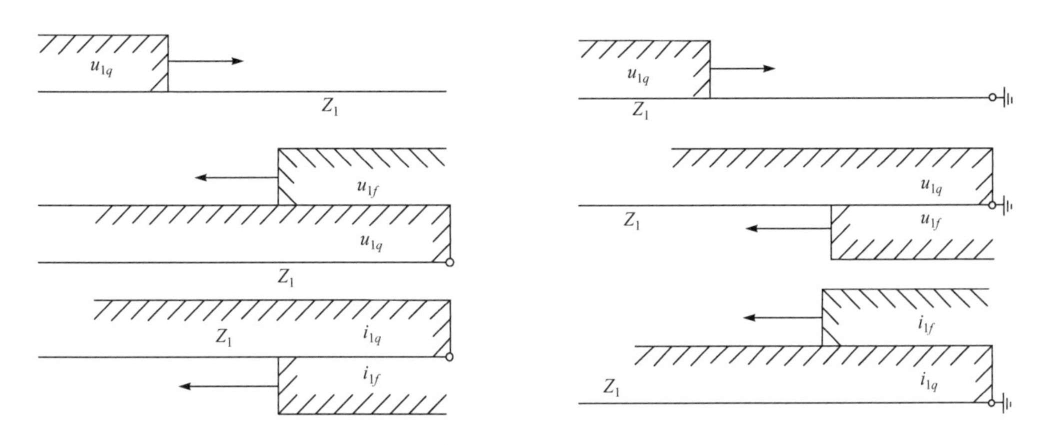

图 2-6 线路末端开路时的折、反射　　　　图 2-7 线路末端短路时的折、反射

3. 两条不同波阻抗 Z_1、Z_2 线路的连接(图 2-8)

若 $Z_2 < Z_1$ 则 $\alpha < 1$，$\beta < 0$，反射电压 $u_{1f} < 0$，折射电压 $u_{2q} < u_{1q}$；

若 $Z_2 > Z_1$ 则 $\alpha > 1$，$\beta > 0$，反射电压 $u_{1f} > 0$，折射电压 $u_{2q} > u_{1q}$。

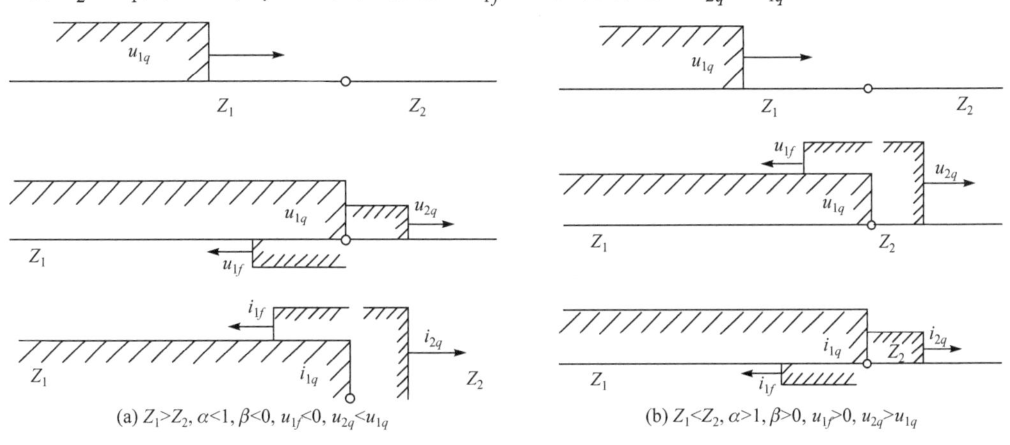

图 2-8 $Z_1 \neq Z_2$ 时波的折、反射

4. 线路末端接有电阻(图 2-9)

下面来讨论线路 Z_1 末端接一个集中参数电阻 R 时的情况，如图 2-9(a)所示，u_{1q} 到达电阻 R 处发生折、反射，折射电压等于电阻 R 上的电压，此时，电压的折、反射系数分别为

$$\alpha = \frac{2R}{Z_1 + R}$$

$$\beta = \frac{R - Z_1}{Z_1 + R}$$

电阻 R 上的电压 u_R 为

$$u_R = \alpha u_{1q} = \frac{R}{Z_1 + R} 2u_{1q}$$

上式的等值电路见图 2-9(b)。

如果末端电阻 R 等于线路波阻抗 Z_1，则 $\alpha=1$，$\beta=0$，即 u_{1q} 到达 R 处，将不发生折、反射。

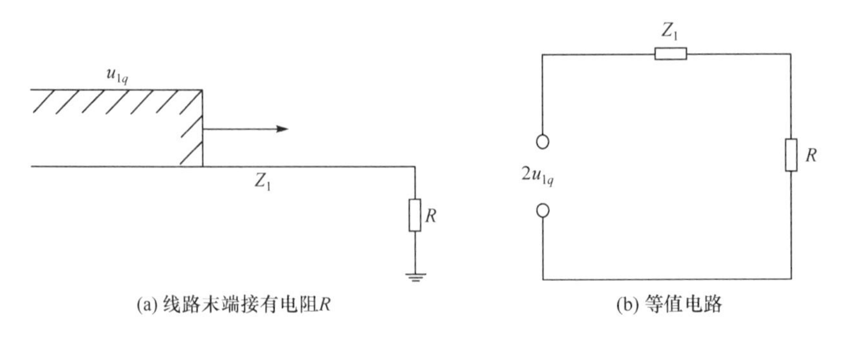

图 2-9　线路末端接有电阻 R 时计算折射电压的等值电路

2.2.3　直流电压合闸于有限长线路时的流动波图案

以上从节点的边界条件(节点处只能有一个电压值和电流值)出发，推出了波在开路和短路末端的折、反射规律。如果再进一步运用电源侧边界条件，便可得出直流电源合闸于有限长线路时完整的流动波图案了。下面仍以末端开路和末端短路两种情况来加以讨论。

1. 直流电压作用于末端开路的线路(图 2-10)

当电压为 $u_{1q}=U_0$ 的直流电压源合闸到波阻抗为 Z 的线路时，将有前行电压波 $u_{1q}=U_0$ 沿导线前行，其速度为 $v=\dfrac{1}{\sqrt{L_0C_0}}$ (光速)。如果线路长度为 l，且合闸发生于 $t=0$ 时，则此前行波将于 $t=\dfrac{l}{v}$ 时到达线路末端。可见，在 $0\leqslant t<\dfrac{l}{v}$ 时，线路上只有前行的电压波 $u_{1q}=U_0$ 和前行的电流波 $i_{1q}=\dfrac{U_0}{Z}$。其图案如图 2-10(a)所示。

当 $t=\dfrac{l}{v}$ 时，前行波 u_{1q}、i_{1q} 到达线路的末端 B 点，遇到开路的末端而分别发生正的和负的反射，形成 $u_{1f}=U_0$ 的电压反行波和 $i_{1f}=-\dfrac{U_0}{Z}$ 的电流反行波。此反射波将于 $t=\dfrac{2l}{v}$ 时刻到达线路的首端。因此在 $\dfrac{l}{v}\leqslant t<\dfrac{2l}{v}$ 的时间内，线路上各点的电压应由前行的电压波 u_{1q} 和反行的电压波 u_{1f} 叠加而成，电流则应由 i_{1q} 和 i_{1f} 叠加而成。其图案如图 2-10(b)所示。

当 $t=\dfrac{2l}{v}$ 时，反行波 u_{1f} 和 i_{1f} 到达线路的首端 A 点，迫使 A 点的电压上升为 $2U_0$。但由电源边界条件所决定的 A 点电压又必须为 U_0。因此反行波 u_{1f} 到达 A 点的结果是使电源发出另一个幅值为 $-U_0$ 的前行波电压来保持 A 点的电压为 U_0。也就是说在 $\dfrac{2l}{v}\leqslant t<\dfrac{3l}{v}$ 的时间内，线路上将出现第二个前行电压波 $u_{1q}=-U_0$ 和第二个前行电流波 $i_{2q}=-\dfrac{U_0}{Z}$，其图案如图 2-10(c)所示。此时线路上各点的电压应由 u_{1q}、u_{1f} 和 u_{2q} 叠加而成，线路各点的电流则由 i_{1q}、i_{1f} 和

i_{2q}叠加而成。

当$t=\dfrac{3l}{v}$时，第二个前行波到达线路的末端B点而发生全反射。反射的结果形成了第二个反行电压波$u_{1f}=-U_0$和反行电流波$i_{2f}=\dfrac{U_0}{Z}$。因此在$\dfrac{3l}{v}\leqslant t<\dfrac{4l}{v}$的时间内，线路各点的电压和电流分别由$u_{1q}$、$u_{1f}$、$u_{2q}$、$u_{2f}$以及$i_{1q}$、$i_{1f}$、$i_{2q}$、$i_{2f}$叠加而成，其图案如图 2-10(d)所示。

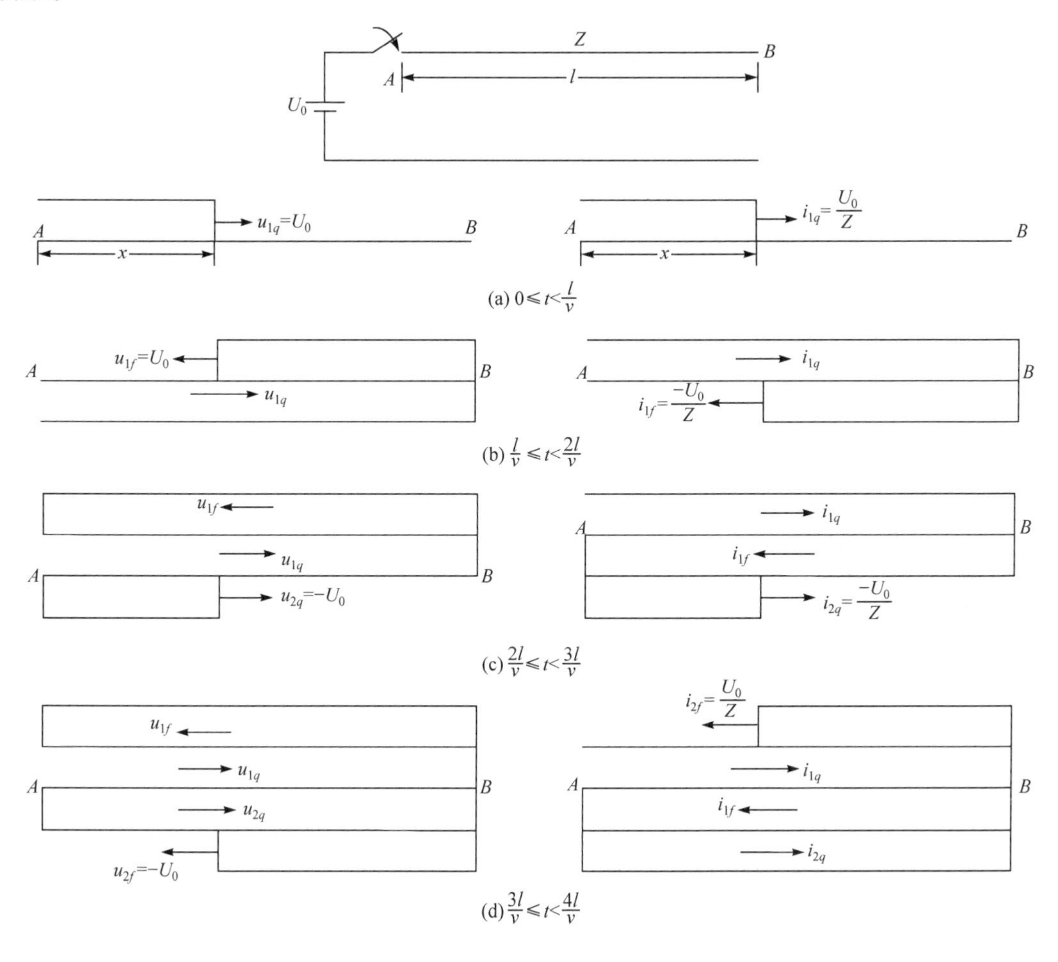

图 2-10　直流电压作用于末端开路的线路

当$t=\dfrac{4l}{v}$时，第二个反行波到达线路末端A点，迫使A点电压下降为零。为使电压保持在U_0，电源必须重新发出一个幅值为U_0的前行波，从而回到了图 2-10(a)的图案。如此以$t=\dfrac{4l}{v}$为周期不断重复。

根据以上分析，可以得出线路末端电压u_B随时间变化的规律为

$$
\begin{cases}
0 \leqslant t < \dfrac{l}{v}\text{时}, & u_B(t) = 0 \\
\dfrac{l}{v} \leqslant t < \dfrac{3l}{v}\text{时}, & u_B(t) = 2U_0 \\
\dfrac{3l}{v} \leqslant t < \dfrac{5l}{v}\text{时}, & u_B(t) = 0 \\
\qquad\qquad\cdots
\end{cases}
\tag{2-32}
$$

其波形如图 2-11 所示。而线路上任一点 x 处的电压 u_x 随时间变化的规律为

$$
\begin{cases}
0 \leqslant t < \dfrac{x}{v}\text{时}, & u_x(t) = 0 \\
\dfrac{x}{v} \leqslant t < \dfrac{2l-x}{v}\text{时}, & u_x(t) = U_0 \\
\dfrac{2l-x}{v} \leqslant t < \dfrac{2l+x}{v}\text{时}, & u_x(t) = 2U_0 \\
\dfrac{2l+x}{v} \leqslant t < \dfrac{4l-x}{v}\text{时}, & u_x(t) = U_0 \\
\dfrac{4l-x}{v} \leqslant t < \dfrac{4l+x}{v}\text{时}, & u_x(t) = 0
\end{cases}
\tag{2-33}
$$

其波形如图 2-12 所示。

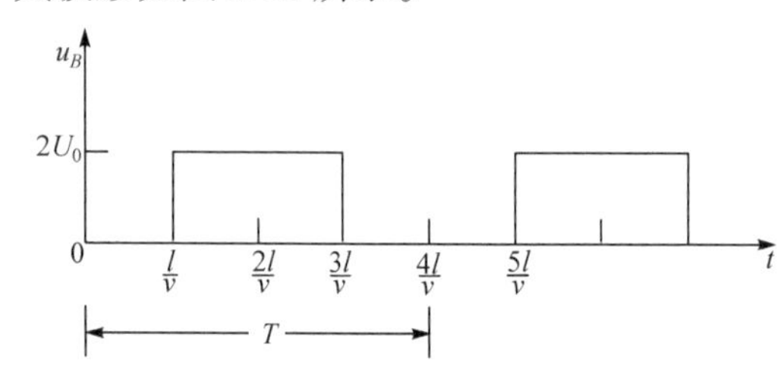

图 2-11　线路末端开路时末端的电压波形

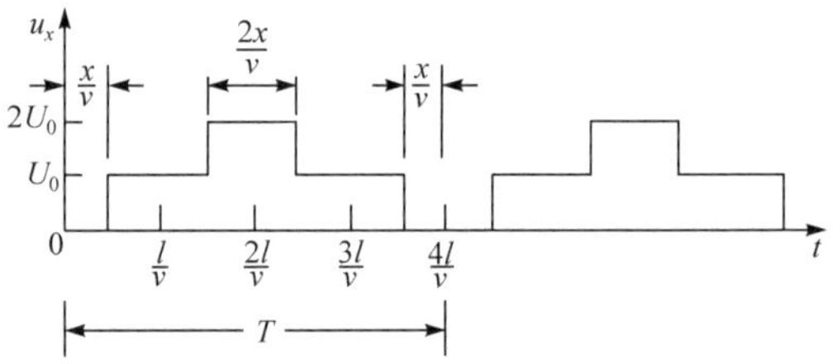

图 2-12　线路末端开路时任意点电压波形

2. 直流电压作用于末端短路的线路(图 2-13)

按照同样的方法，不难得出直流电压源合闸于末端短路的长线时各阶段中电压波和电流波的图案，如图 2-13(a)～(d)所示。由此可知，此时线路末端的电流随时间变化规律为

$$
\begin{cases}
0 \leqslant t < \dfrac{l}{v}\text{时}, & i_B(t) = 0 \\
\dfrac{l}{v} \leqslant t < \dfrac{3l}{v}\text{时}, & i_B(t) = 2\dfrac{U_0}{Z} \\
\dfrac{3l}{v} \leqslant t < \dfrac{5l}{v}\text{时}, & i_B(t) = 4\dfrac{U_0}{Z} \\
\dfrac{5l}{v} \leqslant t < \dfrac{7l}{v}\text{时}, & i_B(t) = 6\dfrac{U_0}{Z} \\
\qquad\qquad\cdots
\end{cases}
\tag{2-34}
$$

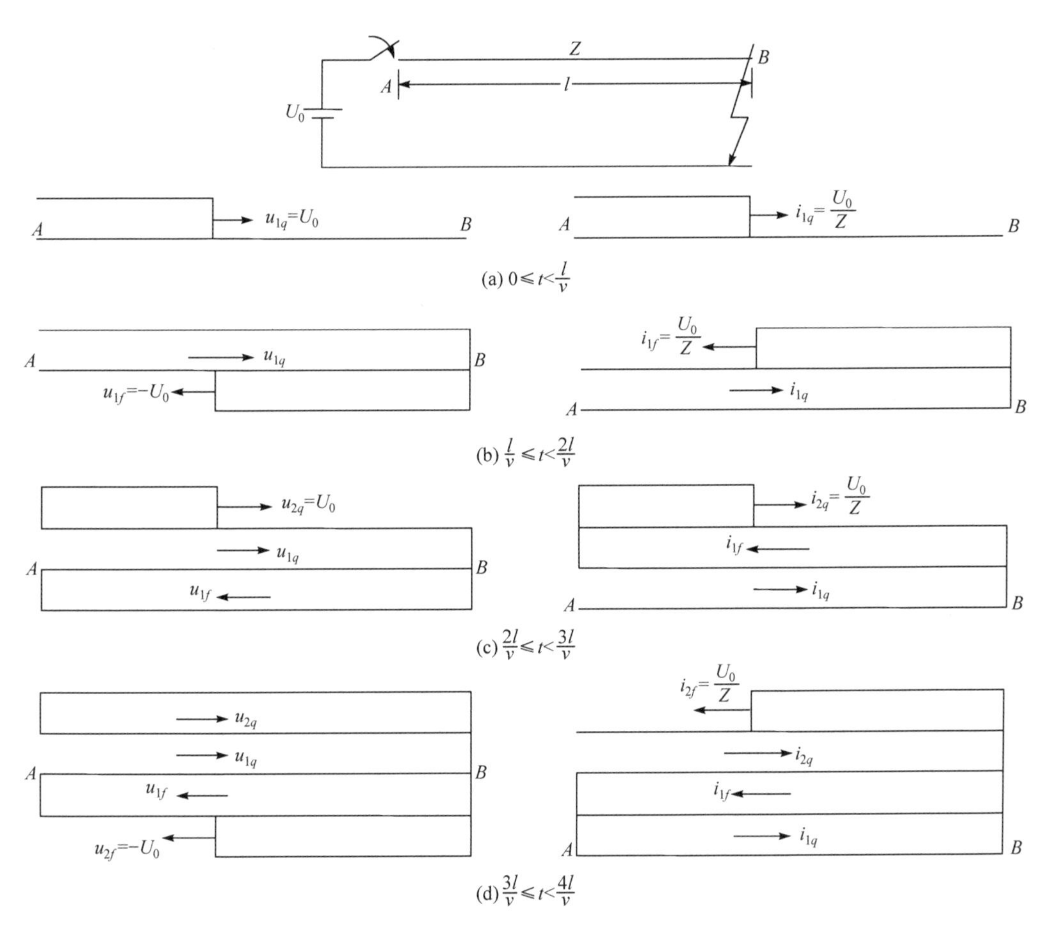

图 2-13　直流电压作用于末端短路的线路

如此不断增加，直至无穷。其波形如图 2-14 所示。这显然是线路末端短路的必然结果。实际上短路电流将受线路电阻的限制，而不会无限增长。

同样，可以求得线路上任一点 x 处的电压 u_x 随时间变化的规律为

$$
\begin{cases}
0\leqslant t<\dfrac{x}{v}\text{时}, & u_x(t)=0 \\
\dfrac{x}{v}\leqslant t<\dfrac{2l-x}{v}\text{时}, & u_x(t)=U_0 \\
\dfrac{2l-x}{v}\leqslant t<\dfrac{2l+x}{v}\text{时}, & u_x(t)=0 \\
\dfrac{2l+x}{v}\leqslant t<\dfrac{4l-x}{v}\text{时}, & u_x(t)=U_0 \\
\dfrac{4l-x}{v}\leqslant t<\dfrac{4l+x}{v}\text{时}, & u_x(t)=0
\end{cases}
\tag{2-35}
$$

其波形如图 2-15 所示。

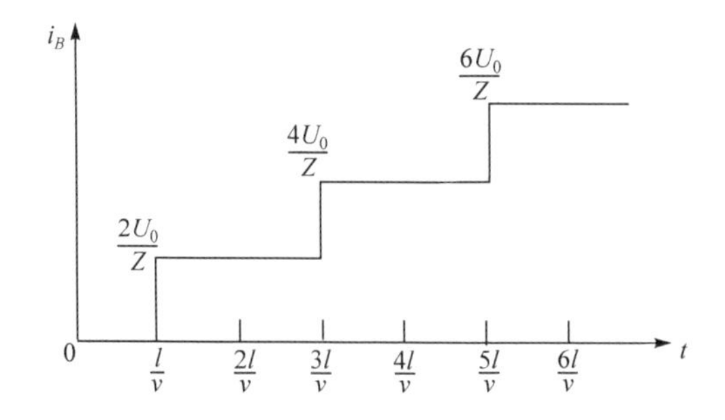

图 2-14　线路末端短路时末端的电流波形

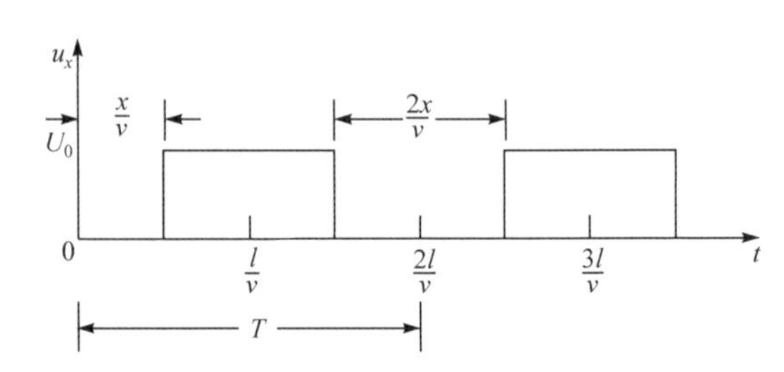

图 2-15　线路末端短路时任意点电压波形

式(2-35)可以改写为

$$u_{x,t}=U_0\left[1\left(t-\frac{x}{v}\right)-1\left(t-\frac{2l-x}{v}\right)+1\left(t-\frac{2l+x}{v}\right)-1\left(t-\frac{4l-x}{v}\right)+\cdots\right] \tag{2-36}$$

式中，$1\left(t-\dfrac{x}{v}\right)$函数的性质为当$0\leqslant t<\dfrac{x}{v}$时，其值为零；而当$t\geqslant\dfrac{x}{v}$时，其值为 1。其他符号以此类推。

由拉氏变换的延迟定理可得，$1\left(t-\dfrac{x}{v}\right)$的频域函数为$\dfrac{1}{p}\mathrm{e}^{-p\frac{x}{v}}$。因此，式(2-36)的频域函数为

$$u_x(p)=\frac{U_0}{p}\left[\mathrm{e}^{-p\frac{x}{v}}-\mathrm{e}^{-p\frac{2l-x}{v}}+\mathrm{e}^{-p\frac{2l+x}{v}}-\mathrm{e}^{-p\frac{4l-x}{v}}+\cdots\right] \tag{2-37}$$

将式(2-37)加以整理，可得

$$\begin{aligned}u_x(p)&=\frac{U_0}{p}\left(\mathrm{e}^{-p\frac{x}{v}}-\mathrm{e}^{-p\frac{2l-x}{v}}\right)\left(1+\mathrm{e}^{-p\frac{2l}{v}}+\mathrm{e}^{-p\frac{4l}{v}}+\cdots\right)\\&=\frac{U_0}{p}\left(\mathrm{e}^{-p\frac{x}{v}}-\mathrm{e}^{-p\frac{2l-x}{v}}\right)\left(1-\mathrm{e}^{-p\frac{2l}{v}}\right)^{-1}\\&=\frac{U_0}{p}\frac{\mathrm{e}^{\frac{p}{v}(l-x)}-\mathrm{e}^{-\frac{p}{v}(l-x)}}{\mathrm{e}^{\frac{p}{v}l}-\mathrm{e}^{-\frac{p}{v}l}}=\frac{U_0}{p}\frac{\mathrm{sh}\dfrac{p}{v}(l-x)}{\mathrm{sh}\dfrac{p}{v}l}\end{aligned} \tag{2-38}$$

式(2-38)即第 1 章中所介绍的直流电源合闸到末端短路的 n 级 LC 链形回路在 $n\to\infty$ 时的拉氏函数解。可见这两种描述分布参数暂态过程的方法是等效的。

2.2.4　等值集中参数定理(彼得逊法则)

在两条不同波阻抗线路相连的情况下，波阻抗为 Z_1 的线路上有电压行波 u_{1q} 向连接点 A 传播时如图 2-16(a)所示，为了要决定节点 A 上的电压(即线路 Z_2 上的折射电压 u_{2q})，可以

根据式(2-29)将此问题化为如图 2-16(b)所示的一个集中参数的等值电路来求解，按式(2-29)，$u_{2q}=\frac{2u_{1q}}{Z_1+Z_2}Z_2$，故此电路可看成由一个内阻值为线路波阻 Z_1，电源为入射波二倍即 $2u_{1q}$ 的电源连接于一个阻值等于 Z_2 的电阻所构成的电路。在此电路中，Z_2 上的电压即为折射电压波 u_{2q}。由此，得到一条重要的计算流动波的定理——等值集中参数定理(也称为彼得逊法则)：在线路上有流动波时，可以用集中参数的等效电路来计算节点上的电压和电流，此等值电路的电压源取来波电压的 2 倍，等值电路的内阻取来波所经过线路的波阻抗。

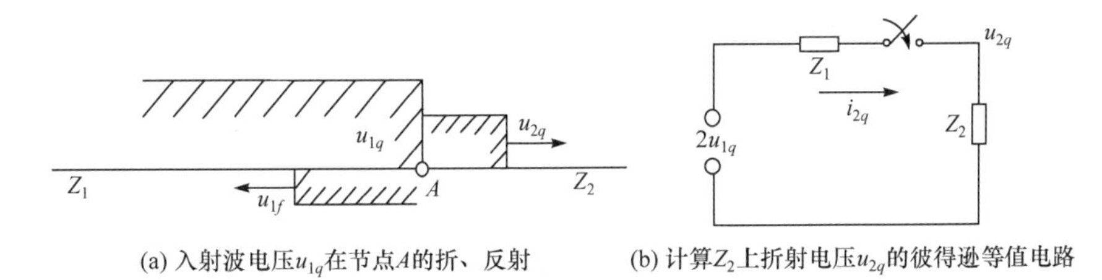

(a) 入射波电压u_{1q}在节点A的折、反射　　(b) 计算Z_2上折射电压u_{2q}的彼得逊等值电路

图 2-16　彼得逊法则

必须强调，当使用上述彼得逊法则求解节点电压时，其先决条件是线路 Z_2 中没有反行波或 Z_2 中的反行波尚未到达节点 A。在满足上述条件时，对于入射波 u_{1q} 来说，连接于节点 A 的线路 Z_2 相当于阻值等于波阻抗 Z_2 的一个集中参数电阻。

【例 2-1】 某变电所母线上接有 n 条线路，其中某一线路落雷，电压幅值为 U_0 的雷电波自该线路侵入变电所，如图 2-17(a)所示，求母线上的电压。

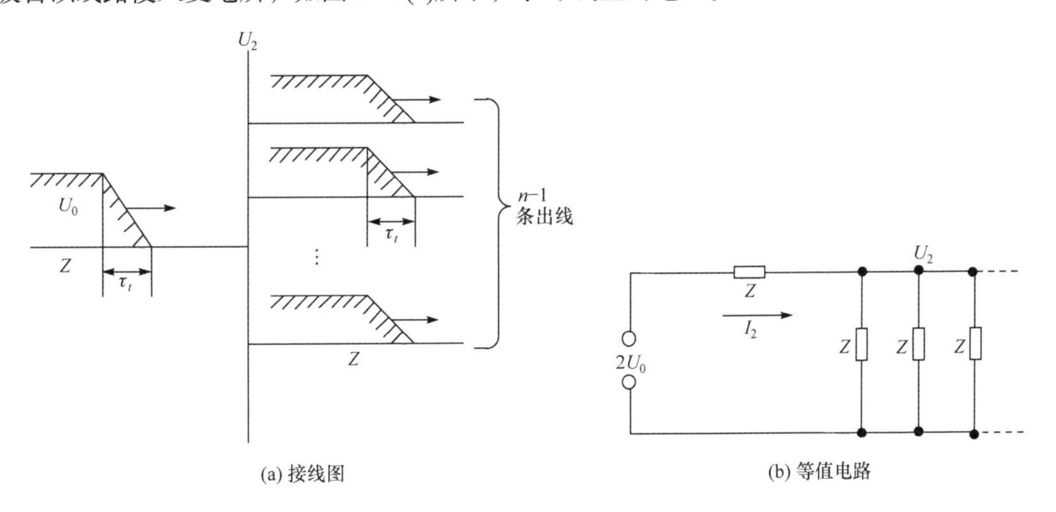

(a) 接线图　　(b) 等值电路

图 2-17　波侵入变电所的等值电路

变电所的 n 条出线的波阻抗相等，其值为 Z，在非落雷线路上的反行波尚未到达母线时，根据彼得逊法则可画出等值电路如图 2-17(b)所示，其中 I_2 为

$$I_2=\frac{2U_0}{Z+\dfrac{Z}{n-1}}$$

母线上电压幅值$U_2 = I_2 \frac{Z}{n-1} = \frac{2U_0}{n}$，从以上分析可知，连在母线上的线路越多，则母线上的电压和其上升速度就越低。

2.3 行波通过串联电感和并联电容

在电力系统中常常会遇到线路和电感与电容的各种方式的连接。在线路上串联电感和并联电容是常见的方式，电感、电容的存在将使线路上行波的波形和幅值发生变化，下面分析其影响。

2.3.1 无限长直角波通过串联电感

图 2-18 所示为一个无限长直角波u_{1q}，经线路 1 入射到串联电感L的线路 2 上，L前后两线路的波阻抗分别为Z_1及Z_2，当Z_2中的反行波尚未到达两线连接点时，其等值电路如图 2-18(a)所示，由此可得

$$2u_{1q} = i_{2q}\left(Z_1 + Z_2\right) + L\frac{\mathrm{d}i_{2q}}{\mathrm{d}t}$$

式中，i_{2q}为线路Z_2中的前行电流波，解之得

$$i_{2q} = \frac{2u_{1q}}{Z_1 + Z_2}\left(1 - \mathrm{e}^{-\frac{t}{T}}\right) \tag{2-39}$$

式中，$T = \frac{L}{Z_1 + Z_2}$为该电路的时间常数。

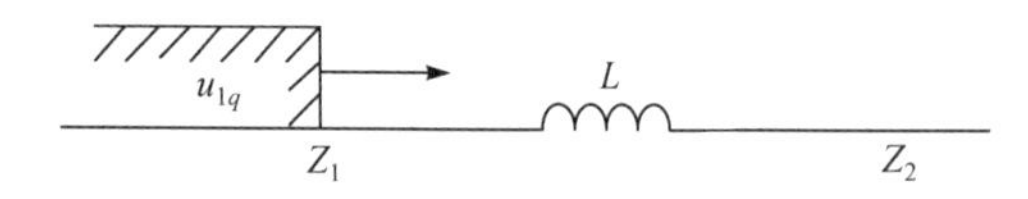

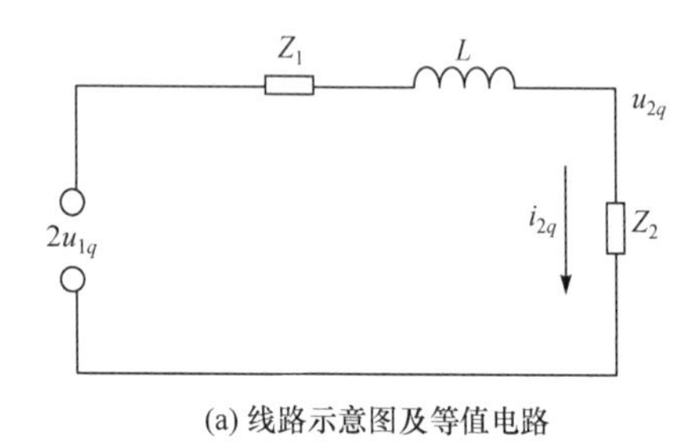

(a) 线路示意图及等值电路

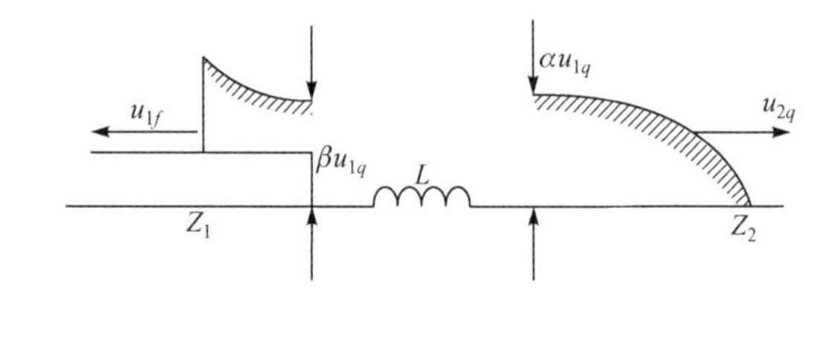

(b) 折射波与反射波

图 2-18　行波通过串联电感

沿线路Z_2传播的折射电压波u_{2q}为

$$u_{2q} = i_{2q}Z_2 = \frac{2Z_2}{Z_1 + Z_2}u_{1q}\left(1 - \mathrm{e}^{-\frac{t}{T}}\right) = \alpha u_{1q}\left(1 - \mathrm{e}^{-\frac{t}{T}}\right) \tag{2-40}$$

式中，$\alpha = \frac{2Z_2}{Z_1 + Z_2}$为电压折射系数。

从式(2-40)可知，u_{2q} 由强制分量 αu_{1q} 和自由分量 $-\alpha u_{1q}\mathrm{e}^{-\frac{t}{T}}$ 组成，自由分量的衰减速度由电路时间常数 T 决定。

因线路 Z_1 与 Z_2 相串联，故 Z_1 中电流 i_1 与 Z_2 中电流 i_{2q} 相等，即

$$i_1=\frac{u_{1q}}{Z_1}-\frac{u_{1f}}{Z_1}=i_{2q}=\frac{u_{2q}}{Z_2}$$

式中，u_{1f} 为 Z_1 中的反射电压波，由此式可解得

$$u_{1f}=\frac{Z_2-Z_1}{Z_1+Z_2}u_{1q}+\frac{2Z_1}{Z_1+Z_2}u_{1q}\mathrm{e}^{-\frac{t}{T}} \tag{2-41}$$

从式(2-41)可知，当 $t=0$ 时，$u_{1f}=u_{1q}$，这是电感中的电流不能突变，初始瞬间电感相当于开路的缘故，全部磁场能量转变为电场能量，使电压上升一倍，随后根据时间常数按指数变化如图 2-18(b)所示，当 $t\to\infty$ 时，$u_{1f}\to\beta u_{1q}\left(\beta=\dfrac{Z_2-Z_1}{Z_1+Z_2}\right)$。

在线路 Z_2 中的折射电压 u_{2q} 随时间按指数规律增长如图 2-18(b)所示，当 $t=0$ 时，$u_{2q}=0$，当 $t\to\infty$ 时，$u_{2q}\to\alpha u_{1q}$，这说明无限长直角波通过电感后改变为一个指数波头的行波，串联电感起到了降低来波上升速率的作用。降低行波的上升速率(即陡度)对电力系统的防雷保护具有很重要的意义。

从式(2-40)中可得出折射波 u_{2q} 的陡度为

$$\frac{\mathrm{d}u_{2q}}{\mathrm{d}t}=\frac{2u_{1q}Z_2}{L}\mathrm{e}^{-\frac{t}{T}} \tag{2-42}$$

当 $t=0$ 时，陡度最大，即

$$\left(\frac{\mathrm{d}u_{2q}}{\mathrm{d}t}\right)_{\max}=\left.\frac{\mathrm{d}u_{2q}}{\mathrm{d}t}\right|_{t=0}=\frac{2u_{1q}Z_2}{L} \tag{2-43}$$

式(2-43)表明，最大陡度与 Z_1 无关，而仅由 Z_2 和 L 决定，L 越大，则陡度降低越多。

2.3.2 无限长直角波通过并联电容

图 2-19 所示为一个无限长直角波 u_{1q}，经线路 1 入射到并联电容 C 的线路 2 上，C 前后两线路的波阻抗分别为 Z_1 及 Z_2，当 Z_2 中的反行波尚未到达两线连接点时，则等值电路如图 2-19(a)所示，由此可得

$$2u_{1q}=i_1Z_1+i_{2q}Z_2$$

$$i_1=i_{2q}+C\frac{\mathrm{d}u_{2q}}{\mathrm{d}t}=i_{2q}+CZ_2\frac{\mathrm{d}i_{2q}}{\mathrm{d}t}$$

从上两式可解得

$$i_{2q}=\frac{2u_{1q}}{Z_1+Z_2}\left(1-\mathrm{e}^{-\frac{t}{T}}\right) \tag{2-44}$$

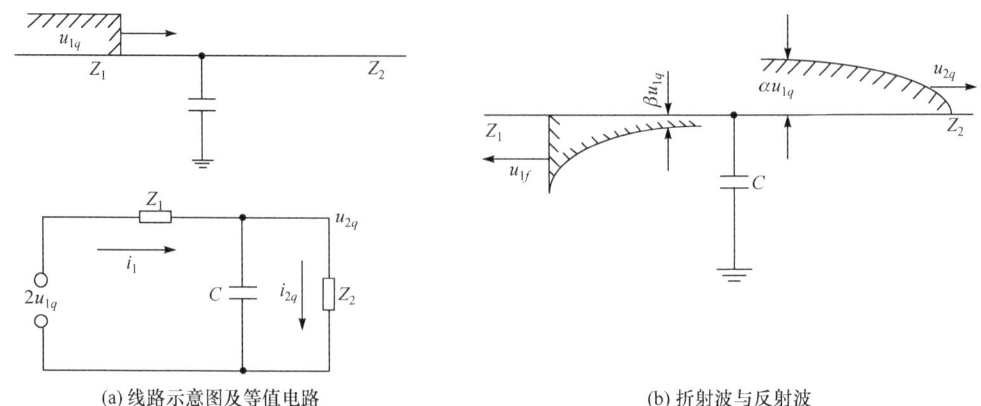

(a) 线路示意图及等值电路　　(b) 折射波与反射波

图 2-19　行波通过并联电容

$$u_{2q} = i_{2q} Z_2 = \frac{2Z_2}{Z_1 + Z_2} u_{1q} \left(1 - \mathrm{e}^{-\frac{t}{T}}\right) = \alpha u_{1q} \left(1 - \mathrm{e}^{-\frac{t}{T}}\right) \tag{2-45}$$

式(2-44)中 $T = \frac{Z_1 Z_2}{Z_1 + Z_2} C$ 为该电路的时间常数。式(2-45)中 $\alpha = \frac{2Z_2}{Z_1 + Z_2}$ 为电压折射系数。因

$$u_1 = u_{1q} + u_{1f} = u_{2q}$$

故

$$u_{1f} = u_{2q} - u_{1q} = \frac{Z_2 - Z_1}{Z_1 + Z_2} u_{1q} - \frac{2Z_2}{Z_1 + Z_2} u_{1q} \mathrm{e}^{-\frac{t}{T}} \tag{2-46}$$

式(2-46)表明，当 $t = 0$ 时，$u_{1f} = -u_{1q}$，这是电容上的电压不能突变，初始瞬间全部电场能量转变为磁场能量，相当于短路的缘故，随后则根据时间常数按指数规律变化，如图 2-19(b)所示，当 $t \to \infty$ 时，$u_{1f} \to \beta u_{1q} \left(\beta = \frac{Z_2 - Z_1}{Z_1 + Z_2}\right)$。

在线路 Z_2 中的折射电压 u_{2q} 随时间按指数规律增长。如图 2-19(b)所示，当 $t = 0$ 时，$u_{2q} = 0$，当 $t \to \infty$ 时，$u_{2q} \to \alpha u_{1q}$，这表明并联电容的作用和串联电感一样，可以使入侵波的波头变平缓。

从式(2-45)可得 u_{2q} 的陡度为

$$\frac{\mathrm{d}u_{2q}}{\mathrm{d}t} = \frac{2}{Z_1 C} u_{1q} \mathrm{e}^{-\frac{t}{T}} \tag{2-47}$$

当 $t = 0$ 时，陡度最大，即

$$\left(\frac{\mathrm{d}u_{2q}}{\mathrm{d}t}\right)_{\max} = \left.\frac{\mathrm{d}u_{2q}}{\mathrm{d}t}\right|_{t=0} = \frac{2u_{1q}}{Z_1 C} \tag{2-48}$$

这表明，最大陡度取决于电容 C 和 Z_1，而与 Z_2 无关。

从上述分析可知，为了降低入侵波的陡度，可以使用串联电感或并联电容的措施。对于波阻抗很大的设备(如发电机)，要想用串联电感来降低入侵波陡度一般是有困难的，通常用并联电容的办法。

近年来，利用电感线圈(400～1000μH)以降低入侵波陡度，作为配电站进线防雷保护的

方法也有所应用。

以上只讨论了无限长直角波入侵的情况，对于任意波形入侵波的情况，可应用杜阿梅尔积分来求解。

2.4 行波的多次折射与反射(网格法)

在电网中，线路的长度总是有限的，常常会遇到行波在线路两个节点间来回多次反射的情况，例如，直配线发电机往往通过电缆然后接到架空线上，当雷电波入侵时，行波将在电缆两节点间发生多次折、反射。

图 2-20(a)所示为一条波阻为 Z_0、长度为 l_0 的线段连接于波阻为 Z_1 及 Z_2 的线路之间，假设线路 Z_1、Z_2 是无限长的或更一般的说法是 Z_1、Z_2 线路远方端点处产生的反行波尚未到达线段 Z_0 的两个端点 1 及 2，由于中间线段是有限长的，行波就会在连接该线路的端点 1、2 间形成多次折射、反射过程，分析计算这种行波多次折射、反射过程的方法有网格法和贝瑞隆法两种。本节介绍网格法，该方法可以简单、清晰地分析计算波的多次折射、反射过程。

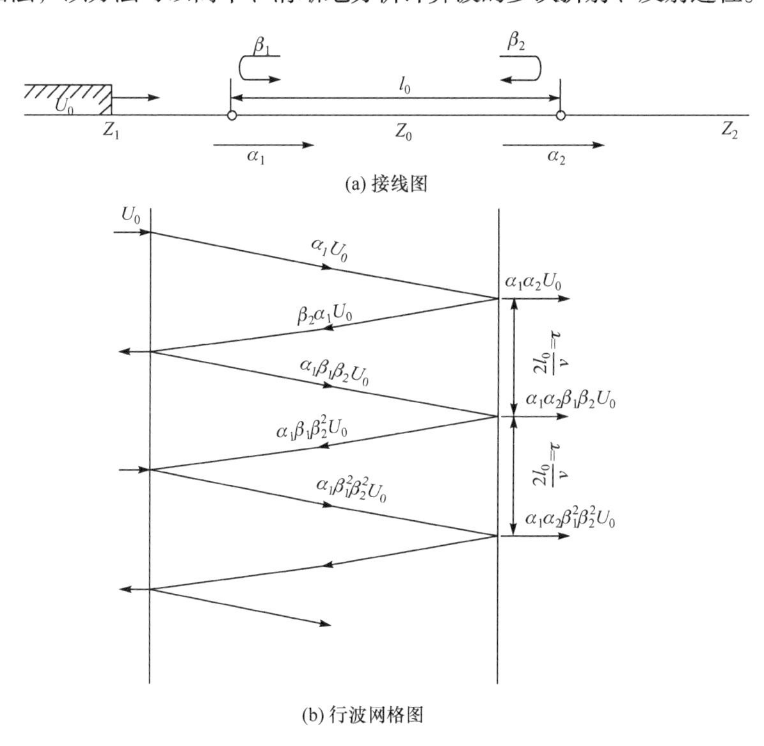

图 2-20 行波的多次反射

现若有一无限长直角波 U_0 自线路 Z_1 向 Z_0 入侵，在线段 Z_0 的两个节点 1、2 之间发生多次折、反射。设波由 Z_1 向节点 1、2 方向传播时在节点 1 处的折射系数为 α_1，在节点 2 处的折射系数为 α_2，反射系数为 β_2，当波由节点 2 向节点 1 方向前进时在节点 1 处的反射系数为 β_1，其值分别如下：

$$\alpha_1 = \frac{2Z_0}{Z_1 + Z_0}, \quad \alpha_2 = \frac{2Z_2}{Z_2 + Z_0}$$

$$\beta_1 = \frac{Z_1 - Z_0}{Z_1 + Z_0}, \quad \beta_2 = \frac{Z_2 - Z_0}{Z_2 + Z_0}$$

入侵波U_0沿线路Z_1传播到达节点 1，在节点 1 上发生折、反射，折射波$\alpha_1 U_0$沿线路Z_1继续向节点 2 传播，经过l_0/v时间后(v为波速)到达节点 2，在节点 2 上又发生折、反射，反射波$\alpha_1\beta_2 U_0$自节点 2 返回向节点 1 传播，经l_0/v时间后又到达节点 1，在节点 1 上又将发生折、反射，反射波$\beta_1\beta_2\alpha_1 U_0$经$l_0/v$时间后又到达节点 2，如此反复。上述过程可以用图 2-20(b)所示的行波网格图表示。

在分析中，假定Z_0中的反行波尚未到达节点 2，故节点 2 的电压就是Z_2上的前行波。在线路Z_2上的前行波为节点 2 上所有折射波的总和，但需要考虑各个折射波在节点 2 上出现时间上的差异，如图 2-20 中所示，相邻的前后两个折射波相差$2l_0/v$的时间。若以波到达节点 2 的时间为起点，则当时刻为t时(若此时在节点 2 上已有n次反射)，在线路Z_2上的前行波$u_{2q}(t)$应为

$$\begin{aligned} u_{2q}(t) &= U_0\alpha_1\alpha_2(t) + U_0\alpha_1\alpha_2\beta_1\beta_2(t-\tau) + U_0\alpha_1\alpha_2\beta_1^{\,2}\beta_2^{\,2}(t-2\tau) + \cdots \\ &\quad + U_0\alpha_1\alpha_2\beta_1^{\,k}\beta_2^{\,k}(t-k\tau) + \cdots + U_0\alpha_1\alpha_2\beta_1^{\,n-1}\beta_2^{\,n-1}[t-(n-1)\tau] \end{aligned} \tag{2-49}$$

式中，$\tau = \dfrac{2l_0}{v}$为行波在Z_0线段中来回一次所需的时间；$U_0\alpha_1\alpha_2\beta_1^{\,k}\beta_2^{\,k}(t-k\tau)$表示时间滞后$k\tau$才出现的折射波，即当$t<k\tau$时，此折射波为零，当$t\geqslant k\tau$时，此折射波幅值为$U_0\alpha_1\alpha_2\beta_1^{\,k}\beta_2^{\,k}$。

若β_1和β_2符号相同，则$u_{2q}(t)$的波形如图 2-21 所示，前一个折射波与后一个折射波的幅值之比为$\beta_1\beta_2$，因β_1和β_2都小于 1，故后一个折射波的幅值将比前一个折射波低。

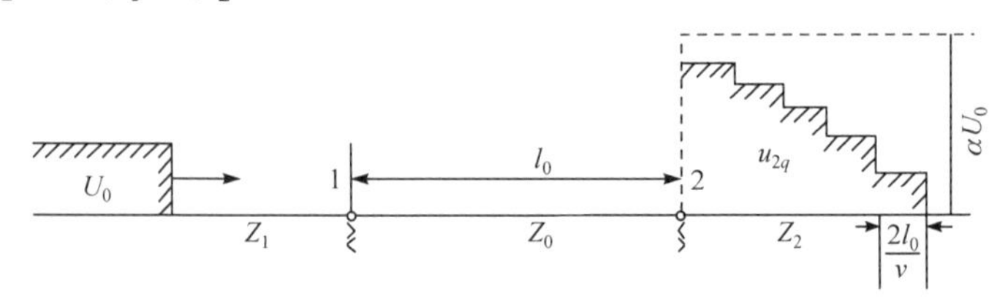

图 2-21　中间线路Z_0对Z_2上折射波u_{2q}的影响($Z_1 > Z_0 < Z_2$或$Z_1 < Z_0 > Z_2$时的折射波u_{2q})

经n次反射且$n\to\infty$时，$u_{2q}(t)$的幅值$U_{2q}|_{n\to\infty}$为

$$\begin{aligned} U_{2q}|_{n\to\infty} &= U_0\alpha_1\alpha_2\left[1+\beta_1\beta_2+(\beta_1\beta_2)^2+\cdots\right] \\ &= U_0\alpha_1\alpha_2\frac{1}{1-\beta_1\beta_2} = \frac{2Z_2}{Z_1+Z_2}U_0 = \alpha U_0 \end{aligned} \tag{2-50}$$

式(2-50)表明，当反射次数$n\to\infty$后，线段Z_0已不再起作用，也就是说线段Z_0对线路Z_2上的前行波u_{2q}的最终幅值是没有影响的，从u_{2q}的最终幅值来看，犹如无线段Z_0，而是线路Z_1与Z_2直接相连一样，但线段Z_0的存在将影响u_{2q}的波形，其影响取决于Z_0与Z_1及Z_2的相对值，其分析如下。

(1) 若$Z_1 > Z_0$，$Z_2 > Z_0$，此情况下β_1与β_2皆为正，u_{2q}的波形如图2-21所示。从图可知，线段Z_0的存在降低了Z_2中折射波u_{2q}的上升速率，可以近似认为u_{2q}的最大陡度等于第一个折射电压$\alpha_1\alpha_2U_0$除以时间$2l_0/v$，如下式：

$$\left(\frac{\mathrm{d}u_{2q}}{\mathrm{d}t}\right)_{\max}=\left.\frac{\mathrm{d}u_{2q}}{\mathrm{d}t}\right|_{t=0}=U_0\frac{2Z_0}{Z_1+Z_0}\times\frac{2Z_2}{Z_2+Z_0}\times\frac{v}{2l_0}$$
$$=U_0\frac{2Z_2}{(Z_1+Z_0)(Z_2+Z_0)}\times\frac{1}{C_0l_0}$$

若$Z_0 \ll Z_1$，$Z_0 \ll Z_2$，则

$$\left(\frac{\mathrm{d}u_{2q}}{\mathrm{d}t}\right)_{\max}=\frac{2U_0}{Z_1C} \tag{2-51}$$

式中，C为线段Z_0的对地电容，与式(2-48)相对照，可以看出在此情况下线段Z_0的作用相当于在线路Z_1与Z_2的连节点上并联一个电容，其电容量为线段Z_0的对地电容值。

(2) 若$Z_1 < Z_0$，$Z_2 < Z_0$，此时β_1与β_2皆为负，u_{2q}的波形仍与图2-21相同。

若$Z_0 \gg Z_1$，$Z_0 \gg Z_2$，则

$$\left(\frac{\mathrm{d}u_{2q}}{\mathrm{d}t}\right)_{\max}=\left.\frac{\mathrm{d}u_{2q}}{\mathrm{d}t}\right|_{t=0}=\frac{2U_0Z_2}{(Z_0)^2}\times\frac{1}{C_0l_0}=\frac{2U_0Z_2}{L_0l_0}=\frac{2U_0Z_2}{L} \tag{2-52}$$

式中，L为线段Z_0的电感值，与式(2-43)相对照，可以看出在此情况下线段Z_0的作用相当于在线段Z_1与Z_2之间串联一个电感L，其电感量为线段Z_0的电感值。

综上所述可得以下结论：一条有限长度的线段，经过多次反射后，可以按条件的不同以一个集中参数的电容或电感来近似。

(3) 若$Z_1 > Z_0 > Z_2$或$Z_1 < Z_0 < Z_2$，此时β_1与β_2符号相反，u_{2q}的波形将如图2-22所示，为一个振荡波，但其最终幅值仍为$\frac{2Z_2}{Z_1+Z_2}U_0$，振荡周期为$\frac{4l_0}{v}$。

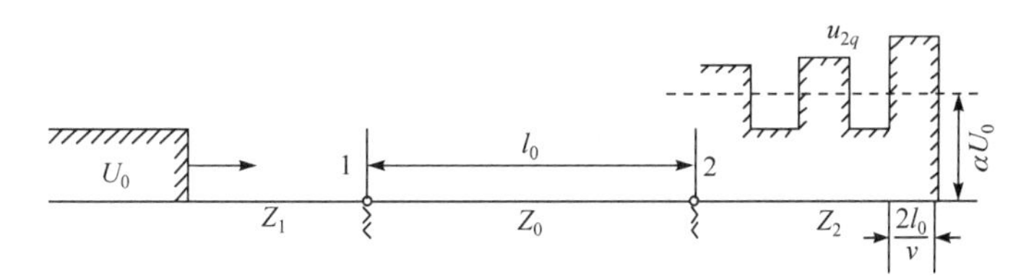

图2-22　中间线路Z_0对Z_2上折射波u_{2q}的影响($Z_1 > Z_0 > Z_2$或$Z_1 < Z_0 < Z_2$时的折射波u_{2q})

2.5　无损耗平行多导线系统中的波过程

前面分析的都是单导线的线路，实际上输电线路是由多根平行导线所组成的，如通常带有避雷线的三相输电线就有四根或五根(其中一根或两根避雷线)平行导线。

由于假定线路是无损耗的，导线中波的运动可以看成平面电磁波的传播，这样，只需引入波速的概念就可以将静电场系统的麦克斯韦方程运用于平行多导线的波过程中。

根据静电场的概念，当单位长度导线上有电荷 Q_0 时，其对地电压 $u=Q_0/C_0$ ，C_0 为单位长度导线的对地电容。如 Q_0 以速度 $v\left(v=\dfrac{1}{\sqrt{L_0C_0}}\right)$ 沿导线运动，则在导线上将有一个以速度 v 传播的幅值为 u 的电压波，同时，将伴随着电流波 i：

$$i=Q_0v=u\cdot C_0\frac{1}{\sqrt{L_0C_0}}=\frac{u}{Z}$$

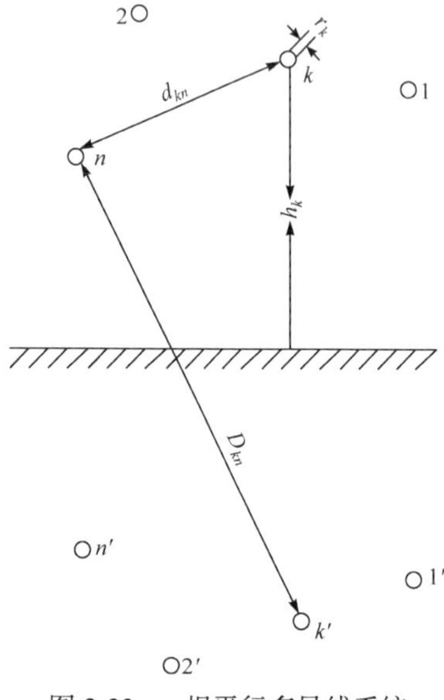

图 2-23　n 根平行多导线系统

因此，导线上的波过程，可以看作电荷 Q_0 运动的结果。根据上述概念，可以来讨论无损平行多导线系统中的波过程。

现有 n 根平行导线系统如图 2-23 所示，它们单位长度上的电荷分别为 $Q_1, Q_2, \cdots, Q_k, \cdots, Q_n$，各导线的对地电位 $u_1, u_2, \cdots, u_k, \cdots, u_n$ 可用下列麦克斯韦方程表示：

$$\begin{cases}u_1=\alpha_{11}Q_1+\alpha_{12}Q_2+\cdots+\alpha_{1k}Q_k+\cdots+\alpha_{1n}Q_n\\ u_2=\alpha_{21}Q_1+\alpha_{22}Q_2+\cdots+\alpha_{2k}Q_k+\cdots+\alpha_{2n}Q_n\\ \quad\vdots\\ u_k=\alpha_{k1}Q_1+\alpha_{k2}Q_2+\cdots+\alpha_{kk}Q_k+\cdots+\alpha_{kn}Q_n\\ \quad\vdots\\ u_n=\alpha_{n1}Q_1+\alpha_{n2}Q_2+\cdots+\alpha_{nk}Q_k+\cdots+\alpha_{nn}Q_n\end{cases}\tag{2-53}$$

式中，α_{kk} 为导线 k 的自电位系数；α_{kn} 为导线 k 与导线 n 间的互电位系数，分别列出得

$$\alpha_{kk}=\frac{1}{2\pi\varepsilon_0\varepsilon_{\mathrm{r}}}\ln\frac{2h_k}{r_k}\quad(\mathrm{m/F})\tag{2-54}$$

$$\alpha_{kn}=\frac{1}{2\pi\varepsilon_0\varepsilon_{\mathrm{r}}}\ln\frac{D_{kn}}{d_{kn}}\quad(\mathrm{m/F})\tag{2-55}$$

式中，h_k 及 r_k 分别为导线 k 离地面的平均高度和导线半径；d_{kn} 及 D_{kn} 分别为导线 k 与 n 间的距离和导线 n 与 k 的镜像 k' 间的距离，ε_0 为真空的介电常数，ε_{r} 为介质的相对介电常数。

将式(2-53)右边乘以 v/v ，并以 $i=Qv$ 代入，可得

$$\begin{cases}u_1=\dfrac{\alpha_{11}}{v}Q_1v+\dfrac{\alpha_{12}}{v}Q_2v+\cdots+\dfrac{\alpha_{1k}}{v}Q_kv+\cdots+\dfrac{\alpha_{1n}}{v}Q_nv\\ \quad=Z_{11}i_1+Z_{12}i_2+\cdots+Z_{1k}i_k+\cdots+Z_{1n}i_n\\ u_2=Z_{21}i_1+Z_{22}i_2+\cdots+Z_{2k}i_k+\cdots+Z_{2n}i_n\\ \quad\vdots\\ u_k=Z_{k1}i_1+Z_{k2}i_2+\cdots+Z_{kk}i_k+\cdots+Z_{kn}i_n\\ \quad\vdots\\ u_n=Z_{n1}i_1+Z_{n2}i_2+\cdots+Z_{nk}i_k+\cdots+Z_{nn}i_n\end{cases}\tag{2-56}$$

若 $\varepsilon_r = 1$，式中

$$Z_{kk} = \frac{\alpha_{kk}}{v} = 60\ln\frac{2h_k}{r_k} \quad (\Omega) \tag{2-57}$$

$$Z_{kn} = \frac{\alpha_{kn}}{v} = 60\ln\frac{D_{kn}}{d_{kn}} \quad (\Omega) \tag{2-58}$$

Z_{kk} 为导线 k 的自波阻抗，而 Z_{kn} 则称为导线 k 与 n 间的互波阻抗，导线 k 与 n 靠得越近，则 Z_{kn} 越大，其极限等于导线 k 与 n 相重合时的自波阻抗 Z_{kk}(或 Z_{nn})，因此，在一般情况下 Z_{kn} 总是小于 Z_{kk}(或 Z_{nn})的，此外，由于完全的对称性，$Z_{kn} = Z_{nk}$。

若导线上同时有前行波和反行波存在，则对 n 根平行导线系统中的每一根导线(如第 k 根导线)可以列出下列方程组：

$$\begin{cases} u_k = u_{kq} + u_{kf}, \quad i_k = i_{kq} + i_{kf} \\ u_{kq} = Z_{k1}i_{1q} + Z_{k2}i_{2q} + \cdots + Z_{kk}i_{kq} + \cdots + Z_{kn}i_{nq} \\ u_{kf} = -\left(Z_{k1}i_{1f} + Z_{k2}i_{2f} + \cdots + Z_{kk}i_{kf} + \cdots + Z_{kn}i_{nf}\right) \end{cases} \tag{2-59}$$

式中，u_{kq} 和 u_{kf} 为导线 k 上的前行电压波和反行电压波；i_{kq} 和 i_{kf} 为导线 k 中的前行电流波和反行电流波。

n 根导线就可以列出 n 个方程组，加上边界条件就可以分析无损平行多导线系统中的波过程。

下面我们来分析几个典型的例子。

【例 2-2】 二平行导线系统，如图 2-24 所示，雷击于导线 1，导线 2 对地绝缘，雷击时相当于有一个很大的电流注入导线 1，此电流引起的电压波 u_1 自雷击点沿导线 1 向两侧运动，试求导线 2 的电压 u_2。

对此系统可列出下列方程：

$$u_1 = Z_{11}i_1 + Z_{12}i_2$$

$$u_2 = Z_{21}i_1 + Z_{22}i_2$$

因为导线 2 是对地绝缘的，故 $i_2 = 0$，于是得

$$u_2 = \frac{Z_{12}}{Z_{11}}u_1 = ku_1 \tag{2-60}$$

式中，$k = \dfrac{Z_{12}}{Z_{11}}$，称为导线 1、2 间的几何耦合系数，其值仅由导线 1 及导线 2 间的相对位置及几何尺寸所决定。式(2-60)表明，导线 1 上有电压波 u_1 传播时，在导线 2 上将被感应出一个极性和波形都与 u_1 相同的电压波 u_2，耦合系数 k 表示导线 2 上的被感应电压 u_2 与导线 1 上的感应电压 u_1 之间的比值。

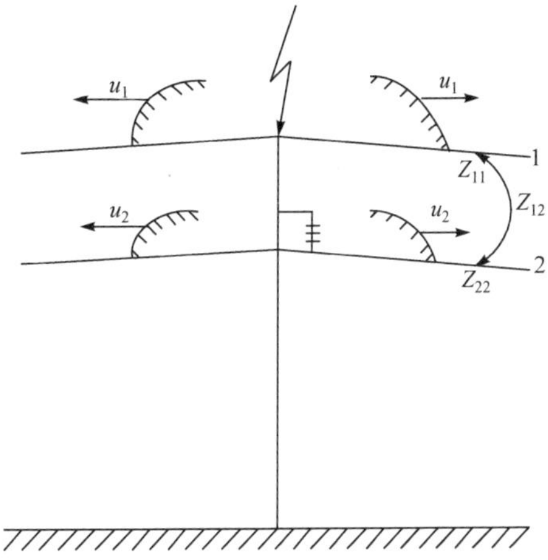

图 2-24 二平行导线系统

导线 1 受雷击，导线 2 对地绝缘

因为 $Z_{12} \leqslant Z_{11}$，故耦合系数永远小于或等于 1，即 $k \leqslant 1$，导线 1、2 间的电位差为 $u_1 - u_2 = (1-k)u_1$，耦合系数 k 越大，则导线 1、2 间的电位差越小。若导线 1 为输电线上的避雷线，

导线 2 为传输线，则雷击避雷线时，传输线与避雷线之间的绝缘所承受的电压值取决于耦合系数 k，k 越大，则绝缘上所受的电压值越低，由此可见，耦合系数对防雷保护是有很大影响的。

【例 2-3】 一条带有两根避雷线的输电线路，避雷线受雷击，如图 2-25 所示，求导线与地线间的耦合系数。

因为导线 3、4、5 是对地绝缘的，故 $i_3 = i_4 = i_5 = 0$，这样，根据式(2-56)可列出下面的方程：

$$
\begin{aligned}
u_1 &= Z_{11}i_1 + Z_{12}i_2 \\
u_2 &= Z_{21}i_1 + Z_{22}i_2 \\
u_3 &= Z_{31}i_1 + Z_{32}i_2 \\
u_4 &= Z_{41}i_1 + Z_{42}i_2 \\
u_5 &= Z_{51}i_1 + Z_{52}i_2
\end{aligned}
$$

两根避雷线是对称的，故 $u_1 = u_2$，$i_1 = i_2$，$Z_{11} = Z_{22}$，于是可解得边相导线 3 与两避雷线间的耦合系数：

$$
k = \frac{u_3}{u_1} = \frac{Z_{13} + Z_{23}}{Z_{11} + Z_{12}} = \frac{Z_{13}/Z_{11} + Z_{23}/Z_{11}}{1 + Z_{12}/Z_{11}} = \frac{k_{13} + k_{23}}{1 + k_{12}} \tag{2-61}
$$

式中，k_{12} 为导线 1、2 间的耦合系数；k_{13}、k_{23} 分别为导线 3、1 间和 3、2 间的耦合系数。

同理，可求得导线 4、5 与两避雷线间的耦合系数，显然，导线 5 与两避雷线间的耦合系数与式(2-61)相同。

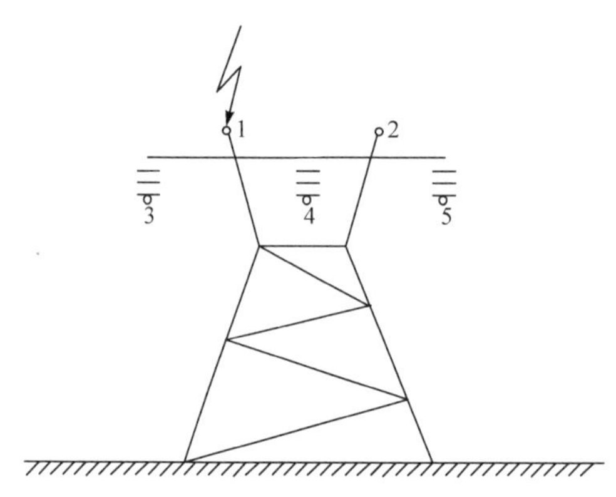

图 2-25 雷击有两根避雷线的线路

【例 2-4】 一个对称三相系统，电压波沿三相导线同时入侵，如图 2-26 所示，求此时的三相等值波阻抗。

有下列方程：

$$
\begin{aligned}
u_1 &= Z_{11}i_1 + Z_{12}i_2 + Z_{13}i_3 \\
u_2 &= Z_{21}i_1 + Z_{22}i_2 + Z_{23}i_3 \\
u_3 &= Z_{31}i_1 + Z_{32}i_2 + Z_{33}i_3
\end{aligned}
$$

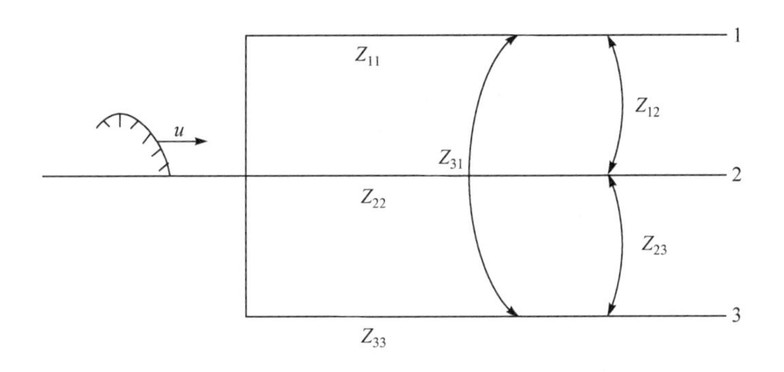

图 2-26　波沿三相导线同时入侵

因三相导线对称分布，故 $u_1 = u_2 = u_3 = u$ ， $i_1 = i_2 = i_3 = i$ ， $Z_{11} = Z_{22} = Z_{33} = Z$ ， $Z_{12} = Z_{23} = Z_{31} = Z'$ ，代入上述方程后，可解得

$$u = Zi + 2Z'i = (Z + 2Z')i = Z_s i$$

式中， $Z_s = Z + 2Z'$ 为三相同时进波时每相导线的等值波阻抗，此值较单相进波时为大，其物理含义是：在相邻导线中传播的电压波在本导线中感应出反电动势，阻碍了电流在导线中的传播，因而使其波阻抗增大。

此三根导线的合成波阻抗 Z_{s3} 为

$$Z_{s3} = \frac{Z_s}{3} = \frac{Z + 2Z'}{3} \tag{2-62}$$

同理，若有 n 根平行导线，其自波阻抗及互波阻抗分别为 Z 及 Z' ，则 n 根导线的合成波阻抗 Z_{sn} 应为

$$Z_{sn} = \frac{Z + (n-1)Z'}{n} \tag{2-63}$$

【例 2-5】　电缆芯与电缆外皮的耦合关系。

设电缆芯与电缆外皮在始端相连，有一个电压波 u 自始端传入，电缆芯的电流波为 i_1，电缆外皮中的电流波为 i_2，如图 2-27 所示，缆芯与缆皮为二平行导线系统，由 i_2 产生的磁通完全与缆芯相匝链，电缆外皮上的电位将全部传到缆芯上，故缆皮的自波阻抗 Z_{22} 等于缆皮与缆芯间的互波阻抗 Z_{12}，即 $Z_{22} = Z_{12}$，缆芯中的电流 i_1 产生的磁通仅部分与缆皮相匝链，故缆芯的自波阻抗 Z_{11} 大于缆芯与缆皮间的互波阻抗 Z_{12}，即 $Z_{11} > Z_{12}$。

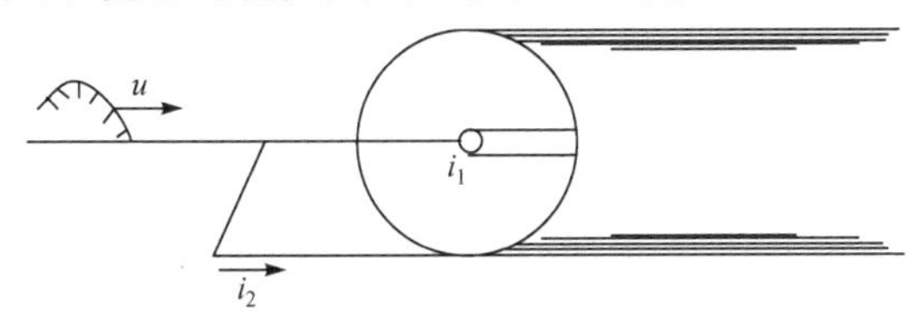

图 2-27　行波沿电缆缆芯缆皮传播

可列出下列方程：

$$u = Z_{11}i_1 + Z_{12}i_2 , \quad u = Z_{21}i_1 + Z_{22}i_2$$

即

$$Z_{11}i_1 + Z_{12}i_2 = Z_{21}i_1 + Z_{22}i_2$$

但因 $Z_{12} = Z_{22}$，而 $Z_{11} > Z_{12}$，故在此条件下仍要满足上述等式，则 i_1 必须为零，即沿缆芯应无电流流过，全部电流波被“驱逐”到电缆外皮中。其物理含义为：当电流在缆皮上传播时，缆芯上就被感应出与电缆外皮电压(即入侵波 u)相等的电动势，阻止了缆芯中电流的流通，此现象与导线中的集肤效应相似，在直配线发电机的防雷保护中得到广泛的应用。

2.6 冲击电晕对线路波过程的影响

在前面的讨论中，均忽略了线路电阻和线路的对地泄漏电导，也不考虑大地电阻和冲击电晕的影响。而实际上，这些影响因素都是客观存在的，因此波在线路上传播时总会发生不同程度的衰减和变形。这种衰减和变形是由波在传播过程中的损耗引起的。波在传播过程中的损耗主要有以下四种：①导线电阻引起的损耗；②导线对地电导引起的损耗；③大地的损耗；④电晕引起的损耗。

考虑这些损耗时，导线波过程计算的等值电路如图 2-1 所示。

2.6.1 波的衰减和变形

当幅值为 U_0 的直角电压波沿线路传播时，单位长度导线周围空间所获得的电场能将为 $\frac{1}{2}C_0U_0^2$，如果线路存在对地电导 g_0，则电压波传播单位长度所消耗的电场能量将为 $g_0u^2t_0$（t_0 为电压波流过单位长度所需的时间)。电场能的消耗将引起电压波的衰减。电压衰减的规律为

$$u = U_0 e^{-\frac{g_0}{C_0}t} \tag{2-64}$$

同样，当幅值为 I_0 的电流波沿线路传播时，单位长度导线周围空间所获得的磁场能为 $\frac{1}{2}L_0I_0^2$，如果线路存在电阻 r_0，则电流波传播单位长度所消耗的磁场能量将为 $r_0i^2t_0$。磁场能的消耗将引起电流波的衰减。电流衰减的规律将为

$$i = I_0 e^{-\frac{r_0}{L_0}t} \tag{2-65}$$

在电磁波的传播过程中，电压波和电流波是互相伴随着出现的。在波刚到达某点时，显然是 L_0 和 C_0 在起决定性作用，所以 $Z = \sqrt{\frac{L_0}{C_0}}$，即空间电场能的密度必须等于磁场能的密度。此后由于 r_0 及 g_0 不断消耗能量，可能某一能量(如磁能)的消耗比另一种能量(如电能)的消耗快(实际无电晕的送电线路都满足这一情况)，以致可能出现空间的电能密度大于磁能密度的情况，这样，空间电磁场就发生了电能与磁能的交换，因而电压波在行进过程中不断发生负反射，使波前电压不断降低，而电流波在行进过程中将不断发生正反射以增大波前电流，从而使电磁波行进方向首端的电压波与电流波之比能保持 $\sqrt{\frac{L_0}{C_0}}$ 的关系，这样，电

压波在传播过程中头部逐渐被削平，尾部逐渐拉长。由以上分析可知，波沿有损导线传播时，除衰减外，还会发生变形。当然，如果电压波和电流波在传播过程中能按同一速度衰减，即当线路的参数满足

$$\frac{g_0}{C_0}=\frac{r_0}{L_0} \tag{2-66}$$

的条件时，波在传播过程中将不会发生电场能与磁场能的互相交换以及由此产生的波的折、反射，因此也就不会产生波的变形。即当满足式(2-66)的条件时，波沿有损导线传播时只有衰减而无变形。式(2-66)称为波的无畸变传播条件。

2.6.2 电晕对导线上波过程的影响

当雷击或出现操作过电压时，若导线上的冲击电压超过起始电晕电压，则导线上将发生冲击电晕。形成冲击电晕所需的时间极短，可以认为冲击电晕的发生只与电压的瞬时值有关而无时延。

冲击电晕的强烈程度与电压大小有关，因此，电晕是一个非线性的因素，正负极性的冲击电晕由于空间电荷的分布和作用不同而有差异，实践表明，一般负极性电晕对过电压波的衰减和变形比较小，对过电压保护不利，而雷击又大部分是负极性的，因而应着重考虑负极性电晕的影响。

出现电晕后，电晕圈的存在使导线的径向尺寸等值地增大了，将导致导线间耦合系数的增大，输电线路中导线与避雷线间的耦合系数 k 通常以电晕效应校正系数来修正：

$$k=k_1k_0 \tag{2-67}$$

式中，k_0 为几何耦合系数，取决于导线和避雷线的几何尺寸及相对位置；k_1 为电晕效应校正系数，我国《电力设备过电压保护设计技术规程(SDJ7—79)》(以下简称“规程”)建议按表 2-1 选取。

由于电晕要消耗能量，消耗能量的大小又与电压的瞬时值有关，故将使行波发生衰减的同时伴有波形的畸变，实践表明，由冲击电晕引起的行波衰减和变形的典型图形如图 2-28 所示，曲线 1 表示原始波形，曲线 2 表示行波传播距离 l 后的波形，从图中可以看到当电压高于电晕起始电压 u_k 后，波形开始剧烈衰减和变形，可以把这种变形看成电压高于 u_k 的各个点由于电晕使线路对地电容增加而以不同的波速向前运动所产生的结果。图中低于 u_k 的部分，由于不发生电晕而仍以光速前进，图中 A 点由于产生了电晕，它就以比光速小的速度 v_k 前进，在行经 l 距离后它就落后了 $\Delta\tau$ 时间而变成图中的 A' 点，因电晕的强烈程度与电压 u 有关，故 v_k 必然是电压 u 的函数，通常称 v_k 为相速度，这种计算由电晕引起的行波变形的方法称为相速度法。

表 2-1　耦合系数的电晕修正系数 k_1

线路额定电压/kV	10～35	66～110	154～330	500
双避雷线	1.1	1.2	1.25	1.26
单避雷线	1.15	1.25	1.3	

显然，$\Delta\tau$ 将是行波传播距离 l 和电压 u 的函数，“规程”建议采用下列经验公式：

$$\Delta\tau = l\left(0.5 + \frac{0.008u}{h}\right) \tag{2-68}$$

式中，l 为行波传播距离(km)；u 为行波电压(kV)；h 为导线对地平均高度(m)。

实测表明，电晕在波尾上将停止发展，并且电晕圈逐步消失，衰减后的波形与原始波形的波尾相交点即可近似视为衰减后波形的波幅，如图 2-28 中 B 点，其波尾与原始波形的波尾大体相同。

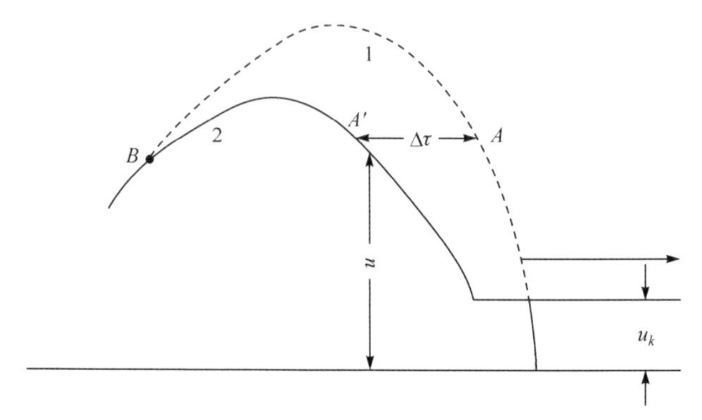

图 2-28　由电晕引起的行波衰减和变形

利用冲击电晕会使行波衰减和变形的特性，设置进线保护段是变电所防雷保护的一个主要保护措施。

出现电晕后导线对地电容增大，导线波阻抗和波速将下降，“规程”建议在雷击杆塔时，导线和避雷线的波阻抗可取为 400Ω，两根避雷线的波阻抗可取为 250Ω，此时波速可近似取为光速。由于雷击避雷线档距中央时电位较高，电晕比较强烈，故“规程”建议，在一般计算时避雷线的波阻抗可取为 350Ω，波速可取为 0.75 倍光速。

2.7　贝瑞隆法计算电力系统过电压

电子数字计算机应用于电力系统过电压的计算，是自 20 世纪 60 年代初开始的，由于具有计算速度快、适应性强、改变参数方便、准确度高以及能计及元件的非线性特性等优点，目前已成为电力系统过电压计算的重要手段。计算机计算过电压的方法很多，本节只介绍贝瑞隆法的基本内容，它是利用混合波来进行分析的一种方法。

2.7.1　用混合波来描述波过程

贝瑞隆法是应用混合波对波的多次折、反射过程进行分析的一种方法。它的基础仍然是波动方程的解，即式(2-19)和式(2-20)。为方便起见，用波阻 Z 把其中的电流波改换成电压波重列于下：

$$u = u_q\left(t - \frac{x}{v}\right) + u_f\left(t + \frac{x}{v}\right) \tag{2-69}$$

$$i=\frac{u_q\left(t-\frac{x}{v}\right)}{Z}-\frac{u_f\left(t+\frac{x}{v}\right)}{Z} \tag{2-70}$$

将式(2-69)和式(2-70)两式相加得到

$$u+iZ=2u_q\left(t-\frac{x}{v}\right) \tag{2-71}$$

将式(2-69)和式(2-70)两式相减得到

$$u-iZ=2u_f\left(t+\frac{x}{v}\right) \tag{2-72}$$

式中，u 和 i 已不是某一个前行波或反行波的值，而是导线各点的实际电压和电流，是多次折、反射的总的效果。

从式(2-71)和式(2-72)可知，$u+iZ$ 和 $u-iZ$ 各作为一个整体来说具有行波的性质。$u+iZ$ 是一个以速度 v 沿 x 正方向行进的前行波，$u-iZ$ 是一个以速度 v 沿 x 负方向行进的反行波。但是它们既不是电压波，也不是电流波，而是一种混合波。不管导线上有多少个前行和反行的电压波与电流波，导线上的 $u+iZ$ 混合波总是以光速前行，而 $u-iZ$ 总是以光速反行。

2.7.2 贝瑞隆数值计算法

贝瑞隆数值计算法的核心是把分布参数元件等值为集中参数元件，以便用比较通用的集中参数的数值求解法来计算线路上的波过程。而电路中的集中参数元件 L 和 C 也需按数值计算的要求化为相应的等值计算电路。

1. 均匀无损导线的贝瑞隆等值电路

如图 2-29(a)所示，线路长度为 l，两端点分别为 k 和 m，波在导线上传播一次的时间为 τ，其首端和末端的电压和电流分别为 $u_k(t)$、$u_m(t)$、$i_{km}(t)$ 和 $i_{mk}(t)$。端点上电流的正方向取为从端点流向线路。根据混合波的概念，首端在 $t-\tau$ 时发出的前行混合波将于 t 时刻到达线路的末端，因此线路末端的电压和电流可用 $t-\tau$ 时首端的电压和电流表示，即

$$u_m(t)+Z[-i_{mk}(t)]=u_k(t-\tau)+Zi_{km}(t-\tau) \tag{2-73}$$

或写成

$$i_{mk}(t)=\frac{1}{Z}u_m(t)-\frac{1}{Z}u_k(t-\tau)-i_{km}(t-\tau) \tag{2-74}$$

若设

$$I_{mk}(t-\tau)=-\frac{1}{Z}u_k(t-\tau)-i_{km}(t-\tau) \tag{2-75}$$

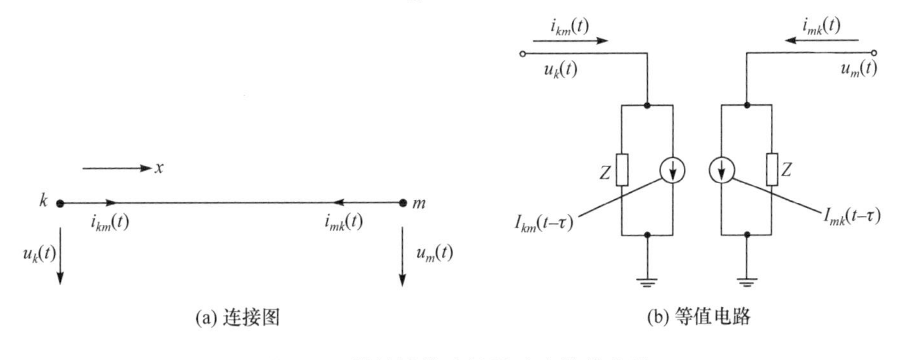

图 2-29 单导线线路的贝瑞隆等值电路

则式(2-74)可改写为

$$i_{mk}(t)=\frac{1}{Z}u_m(t)+I_{mk}(t-\tau) \tag{2-76}$$

根据式(2-76)可以得到端点 m 在 t 时刻的等值计算电路，如图 2-29(b)右端所示，图中 Z 是阻值等于线路波阻的电阻，$I_{mk}(t-\tau)$ 是电流源，它可以根据端点 k 在 $t-\tau$ 时刻的电压和电流值从式(2-75)求出。

同样，从反行混合波出发，首端的电压和电流可以用末端在 $t-\tau$ 时的电压和电流表示，即

$$u_k(t)-Zi_{km}(t)=u_m(t-\tau)-Z[-i_{mk}(t-\tau)] \tag{2-77}$$

或写成

$$i_{km}(t)=\frac{1}{Z}u_k(t)-\frac{1}{Z}u_m(t-\tau)-i_{mk}(t-\tau) \tag{2-78}$$

若设

$$I_{km}(t-\tau)=-\frac{1}{Z}u_m(t-\tau)-i_{mk}(t-\tau) \tag{2-79}$$

则式(2-78)可改写为

$$i_{km}(t)=\frac{1}{Z}u_k(t)+I_{km}(t-\tau) \tag{2-80}$$

根据式(2-80)可得端点 k 在 t 时刻的等值计算电路，如图 2-29(b)左端所示。图中电流源 $I_{km}(t-\tau)$ 可以根据端点 m 在 $t-\tau$ 时刻的电压和电流值从式(2-79)求出。

图 2-29(b)等值集中参数电路的特点是：线路两端点 k 和 m 各有自己的独立回路，即端点 k 和 m 只靠由式(2-75)和式(2-79)决定的电流源发生联系，在拓扑上不再有任何联系。在电流源已知的情况下，用节点电压法来解这种电路显然极为方便。因此，只要知道 $t-\tau$ 时刻 k 和 m 的电压与电流，再利用式(2-75)和式(2-79)求得 $I_{mk}(t-\tau)$ 和 $I_{km}(t-\tau)$ 后，可以很容易地求得 t 时刻节点 m 和 k 的电压与电流。

2. 集中参数的贝瑞隆等值电路

1) 电感

如图 2-30 所示，电感 L 两端节点 k、m 的电压为 $u_k(t)$ 和 $u_m(t)$，从节点 k 流向 m 的电流为 $i_{km}(t)$，有

$$u_k(t)-u_m(t)=L\frac{\mathrm{d}i_{km}(t)}{\mathrm{d}t}$$

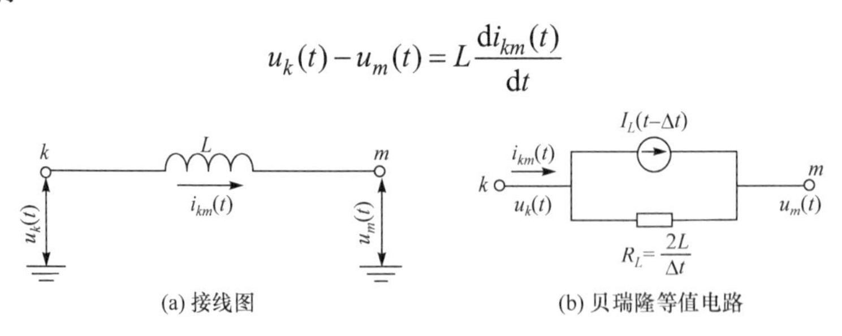

图 2-30　电感的贝瑞隆等值电路

将上式从过去时刻 $t-\Delta t$ 到现在时刻 t 进行积分，可得

$$i_{km}(t)=i_{km}(t-\Delta t)+\frac{1}{L}\int_{t-\Delta t}^{t}\left[u_k(t)-u_m(t)\right]\mathrm{d}t$$

上式积分可按图 2-31 所示的梯形法则进行近似计算，则有

$$i_{km}(t)=\frac{\Delta t}{2L}\left[u_k(t)-u_m(t)\right]+I_L(t-\Delta t) \tag{2-81}$$

式中

$$I_L(t-\Delta t)=i_{km}(t-\Delta t)+\frac{1}{R_L}\left[u_k(t-\Delta t)-u_m(t-\Delta t)\right] \tag{2-82}$$

式中，$R_L=\dfrac{2L}{\Delta t}$。$I_L(t-\Delta t)$ 可由比时刻 t 早 Δt 的 i_{km}、u_k、u_m 的过去记录(指 $t-\Delta t$ 时刻)来决定，这样，式(2-81)可用图 2-30(b)的等值电路来表示。其误差随 Δt 取值的减小而减小。

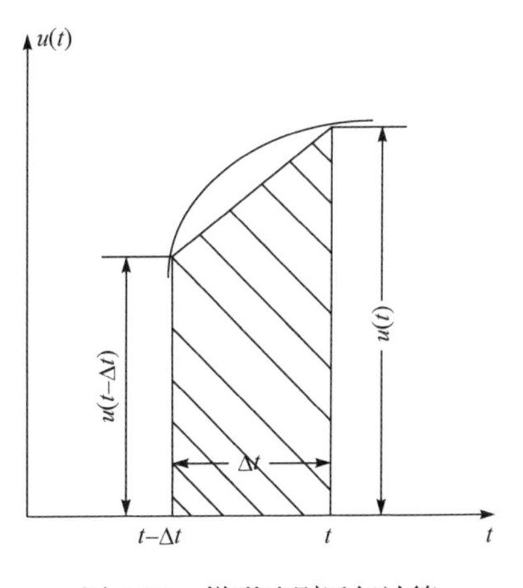

图 2-31　梯形法则近似计算

2) 电容

如图 2-32 所示，电容两端电压差为

$$u_k(t)-u_m(t)=\frac{1}{C}\int_{t-\Delta t}^{t}i_{km}(t)\mathrm{d}t+\left[u_k(t-\Delta t)-u_m(t-\Delta t)\right]$$

将上式积分按梯形法则近似计算，可得

$$i_{km}(t)=\frac{2C}{\Delta t}\left[u_k(t)-u_m(t)\right]+I_C(t-\Delta t) \tag{2-83}$$

式中

$$I_C(t-\Delta t)=-i_{km}(t-\Delta t)-\frac{1}{R_C}\left[u_k(t-\Delta t)-u_m(t-\Delta t)\right] \tag{2-84}$$

式中，$R_C=\dfrac{\Delta t}{2C}$。$I_C(t-\Delta t)$ 可由比时刻 t 早 Δt 的 i_{km}、u_k、u_m 的过去记录(指 $t-\Delta t$ 时刻)来决定，式(2-83)可用图 2-32(b)的等值电路来表示。其误差取决于 Δt 取值的大小。

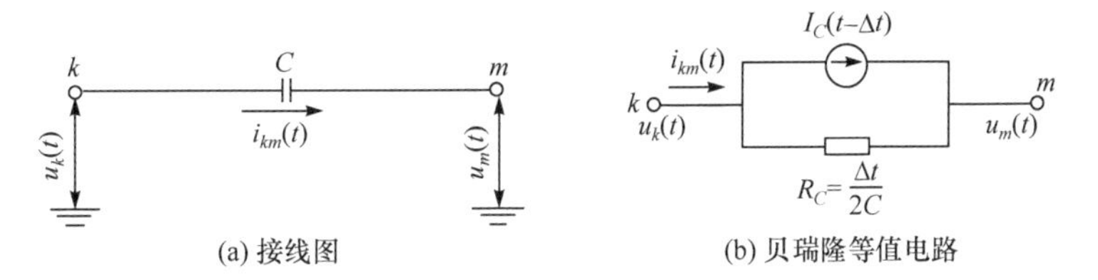

图 2-32　电容的贝瑞隆等值电路

3) 电阻

电阻两端电压为 $u_k(t)$ 和 $u_m(t)$，电流为 $i_{km}(t)$，则

$$i_{km}(t)=\frac{1}{R}\left[u_k(t)-u_m(t)\right] \tag{2-85}$$

3. 贝瑞隆等值网络的分析计算

利用以上所述的将分布参数线路和集中参数元件化为贝瑞隆等值电路的方法，可以将

复杂的网络化为贝瑞隆等值网络。这里，通过一个实例来说明贝瑞隆等值网络的分析计算，图 2-33(a)表示某网络，在节点 1 有一个单位直角波入侵，试计算网络各节点的电压。

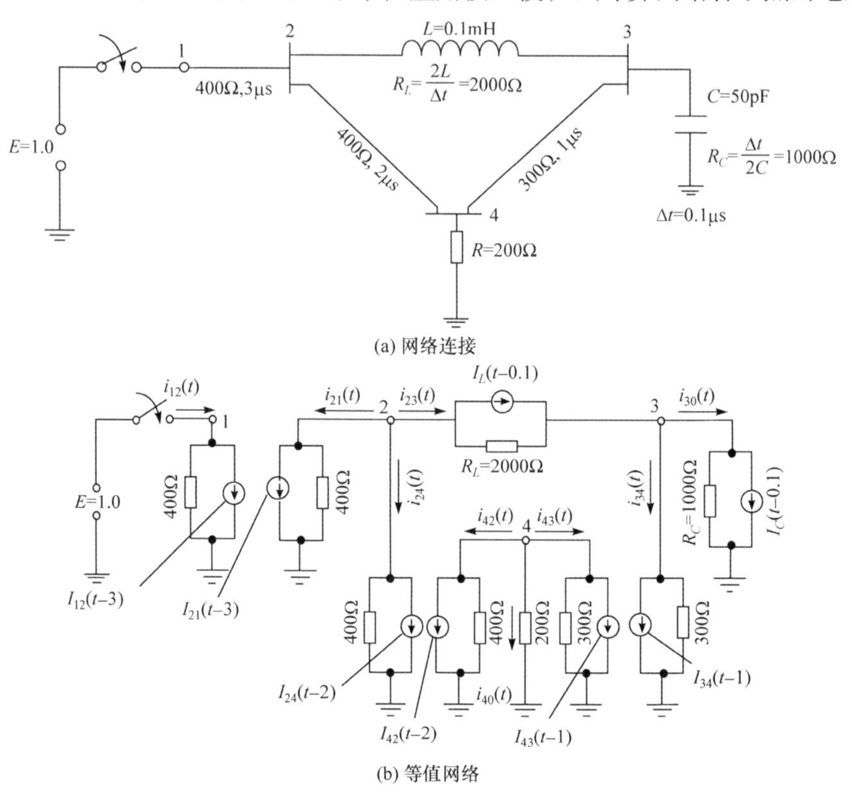

(a) 网络连接

(b) 等值网络

图 2-33　网络算例

在计算中取时间增量$\Delta t = 0.1\mu s$，则此网络的贝瑞隆等值网络如图 2-33(b)所示，网络中串联电感 L(0.1mH)和对地电容 C(50pF)的等值电阻 R_L 和 R_C 分别为

$$R_L = \frac{2L}{\Delta t} = \frac{2\times 0.1\times 10^{-3}}{1\times 10^{-7}} = 2000(\Omega)$$

$$R_C = \frac{\Delta t}{2C} = \frac{1\times 10^{-7}}{2\times 50\times 10^{-12}} = 1000(\Omega)$$

等值网络中各电流源的值如下：

$$\begin{cases} I_{12}(t-3) = -\dfrac{1}{400}u_2(t-3) - i_{21}(t-3), \qquad I_{21}(t-3) = -\dfrac{1}{400}u_1(t-3) - i_{12}(t-3) \\ I_{24}(t-2) = -\dfrac{1}{400}u_4(t-2) - i_{42}(t-2), \qquad I_{42}(t-2) = -\dfrac{1}{400}u_2(t-2) - i_{24}(t-2) \\ I_{43}(t-1) = -\dfrac{1}{300}u_3(t-1) - i_{34}(t-1), \qquad I_{34}(t-1) = -\dfrac{1}{300}u_4(t-1) - i_{43}(t-1) \\ I_L(t-0.1) = i_{23}(t-0.1) + \dfrac{1}{2000}\left[u_2(t-0.1) - u_3(t-0.1)\right] \\ I_C(t-0.1) = -i_{30}(t-0.1) - \dfrac{1}{1000}u_3(t-0.1) \end{cases} \tag{2-86}$$

等值网络中各电流值如下：

$$\begin{cases} i_{12}(t)=\dfrac{1}{400}u_1(t)+I_{12}(t-3), \quad i_{21}(t)=\dfrac{1}{400}u_2(t)+I_{21}(t-3) \\ i_{24}(t)=\dfrac{1}{400}u_2(t)+I_{24}(t-2), \quad i_{42}(t)=\dfrac{1}{400}u_4(t)+I_{42}(t-2) \\ i_{34}(t)=\dfrac{1}{300}u_3(t)+I_{34}(t-1), \quad i_{43}(t)=\dfrac{1}{300}u_4(t)+I_{43}(t-1) \\ i_{23}(t)=\dfrac{1}{2000}\left[u_2(t)-u_3(t)\right]+I_L(t-0.1), \quad i_{30}(t)=\dfrac{1}{1000}u_3(t)+I_C(t-0.1) \\ i_{40}(t)=\dfrac{1}{200}u_4(t) \end{cases} \tag{2-87}$$

在等值网络中，除节点 1 有外部电源输入电流 $i_{12}(t)$ 外，根据基尔霍夫电流定律，网络内任何节点的电流之和应为零。

$$\begin{aligned} &\text{节点 2:} \quad i_{21}(t)+i_{23}(t)+i_{24}(t)=0 \\ &\text{节点 3:} \quad i_{34}(t)+i_{30}(t)-i_{23}(t)=0 \\ &\text{节点 4:} \quad i_{12}(t)+i_{43}(t)+i_{40}(t)=0 \end{aligned} \tag{2-88}$$

根据节点电压法，只要知道节点导纳矩阵和节点电流激励，节点电压就可解。根据网络拓扑性质，在图 2-33 所示电路中，有

$$\begin{bmatrix} \dfrac{1}{400} & 0 & 0 & 0 \\ 0 & \dfrac{1}{400}+\dfrac{1}{400}+\dfrac{1}{2000} & -\dfrac{1}{2000} & 0 \\ 0 & -\dfrac{1}{2000} & \dfrac{1}{300}+\dfrac{1}{2000}+\dfrac{1}{1000} & 0 \\ 0 & 0 & 0 & \dfrac{1}{400}+\dfrac{1}{300}+\dfrac{1}{200} \end{bmatrix} \begin{bmatrix} u_1(t) \\ u_2(t) \\ u_3(t) \\ u_4(t) \end{bmatrix} = \begin{bmatrix} i_{12}(t) \\ 0 \\ 0 \\ 0 \end{bmatrix} - \begin{bmatrix} I_{12}(t-3) \\ I_{21}(t-3)+I_{24}(t-2)+I_L(t-0.1) \\ I_{34}(t-1)-I_L(t-0.1)+I_C(t-0.1) \\ I_{42}(t-2)+I_{43}(t-1) \end{bmatrix} \tag{2-89}$$

在本例中，$u_1(t)$ 为已知的$\left[u_1(t)=1.0\right]$；未知量 $u_2(t)$、$u_3(t)$和 $u_4(t)$可根据式(2-89)解出，有了上面这些基本方程式(2-86)、式(2-87)和式(2-89)以后，就可以进行整个网络的计算，其步骤如下。

首先计算 $t=0$ 时刻(节点 1 出现 $u_1(t)$作为时间起点)的各变量，然后依次计算 $t=\Delta t$, $t=2\Delta t$, …直到所需时刻的各变量。某一时刻 t 时的计算次序如下：

(1) 根据时刻 t 以前的计算结果求得各等值电流源 $I(t-\tau)$和 $I(t-\Delta t)$。

(2) 计算时刻 t 时的各节点电压 $u(t)$，其中 $u_1(t)$为已知，因 $I(t-\tau)$和 $I(t-\Delta t)$各量已由步骤(1)求得，故 $u_2(t)$、$u_3(t)$和 $u_4(t)$可由式(2-89)求得。

(3) 计算时刻 t 时的各电流值 $i(t)$，因 $I(t-\tau)$、$I(t-\Delta t)$和 $u(t)$已由步骤(1)、步骤(2)求得，$i(t)$

表 2-2　网络的计算

	关系式	符号	计算式＼时刻 t/μs	0	0.1
(1)定电流源的值	电流源方程(2-86)	$I_{12}(t-3)$	a	0	0
		$I_{21}(t-3)$	b	0	0
		$I_{24}(t-2)$	c	0	0
		$I_{42}(t-2)$	d	0	0
		$I_{43}(t-1)$	e	0	0
		$I_{34}(t-1)$	f	0	0
		$I_L(t-0.1)$	g	0	0
		$I_C(t-0.1)$	h	0	0
(2)由(1)产生的节点电压	贝瑞隆节点方程(2-89)	$u_2(t)$	$l=-183.544303(b+c+g)$ $-18.987341(f-g+h)$	0	0
		$u_3(t)$	$m=-18.987341(b+c+g)$ $-208.860759(f-g+h)$	0	0
		$u_4(t)$	$n=-92.307692(d+e)$	0	0
(3)由(1)、(2)所产生的各部分电流	贝瑞隆等值电路电流方程(2-87)	$i_{12}(t)$	$o=u_1(t)/400+a$	0.25×10^{-3}	0.25×10^{-3}
		$i_{21}(t)$	$p=l/400+b$	0	0
		$i_{24}(t)$	$q=l/400+c$	0	0
		$i_{42}(t)$	$r=n/400+d$	0	0
		$i_{43}(t)$	$s=n/400+l$	0	0
		$i_{34}(t)$	$t=m/300+f$	0	0
		$i_{32}(t)$	$u=m/1000+h$	0	0
		$i_{23}(t)$	$v=(l-m)/2000+g$	0	0
(4)根据(2)、(3)所决定的电流源的值	电流源方程(2-86)	$I_{12}(t)$	$a'=-(l/400+p)$	$0_{\triangle}$	0_{+}
		$I_{21}(t)$	$b'=-\left[u_1(t)/400+o\right]$	$-5.0\times10^{-3}{}_{\blacktriangle}$	$-0.5\times10^{-3}{}_{++}$
		$I_{24}(t)$	$c'=-(n/400+r)$	0	0
		$I_{42}(t)$	$d'=-(l/400+q)$	0	0
		$I_{43}(t)$	$e'=-(m/300+t)$	0	0
		$I_{34}(t)$	$f'=-(n/300+s)$	0	0
		$I_L(t)$	$g'=-(l-m)/2000+v$	0	0
		$I_C(t)$	$h'=-(m/1000+u)$	0	0

注：① $u_1(t)=1.0p{\cdot}u$，$0<t<\infty$，p、u 为标幺值的缩写。

② △、▲、+、++、˙、˙˙、□、■等符号表示相对应的电流源的值。

…	2.9	3.0	3.1	3.2	3.3
…	0	$0_{\triangle}$	0_{+}	0	…
…	0	$-0.5\times10^{-3}{}_{\blacktriangle}$	$-0.5\times10^{-3}{}_{++}$	-0.5×10^{-3}	…
…	0	0	0	0	…
…	0	0	0	0	…
…	0	0	0	0	…
…	0	0	0	0	…
…	0	0	$8.1778481\times10^{-4}{}_{.}$	$13.146699\times10^{-4}{}_{\square}$	…
…	0	0	$-18.987341\times10^{-5}{}_{..}$	$-3.898653\times10^{-4}{}_{\blacksquare}$	…
…	0	9.17721515×10^{-1}	7.867545×10^{-1}	…	…
…	0	9.4936705×10^{-2}	2.898694×10^{-1}	…	…
…	0	0	0	…	…
…	0.25×10^{-2}	0.25×10^{-3}	0.25×10^{-3}	…	…
…	0	-2.7056963×10^{-3}	-3.031170×10^{-3}	…	…
…	0	2.2943037×10^{-3}	1.966886×10^{-3}	…	…
…	0	0	0	…	…
…	0	0	0	…	…
…	0	3.1645568×10^{-4}	7.662313×10^{-4}	…	…
…	0	9.4936705×10^{-4}	0.999959×10^{-4}	…	…
…	0	4.06392405×10^{-4}	10.662273×10^{-4}	…	…
…	0	4.1139251×10^{-4}	1.0742507×10^{-2}	…	…
…	-0.5×10^{-3}	-0.5×10^{-3}	-0.5×10^{-3}	…	…
…	0	0	0	…	…
…	0	-4.58860758×10^{-4}	-3.933773×10^{-3}	…	…
…	0	-8.329136×10^{-4}	-15.324626×10^{-4}	…	…
…	0	0	0	…	…
…	0	8.1778481×10^{-4}	$13.146699\times10^{-4}{}_{\square}$	…	…
…	0	-18.987341×10^{-4}	$-3.8986539\times10^{-4}{}_{\blacksquare}$	…	…

可由式(2-87)求得。

(4) 计算时刻 t 时的各等值电流源 $I(t)$，因 $u(t)$和 $i(t)$ 已由步骤(2)、步骤(3)求得，故 $I(t)$ 可由式(2-86)求得。

在本例中，当 $t<3.0\mu s$ 时，所有的 $I(t-\tau)$和 $I(t-\Delta t)$各值皆为零。

当 $0\leqslant t<3.0\mu s$ 时，$u_1(t)=1.0$；$i_{12}(t)=\dfrac{u_1(t)}{400}+I_{12}(i-3)=2.5\times10^{-3}$，$I_{21}(t)=-\dfrac{u_1(t)}{400}-i_{12}(i-3)=-5.0\times10^{-3}$，其他电压和电流均为零值。

本例计算结果如表 2-2 所示。

从上述可知，贝瑞隆法的主要特点是：引入等值电流源的概念，将分布参数线路以集中参数电路来等值，然后利用各节点在不同时刻下的电压和电流之间的关系来替代行波的折、反射关系，这样，就便于计算程序的编制，对复杂网络更是如此。

2.8 单相变压器绕组中的波过程

电力变压器经常受到雷电或操作过电压的侵袭，这时，在绕组内部将出现很复杂的电磁振荡过程，使绕组各点对地绝缘和绕组各点之间的绝缘(如匝间、层间或线盘间)上出现很高的过电压。绕组结构的复杂性和铁心的存在导致绕组参数非线性，为了求取在不同波形的冲击电压作用下绕组各点对地电压及各点间电位差(即电位梯度)随时间变化的分布规律，不能完全依靠理论分析，通常用瞬变分析仪在实体上进行试验或模拟试验。为了掌握绕组中波过程的基本规律，本节将主要讨论直流电压 U_0 突然合闸于绕组简化等值电路的情况。

2.8.1 绕组中的初始电压分布和入口电容

为了便于定性分析，将绕组进行了一系列简化，例如，假定绕组各点的参数完全相同，略去次级绕组的影响，略去互感及损耗等，简化后绕组的典型等值电路如图 2-34 所示，其中 K_0、C_0 和 L_0 分别为绕组单位长度的纵向(匝间)电容、对地电容和电感。

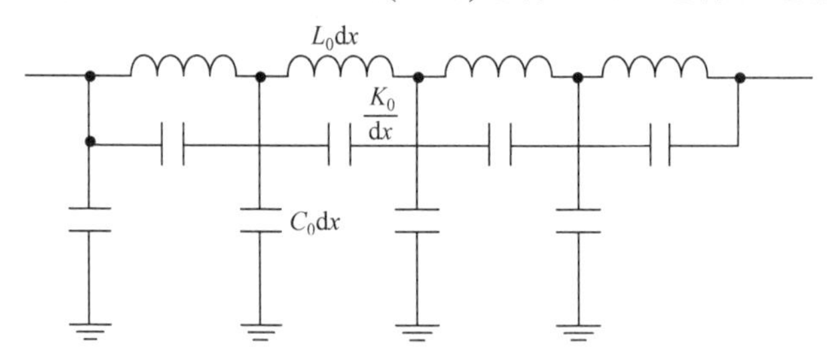

图 2-34 单相绕组简化等值电路

当绕组合闸于直流电压 U_0 的瞬间，电感中的电流不能突变，即 $t=0$ 时，电感中的电流为零，这就相当于电感为开路，此时绕组的等值电路将转换成图 2-35。

若距绕组首端距离为 x 点上的电荷和电压分别为 Q 和 u，取微元 dx 如图 2-35 所示，则在纵向电容 $K_0/\mathrm{d}x$ 上的电荷为

$$Q=\frac{K_0}{\mathrm{d}x}[u-(u+\mathrm{d}u)] \tag{2-90}$$

电容 $C_0\mathrm{d}x$ 上的电荷为

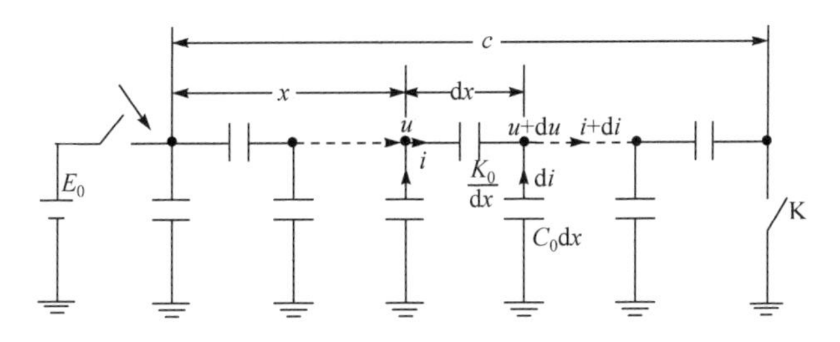

图 2-35　$t=0$ 瞬间绕组的等值电路

$$dQ = -C_0 dx(u + du) \tag{2-91}$$

将式(2-90)微分后代入式(2-91)，忽略高阶无穷小可得

$$\frac{d^2u}{dx^2} - \frac{C_0}{K_0}u = 0 \tag{2-92}$$

其解为

$$u = Ae^{\alpha x} + Be^{-\alpha x} \tag{2-93}$$

式中

$$\alpha = \sqrt{\frac{C_0}{K_0}} \tag{2-94}$$

根据边界条件可以决定 A 和 B。

当绕组末端接地时，在绕组首端($x=0$)处，$u=U_0$；在绕组末端($x=l$)处，$u=0$，由此可得

$$A = -\frac{U_0 e^{-\alpha l}}{e^{\alpha l} - e^{-\alpha l}}，\quad B = \frac{U_0 e^{\alpha l}}{e^{\alpha l} - e^{-\alpha l}}$$

于是

$$u = U_0 \frac{\text{sh}\alpha(l-x)}{\text{sh}\alpha l} \tag{2-95}$$

当绕组末端开路时，绕组首端($x=0$)处，$u=U_0$，而最末一个纵向电容 K_0/dx 的极板上的电荷必定为零，即 $Q\big|_{x=l}=0$。

由式(2-90)可得 $\left.\frac{du}{dx}\right|_{x=l}=0$，由此即可求出

$$u = U_0 \frac{\text{ch}\alpha(l-x)}{\text{ch}\alpha l} \tag{2-96}$$

式(2-95)和式(2-96)是绕组合闸于直流电压 U_0 的初瞬($t=0$)时，绕组各点对地电位分布规律，称为初始电位分布。

对于普通连续式绕组，αl 为 5～30，此时 $\text{sh}\alpha l \approx \text{ch}\alpha l$，式(2-95)和式(2-96)可近似简化为同一式：

$$u = U_0 e^{-\alpha x} \tag{2-97}$$

这就是说，对于普通连续式绕组来说，不论其末端接地还是开路，其初始电位分布可近似看成相同的，如图 2-36(a)、(b)所示。由图可见，绕组中的初始电位分布是很不均匀的。初始电位不均匀分布的原因是对地电容 C_0dx 的存在，其不均匀程度与 αl 值有关，αl 值越大，则分布

越不均匀，大部分电位降落在绕组首端附近，绕组首端的电位梯度最大，根据式(2-97)可得

$$\frac{\mathrm{d}u}{\mathrm{d}x}=-\alpha U_0\mathrm{e}^{-\alpha x}$$

$$\left.\frac{\mathrm{d}u}{\mathrm{d}x}\right|_{\max}=\left.\frac{\mathrm{d}u}{\mathrm{d}x}\right|_{x=0}=-U_0\alpha=-\left(\frac{U_0}{l}\right)(\alpha l) \tag{2-98}$$

此式表明，在 $t=0$ 瞬间，绕组首端的电位梯度将为平均电位梯度 $\left(\frac{U_0}{l}\right)$ 的 αl 倍，因此对绕组首端的绝缘需要采取一定的保护措施。

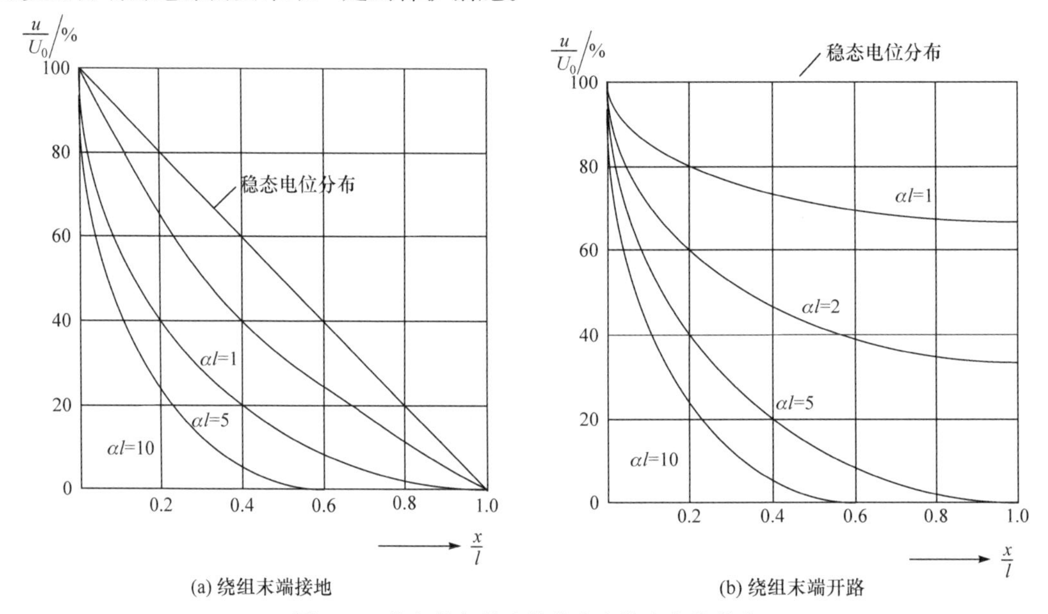

图 2-36 绕组的初始电位分布和静态电位分布

从上面的分析可知，$t=0$ 瞬间，绕组相当于一个电容链，此电容链可等值为一个集中电容 C_{r}，称为变压器的入口电容。实践证明，当很陡的冲击波作用时，一般在 10μs 以内，流经绕组电感中的电流很小，可以忽略，因此在分析变电所防雷保护时，不论绕组末端是否接地，变压器皆可用入口电容来等值。变压器的入口电容与其额定电压及容量大小有关，对连续式绕组，如缺乏确切数据，则高压绕组的入口电容 C_{r} 值可参考表 2-3；对纠结式绕组，其入口电容要比表 2-3 中所列数值大得多，此外，还应注意同一变压器，不同电压等级的绕组，其入口电容是不同的。

表 2-3 变压器高压绕组的入口电容

高压绕组的额定电压/kV	35	110	220	330
高压绕组的入口电容/pF	500～1000	1000～2000	1500～3000	2000～5000

2.8.2 绕组中稳态电压分布和振荡过程

在直流电压 U_0 的作用下，当绕组末端接地时，其稳态($t\to\infty$)电位分布 $u_\infty(x)$ 将按绕组的电阻分布，可以看作均匀分布的，即

$$u_{\infty}(x)=U_0\left(1-\frac{x}{l}\right)$$

当绕组末端开路时，其稳态电位分布为

$$u_{\infty}(x)=U_0$$

分别如图 2-37(a)和图 2-37(b)所示。

由于绕组中的初始电位分布和稳态电位分布不同，从初始分布到稳态分布必然有一个暂态过渡过程，同时，由于绕组电感和电容作用，此过渡过程必将具有振荡的性质。振荡过程中产生的过电压幅值与稳态电压分布和初始电压分布两者之差有关，差值越大，振荡就越剧烈。由于变压器内存在损耗(铁损、铜损、介质损耗等)，因而上述振荡是阻尼的。振荡是围绕稳态分布进行的，绕组各点在振荡过程中所能达到的最大过电压值仍可按式(1-8)估算。由式(1-8)得出绕组各点的最大过电压曲线见图 2-37 中始态分布对稳态分布的上翻线。

在振荡过程的不同时刻，绕组各点对地电位的分布，如图 2-37(a)、(b)中曲线，t_1，t_2，t_3 等所示，将振荡过程中绕组各点出现的最大电位记录下来并将其连起来就成为最大电位包络线，如图 2-37(a)、(b)中曲线 4，作为定性分析，通常将稳态分布与初始分布的差值叠加在稳态分布上，如图 2-37(a)、(b)中曲线 5，用以近似地描述绕组各点的最大电位包络线。从图 2-37 可知，对普通连续式绕组，如末端接地，则最大电位将出现在绕组首端附近，其值将达(1.2～1.4)U_0，如末端开路，则最大电位将出现在绕组末端，其值将达(1.8～2.0)U_0，实际上由于绕组内的损耗，最大值将低于上述数值。

前面已得知，不论绕组末端接地还是开路，当 $t=0$ 时，绕组纵向最大电位梯度将出现在绕组首端，其值为$U_0\alpha$，理论分析和实验结果均表明，随着振荡过程的发展，最大电位梯度的出现点将向绕组深处传播，以致绕组各点将在不同时刻出现最大电位梯度，这对绕组纵绝缘的保护和设计是个很重要的问题。

绕组内的振荡过程与作用在绕组上的冲击电压波形有关，冲击电压波头时间越长，上升速度越低，则绕组上的初始电压分布由于受电感分流的影响，就将与稳态电位分布较为接近，振荡过程的发展就比较缓和，绕组各点对地的最大电位和纵向电位梯度也将较低，反之，当波头很陡的冲击电压作用时，绕组内的振荡过程将很激烈，所以，减小入侵冲击电压的陡度对绕组的主绝缘特别是对绕组的纵绝缘的保护具有很重要的意义。此外，冲击电压波波尾的长短对变压器绕组内的振荡过程也是有影响的，如果冲击电压波尾较短，则在绕组中的振荡过程尚未充分发展时，外加冲击电压幅值已有较大的衰减，故绕组各点的对地最大电位也会较低。

在运行中，变压器绕组还可能受到截波的作用，如图 2-38(a)所示。在变电所内由于管型避雷器动作或设备绝缘闪络的结果，入侵的冲击电压波发生截断，原已被充电到 u 的变压器入口电容将经线段 l 的电感放电，形成振荡，此时在变压器绕组端点上的电压波形将如图 2-38(b)所示，这个波形可以看成两个分量 u_1 与 u_2 的叠加，u_2 的幅值有时可达(1.6～2.0)u，且其陡度很大，犹如直角波，在绕组中将产生很高的电位梯度，从而危及绕组纵绝缘，实测表明，在相同电压辐值情况下，截波作用时绕组内的最大电位梯度将比全波作用时还大，因此，对电力变压器进行截波冲击试验是必要的。

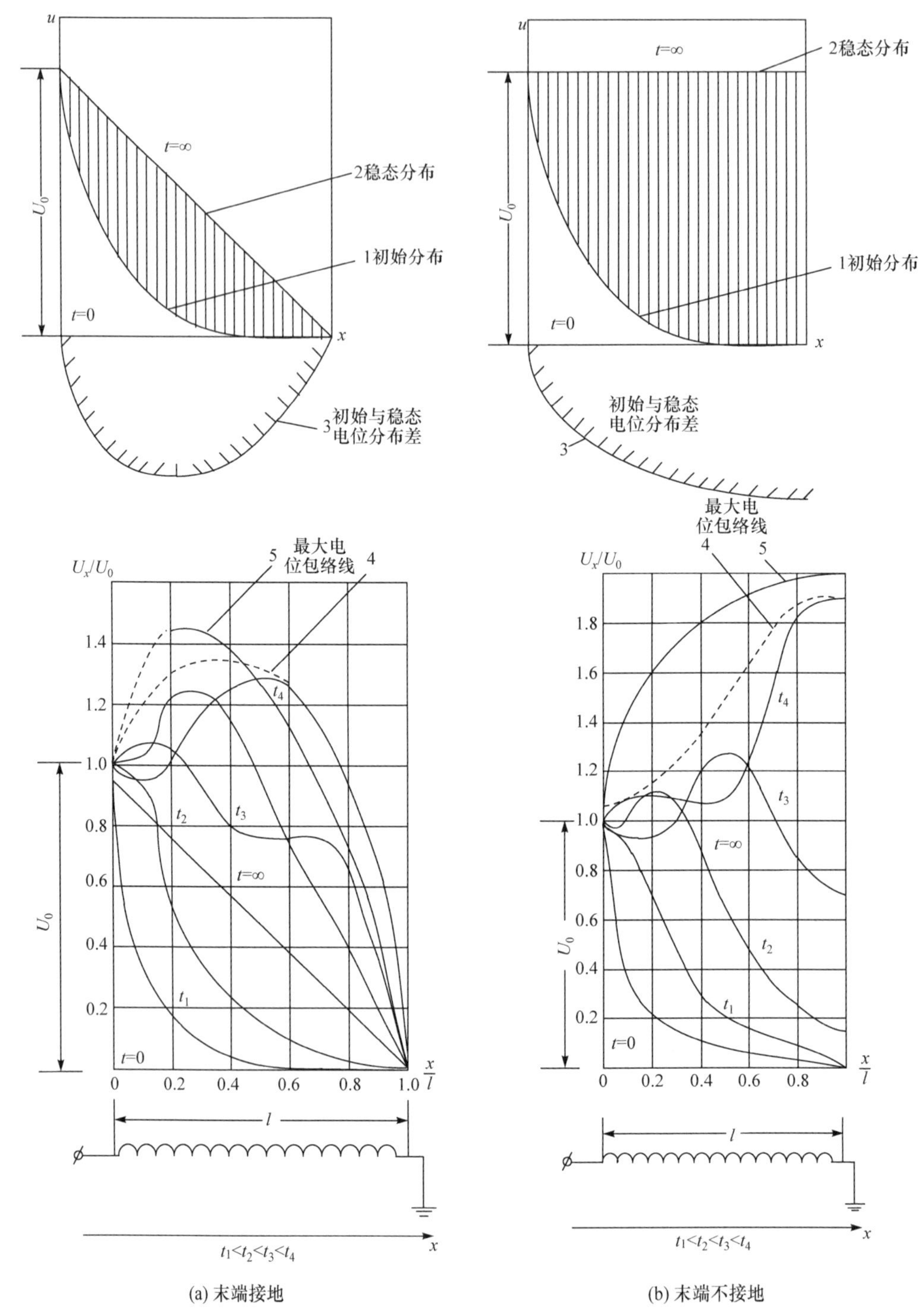

图 2-37　单绕组中的起始电压分布、静态电压分布和振荡过程中对地电压的分布

2.8.3　改善绕组中电位分布的方法

由以上分析可知，初始电位分布与稳态电位分布的差异是绕组内产生振荡过电压的根本原因。改变初始电压分布，使之接近稳态电压分布可以降低绕组各点在振荡过程中出现

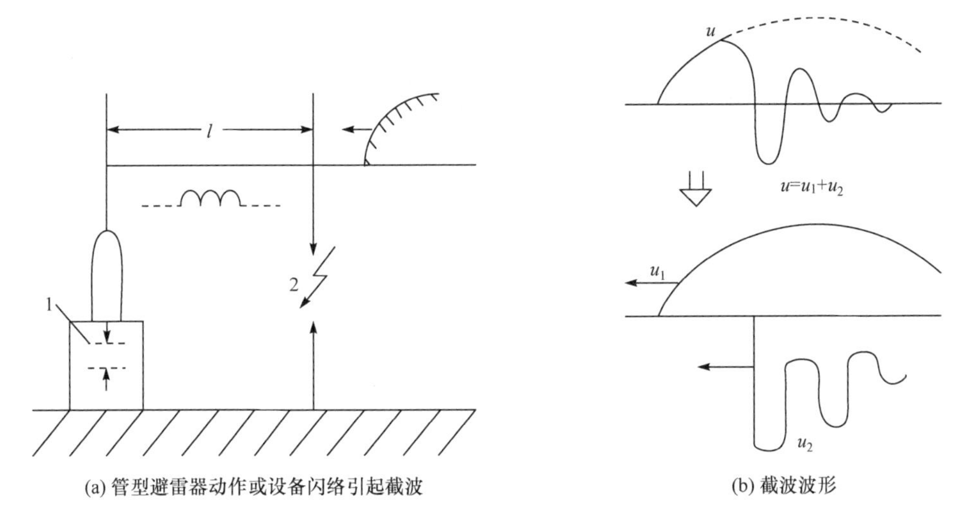

图 2-38　截波的形成

1-变压器；2-管型避雷器动作或设备闪络

的最大电位和最大电位梯度。常用措施有两个，一是采用补偿对地电容 C_0dx 的影响的办法，因对地电容是引起绕组初始电压分布不均匀的主要原因。例如，在绕组首端装设电容环和电容匣，其原理结构和电气接线如图 2-39 所示，电容环和电容匣与绕组首端相连，电容环(匣)与高压绕组间的电容为 C_bdx，由电容环(匣)等流经图中 C_bdx 的电流部分地补偿了由绕组流经对地电容 C_0dx 的电流，从而起到均压的效果，但对 220kV 以上电压等级的变压器，这种方法会使变压器的体积和重量显著增大，因此，此法的应用有一定的局限性。

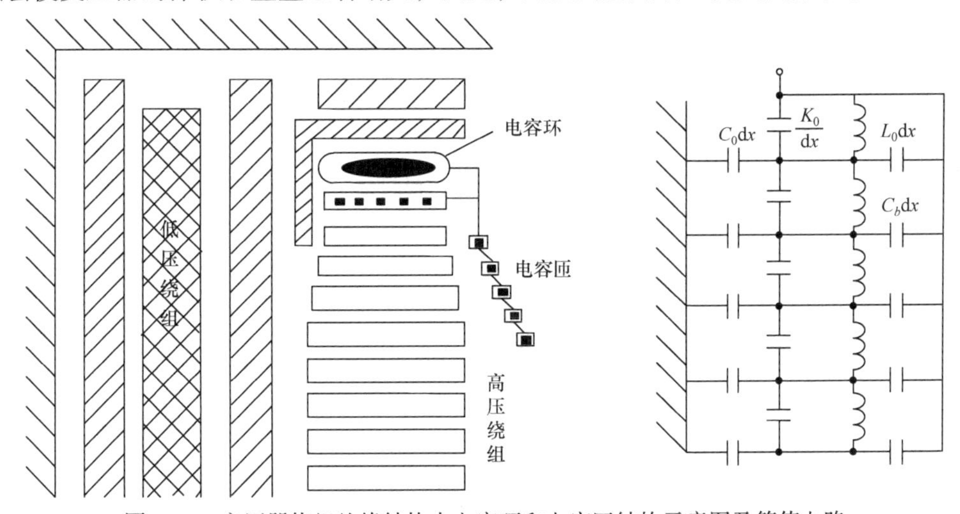

图 2-39　变压器绕组绝缘结构中电容环和电容匣结构示意图及等值电路

二是采用增大纵电容 K_0/dx 的办法使绕组对地电容 C_0dx 的影响相对减小，图 2-40 表示了普通连续式绕组与纠结式绕组的电气接线和等值电容的比较，可以明显地看出，纠结式绕组的纵向电容比连续式大得多，一般纠结式绕组的 αl 只为 1.5 左右，这样，其初始分布就比较接近于稳态分布，振荡过程也要缓和得多，现在高压大容量变压器的绕组已较普遍地采用此类结构。

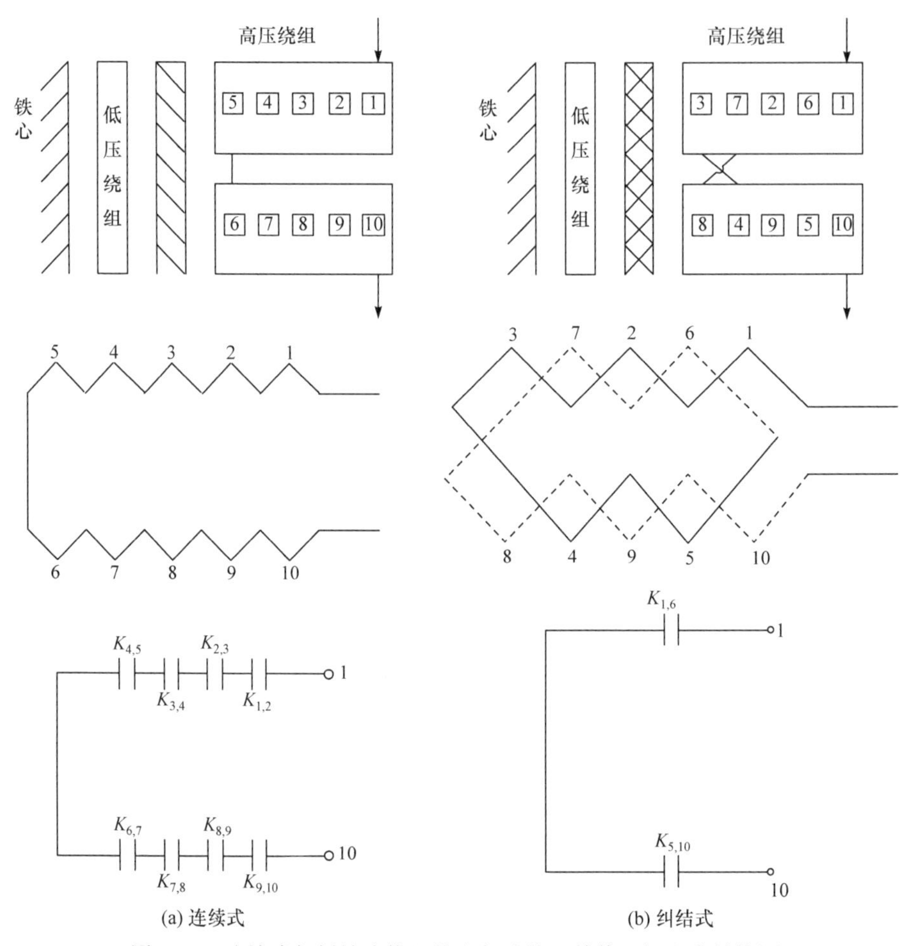

(a) 连续式　　(b) 纠结式

图 2-40　连续式与纠结式绕组的电气连接和等值匝间电容结构图

2.9　三相变压器绕组中的波过程

三相绕组中波过程的基本规律与单相绕组一样，现分别讨论。

1. 星形接线中点接地

可以看成三个独立的绕组，不论一相、两相或三相进波，均与单相绕组的波过程规律相同。

2. 星形接线中点不接地

由于绕组对冲击波的阻抗远大于线路波阻，故当一相进波时其他两相绕组首端可视为与接地相当，其初始分布和稳态分布见图 2-41 中曲线 1 和 2，曲线 3 为绕组各点对地的最大电压包络线，中点的稳态电压为$\frac{1}{3}U_0$，因此在过渡过程中中点最大对地电位将不超过$\frac{2}{3}U_0$。

两相进波时可用叠加法来估计绕组各点的最大对地电位，中点的稳态电位将为$\frac{U_0}{3}+\frac{U_0}{3}=\frac{2U_0}{3}$，在过渡过程中中点最大对地电位将不超过$\frac{4U_0}{3}$。

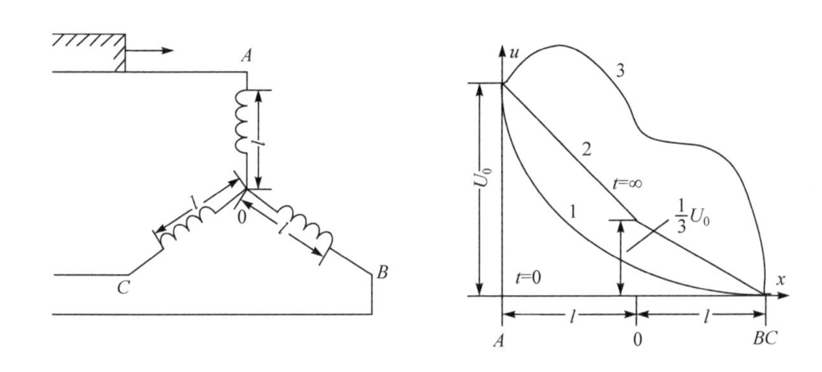

图 2-41　Y 接线单相进波时的电压分布

1-初始分布；2-稳态分布；3-最大电压包络线

三相进波时，规律与末端开路的单相绕组相同。

3. 三角接线

因绕组对冲击波的阻抗远大于线路波阻，故当一相进波时，变压器其他两个端点可视为接地，如图 2-42(a)所示，因此其情况与末端接地的单相绕组相同。

两相进波或三相进波时可用叠加法，如图 2-42(b)为三相进波时的初始分布(曲线 1)和稳态分布(曲线 2)，曲线 3 为绕组各点的对地最大电位包络线，绕组中部对地最高电位可达 $2.0U_0$ 左右。

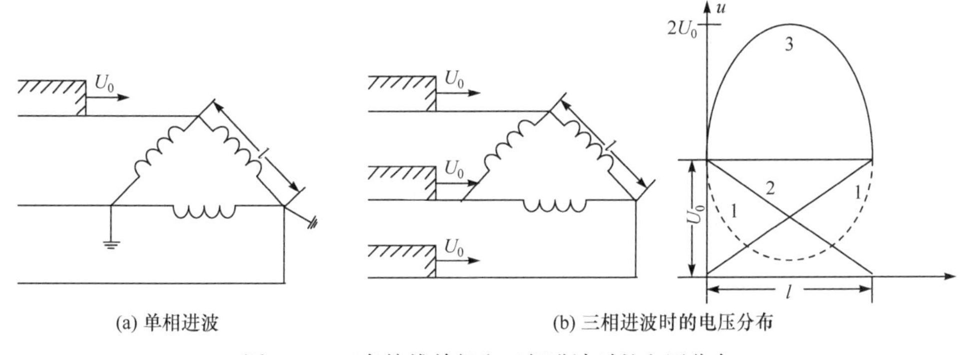

图 2-42　三角接线单相和三相进波时的电压分布

1-切始分布；　2-稳态分布；　3-最大电压包络线

2.10　旋转电机绕组中的波过程

旋转电机(包括发电机、同期调相机、大型电动机等)与电网的连接方式有通过变压器与电网相连和直接与电网相连两种，在前一类连接方式下，雷击电网时冲击电压波将通过变压器绕组间的传递再传到旋转电机，实践证明对旋转电机的危害性不大。在直接与电网架空线相连的方式下，雷电产生的冲击电压将直接自线路传至电机，对电机的危害性很大，需要采取相应的保护措施，为了能够正确地制定旋转电机的防雷保护措施，需要掌握旋转电机绕组在冲击电压作用下波过程的基本规律。

旋转电机绕组可分为单匝和多匝两大类，一般大功率高速电机往往是单匝的，小功率低转速或电压较高的电机往往是多匝的。

对于单匝绕组，因为不存在匝间电容(纵向电容 $K_0/\mathrm{d}x$)，所以此类绕组的等值接线就与输电线路相同，对于多匝绕组，匝间电容显然是存在的，但是考虑到在运行中的电机大都采用了限制侵入波陡度的措施，侵入电机的冲击电压的波头已很平缓，故匝间电容的作用也就相应减弱；如果略去其作用，则多匝绕组的等值接线也可认为与输电线路相同，这样，电机绕组就可以用波阻抗和波速的概念来表征其波过程规律，由于槽内部分与端接部分的参数不同，其波阻抗与波速也不相同，因而电机绕组的波阻抗和波速系指平均值。

电机绕组的波阻抗与电机的额定电压、容量和转速等有关，一般电机绕组的波阻抗随额定电压的提高而增加，随容量的增加而减小，如缺乏确切数据，在估计汽轮发电机波阻值时，可参考图 2-43。对低速电机，其波阻值可以近似地估计为图中值的两倍。图 2-44 为汽轮发电机绕组的平均波速，在缺乏实际数据时可参考它。

波在电机绕组中传播时与波在输电线路中传播不同，它存在着可观的铁损、铜损和介质损耗(主要是铁损)，因而随着波的传播，波将较快地衰减和变形。

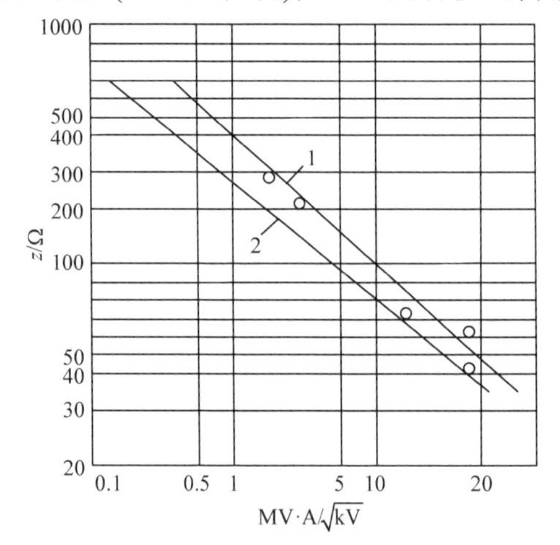

图 2-43　汽轮发电机绕组的波阻抗

1-单相进波时的波阻抗；2-三相进波时一相的等值波阻抗

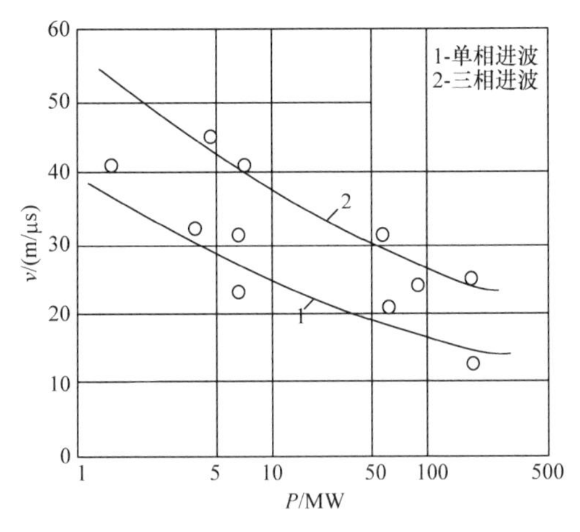

图 2-44　汽轮发电机绕组中的平均波速

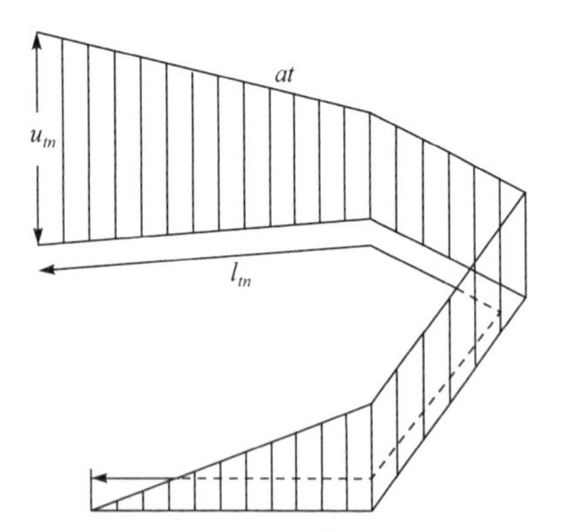

图 2-45　匝间电压计算示意图

波到达中性点并再返回时，其幅值已衰减得很小了，其陡度也已极大地缓和了，因此，在估计绕组中的最大纵向电位差时，可以认为是由侵入绕组的前行电压波造成的，并且将出现在绕组首端。

若入侵波的陡度为 a，绕组一匝长度为 l_{tn}，平均波速为 v，则作用在匝间绝缘上的电压 u_{tn} 如图 2-45 所示，由此可写出

$$u_{tn} = a\frac{l_{tn}}{v}$$

从上式可知，匝间电压与入侵波陡度 a 成正比，a 很

大时，匝间电压将超过匝间绝缘的冲击耐压值而发生击穿事故，试验结果表明，为了保护匝间绝缘必须将入侵波陡度 a 限制在 5kV/μs 以下。

习　题

2-1　试分析波阻抗的物理意义及其与电阻的不同点。

2-2　试论述彼得逊法则的使用范围。

2-3　试分析直流电势 E 合闸于有限长导线(长度为 l，波阻为 z)的情况：末端对地接有电阻 R(图 2-46)，假设直流电源内阻为零。

(1) $R=z$，分析末端与线路中间 $l/2$ 的电压波形；

(2) $R=\infty$，分析末端与线路中间 $l/2$ 的电压波形；

(3) $R=0$，分析末端的电流波形和线路中间 $l/2$ 的电压波形。

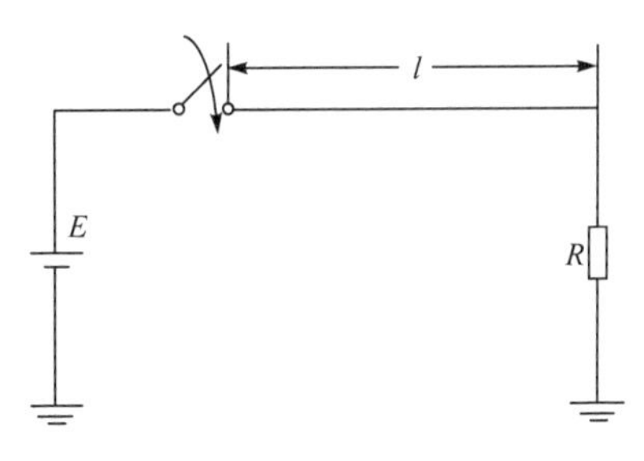

图 2-46　直流电势合闸于有限长线路

2-4　如图 2-47 所示，试求该四种情况下折射波 $u_{2q}=f(t)$ 的关系式。

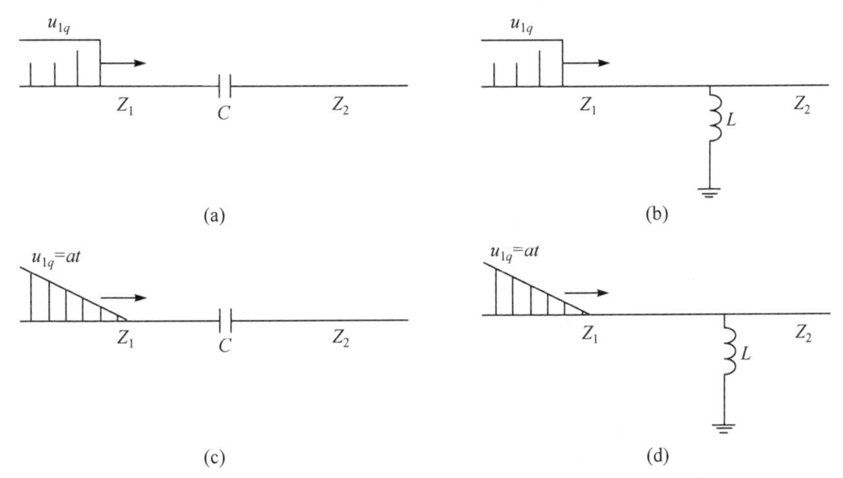

图 2-47　直角波和斜角波通过串联电容和通过并联电感

2-5　在何种情况下，应使用串联电感来降低入侵波的陡度？在何种情况下应使用并联电容？试举例。

2-6　试述冲击电晕对防雷保护的有利和不利方面。

2-7　某线路杆塔结构如图 2-48 所示，当雷击避雷线时，试分析哪一相绝缘子串上的冲击电压最大。

2-8　当冲击电压作用于变压器绕组时，在变压器绕组内将出现振荡过程，试分析出现振荡的根本原因，并由此分析冲击电压波形对振荡的影响。

2-9　为什么说冲击截波比全波对变压器绕组的影响更为严重？

2-10　试分析在冲击电压作用下，发电机绕组内部波过程和变压器绕组内部波过程的不同点。

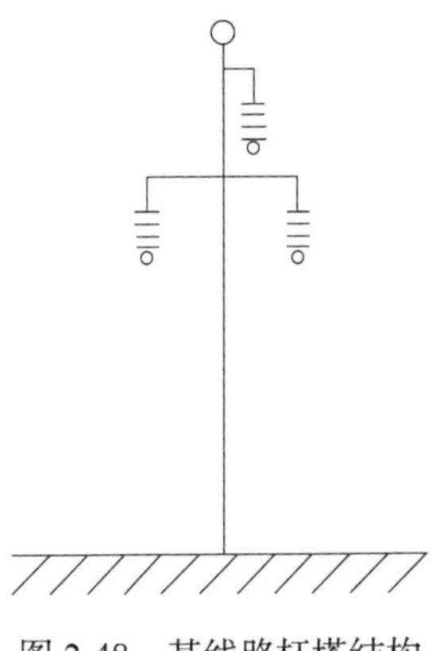

图 2-48　某线路杆塔结构

第二篇　雷电过电压

第3章　雷电及防雷保护装置

3.1　雷电放电过程

在雷雨季节里，太阳使地面水分部分化为蒸气，同时地面空气受到地面热的作用变热而上升，成为热气流。由于太阳几乎不能直接使空气变热，所以每上升 1km，空气温度约下降 10℃。上述的热气流遇到高空的冷空气，水蒸气凝成小水滴，形成热雷云。此外，水平移动的冷气团或暖气团，在其前锋交界面上也会因冷气团将湿热的热气团抬高而形成面积极大的锋面雷云。在足够冷的高空，如在 4km 以上时，水滴也会转化为冰晶。

雷云的带电过程可能是综合性的。强气流将云中水滴吹裂时，较大的水滴带正电，而较小的水滴带负电，小水滴同时被气流携走，于是云的各部带有不同的电荷。此外，水在结冰时，冰粒上会带正电，而被风吹走的剩余的水将带负电。而且带电过程也可能和它们吸收离子、相互撞击或融合的过程有关。实测表明，在 5～10km 的高度主要是正电荷的云层，在 1～5km 的高度主要是负电荷的云层，但在云的底部也往往有一块不大区域的正电荷聚集(图 3-1)。雷云中的电荷分布也远不是均匀的，往往形成好多个电荷密集中心。每个电荷中心的电荷为 0.1～10C，而一大块雷云同极性的总电荷则可达数百库。雷云中的平均场强约为 150kV/m，而在雷击时可达 340kV/m。雷云下面地表的电场一般为 10～40kV/m，最大可达 150kV/m，当云中电荷密集处的场强达到 2500～3000kV/m 时，就会发生先导放电。雷云放电大部分是在云间或云内进行的，只有小部分是对地发生的。雷云对地的电位可高达数千万伏到上亿伏。

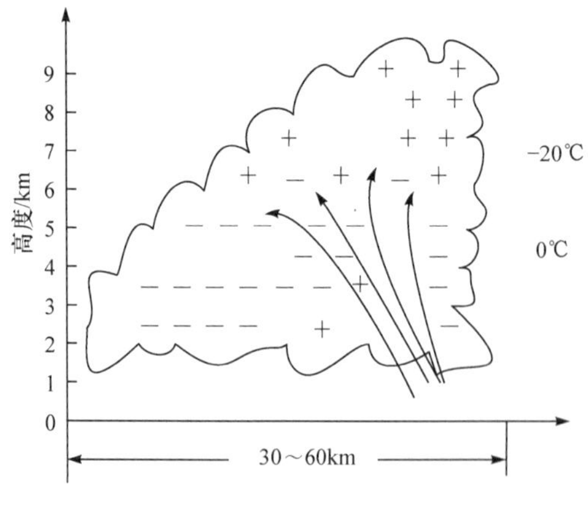

图 3-1　雷云电荷分布

在对地的雷电放电中，雷电的极性是指自雷云下行到大地的电荷的极性。最常见的雷电是自雷云向下开始发展先导放电的。据统计，无论就放电的次数来说，还是就放电的电荷量来说，90%左右的雷是负极性的。但测量表明，大地的总电荷量是长时期保持不变的(约为 4.5×10^5C)，因此相当大量的正雷云电荷必定是通过“悄悄地放电”形式运送到大地的。即大量的正雷是以地表电晕放电的形式消散的。正雷的消散之所以比负雷多，可能是因为由地面上升的负离子速度为正离子速度的 1.6 倍。

雷电放电的光学照片[图 3-2(a)]说明，由负雷云向下发展的先导不是连续向下发展的，而是走一段停一会儿，再走一段，再停一会儿。每级的长度为 10～200m 平均为 25m。停歇时间为 10～100μs，平均为 50μs。每级的发展速度约为 10^7m/s，延续约 1μs，而由于有停歇，所以总的平均发展速度只有$(1\sim8)\times10^5$m/s。先导光谱分析表明，在其发展时中心温度可达 3×10^4K，而停歇时约为 10^4K。由主放电(见下文)的速度及电流可以推算出，先导中的线电荷密度 σ 为$(0.1\sim1)\times10^{-3}$C/m，从而又可算出先导的电晕半径为 0.6～6m。相应于下行先导的电流是无法直接测出的，但由 σ 及速度可估计出为 100A 左右。下行负先导在发展中会分成数支，这和空气中原来随机存在的离子团有关。当先导接近地面时，会从地面较突出的部分发出向上的迎面先导。当迎面先导与下行先导的一支相遇时，就产生了强烈的“中和”过程，出现极大的电流(数十到数百千安)，这就是雷电的主放电阶段，伴随着出现雷鸣和闪光。主放电存在的时间极短，为 50～100μs。主放电的过程是逆着负先导的通道由下向上发展的，速度为光速 c 的 $\frac{1}{20}\sim\frac{1}{2}$，离开地面越高则速度越小，平均约 $0.175c$。主放电到达云端时就结束了，然后云中的残余电荷经过刚才的主放电通道流下来，称为余辉阶段。由于云中的电阻较大，余辉阶段对应的电流不大(数百安)，持续的时间却较长(0.03～0.15s)。

由于云中可能存在几个电荷中心，所以在第一个电荷中心完成上述放电过程之后，可能引起第二个、第三个中心向第一个中心放电，因而雷电可能是多重性的，每次放电相隔 0.6ms～0.8s(平均约 65ms)，放电的数目平均为 2～3 个，最多可达 42 个。第二次及以后的放电，先导都是自上而下连续发展的(无停歇现象)，而主放电仍是由下向上发展的，第二次及以后的主放电电流一般较小，不超过 30kA。在图 3-2 中画出了用底片迅速转动的照相设备拍得的下行负雷电过程以及与之相对应的电流曲线。

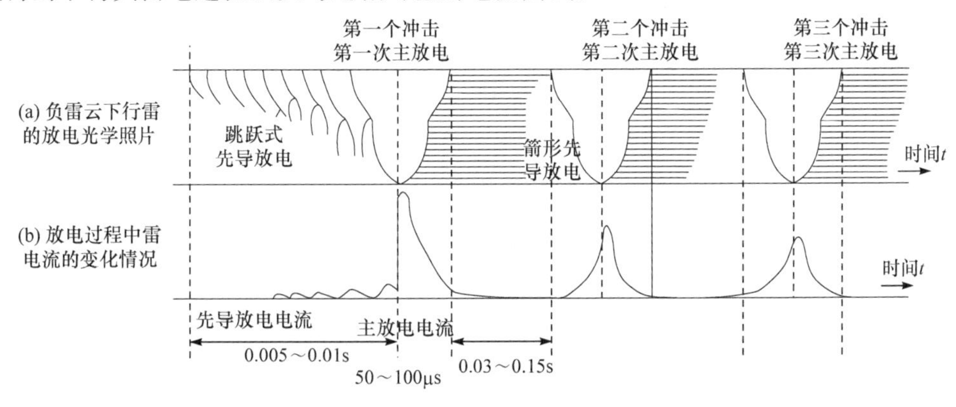

图 3-2　下行负雷电过程及对应的电流曲线

正雷云的下行雷电过程与上述过程基本相同。但下行正先导的逐级发展是不明显的，其主放电有时有很长的波头(几百微秒)和很长的波尾(几千微秒)。

当地面有高耸的突出物时，不论正负雷云都有可能先出现由突出物上行的先导，这种雷称为上行雷。我国对上行雷的记录是最早的。在《易经》中已有“雷在地中”的记载。而清代纪晓岚的《阅微草堂笔记》中也有目睹雷电自地上升的记录，地面的突出物越高，则产生上行先导需要的平均雷云电场 E_0 就越小。可按表 3-1 估计 E_0 值。

表 3-1　可能发展上行先导的估计条件

地面突出物高度 h/m	50	100	200	300	500
地面附近的雷云电场 E_0/(kV/m)	37	22	13.5	10	7

上行负先导(此时雷云为正极性)也是逐级发展的，只是每级的长度较小(5～18m)。

关于负雷电下行逐级发展先导，过去曾有人认为这是由于雷云的导电性能不良所引起的。但是，由于上行负先导(它是由导电性能较好的大地出发的)也是逐级发展的，而且下行负雷的第二次、第三次放电的先导并非逐级发展，这说明，负先导的逐级发展主要是负先导通道内部等值电阻太大引起的。负先导通道的电阻可估计为 10kΩ/m。

上行正先导的逐级发展不明显，研究机构曾对上行正先导的电流进行过直接测量，其值在 50～600A 的范围内，平均约为 150A。正先导通道的电阻可估计为 0.05～1kΩ/m。

无论正负的上行先导，在先导到达雷云时，大部分并无主放电过程发生，这是由于雷云的导电性能不像大地那样好，除非上行先导碰到密集电荷区，否则一般难以在极短时间内供应为高速“中和”先导电荷所必需的极大的主放电电流，而只能出现缓慢的放电过程。此时，其放电电流一般为数百安，而持续时间很长，可达 0.1s。

无论正负的下行先导，当它击中电阻较大的物体(如岩石或高电阻率的土壤)时，也无主放电过程的发生。

经常有人宣传雷电制造氧化氮肥料的功效以及企图收集雷电能量加以利用。实际上，雷电放电瞬间功率虽然极大，但雷电的能量却很小，即其破坏力极大，但实际利用的价值却很小。以中等雷电为例，雷云电位以 50MV 计，电荷 $Q = 8\text{C}$，则其能量为

$$W = \frac{1}{2}VQ = 2\times10^{8}\ \text{W}\cdot\text{s} = 55\text{kW}\cdot\text{h}$$

即等于 55kW · h 电能(约等值于 4kg 的汽油)。每平方公里每年(雷暴日为 40)约落雷 0.6 次，所以每平方公里每年获得的雷电能量为

$$W = 55\times0.6 = 33(\text{kW}\cdot\text{h})$$

而每平方公里长年平均功率不到 4W，不足以点亮一个灯泡，其所能制造的化肥量也微乎其微。这对想利用雷电作为能源的人是一个很好的提醒。

但雷电主放电的瞬时功率 P 却是极大的，例如，以 $I = 50\text{kA}$ 计，弧道压降以 $E = 6\text{kV/m}$ 计，雷云以 1000m 高度计，则主放电功率 P 可达

$$P = 50\times6\times1000 = 300000(\text{MW})$$

它比一个电站的功率还要大。

以上所述的都是线状雷电。有时在云层中能见到片状雷电。个别情况下会出现球状雷电，后者是在闪电时由空气分子电离及形成各种活泼化合物而形成的火球，直径约 20cm，个别也有达 10m 的，它随风滚动，存在时间为 3～5s，个别可达几分钟，速度约为 2m/s。最后会自动或遇到障碍物时发生爆炸。世界上最早的球雷记录见我国的《周书》，它记下了公元前 1068 年一次袭击周武王住房的球雷。我国福建古田 1964 年 7 月一个晴天曾发生过一次特大型球雷，波及数里外三十多户人家，伤亡多人。这种特大型球雷可能是太阳爆发抛出的带电高温等离子体进入大气后与大气互相作用造成的。防球雷的办法是关上门窗，或至少不形成穿堂风，以免球雷随风进入屋内。

3.2 雷 电 参 数

3.2.1 雷电通道波阻

在防雷设计中，人们对如图 3-3 所示的主放电通道的波阻、雷电流波形和最大陡度以及每年每平方公里对地落雷次数特别关心。

在主放电时，雷电通道每米的电容及电感可分别按式(3-1)和式(3-2)估算：

$$C_0 = \frac{2\pi\varepsilon_0}{\ln\left(\frac{l}{r_y}\right)} \quad (\mathrm{F/m}) \tag{3-1}$$

$$L_0 = \frac{\mu_0}{2\pi}\ln\frac{l}{r} \quad (\mathrm{H/m}) \tag{3-2}$$

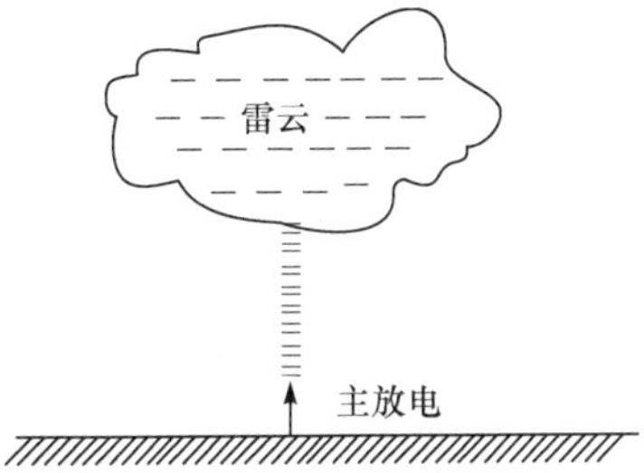

图 3-3　雷电主放电

式中，$\varepsilon_0 = 8.86\times10^{-12}$ 为空气的介电常数；$\mu_0 = 4\pi\times10^{-7}$ 为空气的磁导率；l 为主放电的长度(m)；r_y 为主放电通道的电晕半径(m)；r 为主放电电流的高导通道半径(m)。

取 $l = 300\mathrm{m}$，$r_y = 6\mathrm{m}$，$r = 0.03\mathrm{m}$，可求出 $C_0 = 14.2\mathrm{pF/m}$，$L_0 = 1.84\mu\mathrm{H/m}$，从而可以算出雷电通道波阻 Z_0 为

$$Z_0 = \sqrt{\frac{L_0}{C_0}} = 359\,\Omega$$

而波速 v 为

$$v = \frac{1}{\sqrt{L_0 C_0}} = 0.65c \quad (c\ 为光速)$$

实际的主放电速度为 $\left(\frac{1}{20}\sim\frac{1}{2}\right)c$。之所以比上式低，是通道中存在较大电阻的缘故。

以后，可以把雷电主放电过程看作一个沿波阻为 Z_0 的通道流动的波过程，该流动波的电流幅值如为 $\frac{1}{2}I$，则相应的电压幅值必为 $\frac{1}{2}IZ_0$。在雷击点实际测到的电流值显然与雷击

点的电阻 R 有关。当 $R=Z_0$ 时，测得的电流即为 $\frac{1}{2}I$ ，但 $R << Z_0$ 时，测得的电流将为 $2\times\frac{1}{2}I=I$ ，在实际测雷中，一般满足后一条件($R \ll Z_0$)，即测得的雷电流幅值 I 恰是沿通道 Z_0 袭来的流动电流波幅值的两倍，此点应特别加以注意。以后称 I 为雷电流幅值。

3.2.2 雷暴日与雷暴小时

雷电流幅值与雷云中电荷多少有关，显然是个随机变量，它又与雷电活动的频繁程度有关，常采用雷暴日表征。在一天内只要听到雷声就记为一个雷暴日。类似也可用雷暴小时来表征雷电活动频度。

我国各地雷暴日的多少和纬度及距海洋的远近有关。广东的海南岛及雷州半岛雷电活动频繁而强烈，平均年雷暴日高达 100～133。北回归线(北纬 23.5°)以南一般在 80 以上(但台湾省只有 30 左右)，北纬 23.5°到长江一带为 40～80，长江以北大部地区(包括东北)多在 20～40。西北多在 20 以下。西藏沿雅鲁藏布江一带达 50～80。我国把年平均雷暴日不超过 15 的称为少雷区，超过 40 的称为多雷区，超过 90 的称为强雷区。在防雷设计上，要根据雷暴日的多少因地制宜。

3.2.3 地面落雷密度

雷暴日与雷暴小时仅表示某一地区雷电活动的强弱，未区分雷云间放电还是雷云对地放电，实际上云间放电多于云地放电，而只有云地放电才会危及设备人员安全。所以还需要一个表征云-地放电频度的参数，用地面落雷密度 γ 来表示，即每平方公里每雷暴日的对地落雷次数，我国根据实测结果，取

$$\gamma = 0.015 \tag{3-3}$$

国外根据雷闪计数器的测量结果，常用

$$\gamma = aT^b \tag{3-4}$$

式中，T 为当地年平均雷暴日数，一般取 $a = 0.023$，$b = 0.31$；而欧洲取 $b = 0.61$。

由于线路及建筑物高出地面，有引雷作用，根据模拟试验及运行经验，高度在 20m 左右的线路及建筑物每侧的吸雷宽度可取为 $5h$(h 为线路及建筑物高度(m))。由此可以求得线路每年每百公里一般高度线路的雷击次数为

$$N = \gamma \times \frac{10h}{1000} \times 100 \times T \tag{3-5}$$

若 $T = 40$，将 $\gamma = 0.015$ 代入，得每年每百公里雷击次数为

$$N = 0.6h \tag{3-6}$$

对更高的建筑物来说，它对下行雷的吸引半径 R 为

$$R = 16.3h^{0.61} \quad \text{(m)} \tag{3-7}$$

而对平均高度大于 20m 的线路来说，每年每百公里雷击次数为

$$N = \gamma \times \frac{2R + W}{1000} \times 100 \times T = 0.1\gamma T(2R + W) \tag{3-8}$$

式中，W 为双避雷线间的宽度(m)。实际运算中，若 W 比 $2R$ 小得多，也可将 W 忽略。

3.2.4 雷电流

雷电流是指雷直击于地面引雷物体时泄入大地的电流。通常是在高塔或高建筑物上以及避雷针或输电线路杆塔基座处直接测量雷电流，而近年来的雷电定位技术利用雷电波产生的空间磁场来测量雷电流。雷电流的基本参数包括雷电流的幅值、波形、陡度和极性。

雷电活动频繁程度影响雷电流的幅值，我国根据年雷暴日在20～40的地区实测数据，得出雷电流幅值概率表达式为

$$\lg P = -\frac{1}{88}I \tag{3-9}$$

式中，P为雷电流超过I(kA)的概率。例如，当$I = 100$kA时，可求得$P = 11.9\%$，即每100次雷电大约平均有12次雷电流幅值超过100kA。

我国年平均雷暴日在20及以下的地区，即除陕南以外的西北地区及内蒙古自治区的部分地区，雷电流幅值的概率可用下式表示：

$$\lg P = -\frac{1}{44}I \tag{3-10}$$

雷电流幅值与海拔及土壤电阻率ρ的大小相关性很小，相关系数$|r| < 0.1$。

雷电流的幅值随各国气象条件相差很大，但各国测得的雷电流波形却是基本一致的。波长τ值在40μs左右。波头τ_t值为1～4μs，其变化不大，平均在2.6μs左右。既然波头长度变化不大，雷电流的波头陡度最大值(简称陡度)必然是和雷电流幅值密切相关的。我国规定取波头$\tau_t = 2.6\mu\text{s}$，雷电流的平均上升陡度$\frac{\mathrm{d}i}{\mathrm{d}t}$为

$$\frac{\mathrm{d}i}{\mathrm{d}t} = \frac{1}{2.6}I \quad (\text{kA}/\mu\text{s}) \tag{3-11}$$

在线路防雷设计中，雷电流波形一般可取斜角的雷电波头以简化计算。而在设计特殊高塔时，可取半余弦波头，使之更接近于实际，此时在波头范围内雷电流可表示为

$$i = \frac{I}{2}(1 - \cos\omega t) \tag{3-12}$$

式中，$\omega = \frac{\pi}{\tau_t} = \frac{\pi}{2.6} = 1.2$。不难证明，半余弦波头的最大陡度出现在$t = \frac{1}{2}\tau_t$处，其值等于平均陡度的$\frac{\pi}{2}$倍。

3.2.5 雷电放电的计算模型

当雷云中的电荷积累到一定程度时，就会产生自雷云开始向大地发展的流注和先导放电，这个放电通道可以看作一个线电荷密度为σ的导体，主放电开始则电荷以速度v向下运动，若大地为理想导体(土壤电阻率为0)，则流经主放电通道的电流(即流入大地的电流)为$i_0 = \sigma v$，其极性与雷云的极性相同。雷击地面时雷电波的运动过程如图3-4(a)所示，由于雷电波速度极快，因此雷击地面物体可按分布参数处理，根据等值集中参数定理，其电压源和电流源计算等效电路如图3-4(b)所示，电压源$u_0 = i_0 Z_0$。

主放电电流 $i_0 = \sigma v$ 流过阻抗 Z 的地面落雷物体时，A 点的电位将提高，被击物上产生的电压和流过该物体的电流分别为

$$u = \frac{2u_0 Z}{Z_0 + Z} \tag{3-13}$$

$$i = \frac{2i_0 Z_0}{Z_0 + Z} \tag{3-14}$$

实际上，先导通道中的电荷密度 σ 和主放电发展速度 v 是很难测定的，但主放电开始后流过 Z 的电流 i 的值却不难测得，这一地面引雷物体上通过的电流称为雷电流 i_L 。通常地面引雷物体的阻抗 $Z \ll Z_0$ ，根据式(3-14)， $i_L \approx 2i_0$ ，即雷电流为沿雷电通道传播而来的雷电流波的 2 倍。

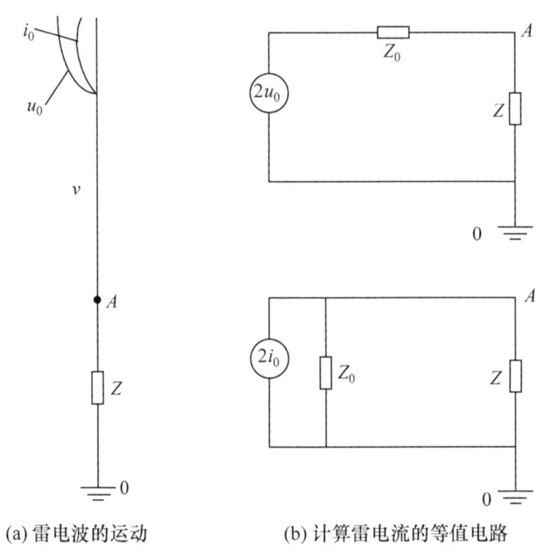

(a) 雷电波的运动　　(b) 计算雷电流的等值电路

图 3-4　雷电波的运动和计算雷电流的等值电路

3.3　避雷针、避雷线的保护范围

为了防止设备免受直接雷击，通常采用避雷针或避雷线进行保护。其保护原理是避雷针(线)高于被保护物，可将雷电吸引到自身并安全地将雷电流引入大地，从而保护了设备。

在雷电先导的初始发展阶段，因先导离地面较高，故先导发展的方向不受地面物体的影响，但当先导发展到某一高度时，地面上的避雷针(线)将会影响先导的发展方向，使先导向避雷针(线)定向发展，这是因为针(线)较高并具有良好的接地，在针(线)上因静电感应而积聚了与先导极性相反的电荷使其附近的电场强度显著增强，此时先导放电电场即开始被针所畸变，将先导放电的途径引向针(线)本身，随着先导定向向针(线)发展，针(线)上的电场强度又将大大增加，而产生自针(线)向上发展的迎面先导，更增强了针(线)的引雷作用。

避雷针一般用于保护发电厂和变电所，可根据不同情况或装设在配电构架上，或独立架设。避雷线主要用于保护线路，也可用于保护发、变电所。

避雷针由接闪器、接地体和引下线三部分组成。它的保护范围可以用模拟试验和运行经验来确定，由于雷电的路径受很多偶然因素的影响，因此要保证被保护物绝对不受直接雷击是不现实的，一般地，保护范围是对具有 0.1%左右雷击概率的空间范围而言，实践证明，此雷击概率是可以接受的。

3.3.1 避雷针的保护范围

1. 单支避雷针

单支避雷针的保护范围如图 3-5 所示，设针高为 h (m)，被保护物体高度为 h_x (m)，则水平面上的保护范围的半径 r_x (m)可按式(3-15)计算。

$$\begin{cases} 当h_x \geqslant \dfrac{h}{2}时，\ r_x = \left(h - h_x\right)p \\ 当h_x < \dfrac{h}{2}时，\ r_x = \left(1.5h - 2h_x\right)p \end{cases} \tag{3-15}$$

式中，p 为高度影响系数。当 $h \leqslant 30\text{m}$ 时，$p=1$；当 $30 < h \leqslant 120\text{m}$ 时，$p=\dfrac{5.5}{\sqrt{h}}$；当 $h \geqslant 120\text{m}$ 时，取 p 值等于 120m。

若设备位于此保护范围内，则此设备受雷击的概率将小于 0.1%。

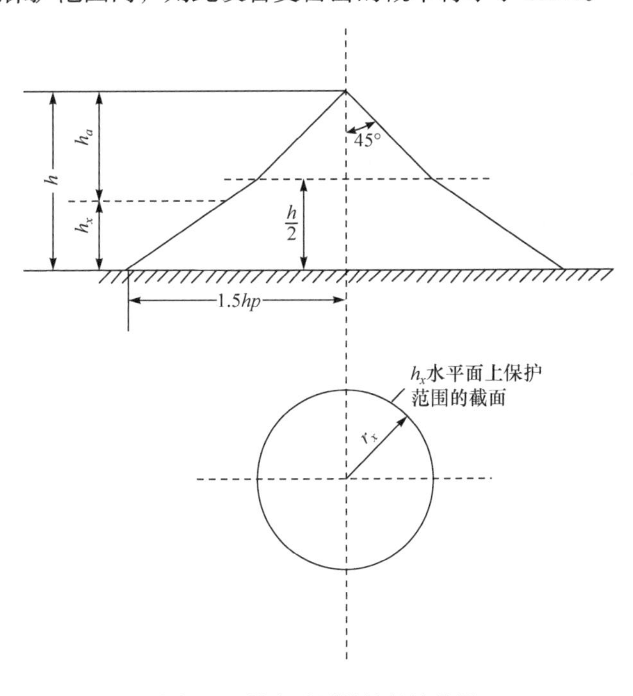

图 3-5 单支避雷针的保护范围

2. 双支等高避雷针

双支等高避雷针的保护范围见图 3-6，两针外侧的保护范围可按单针计算方法确定，两针间的保护范围应按通过两针顶点及保护范围上部边缘最低点 o 的圆弧来确定，o 点的高度 h_0 按下式计算：

$$h_o = h - \frac{D}{7p}$$

式中，D 为两针间的距离(m)；p 同前。

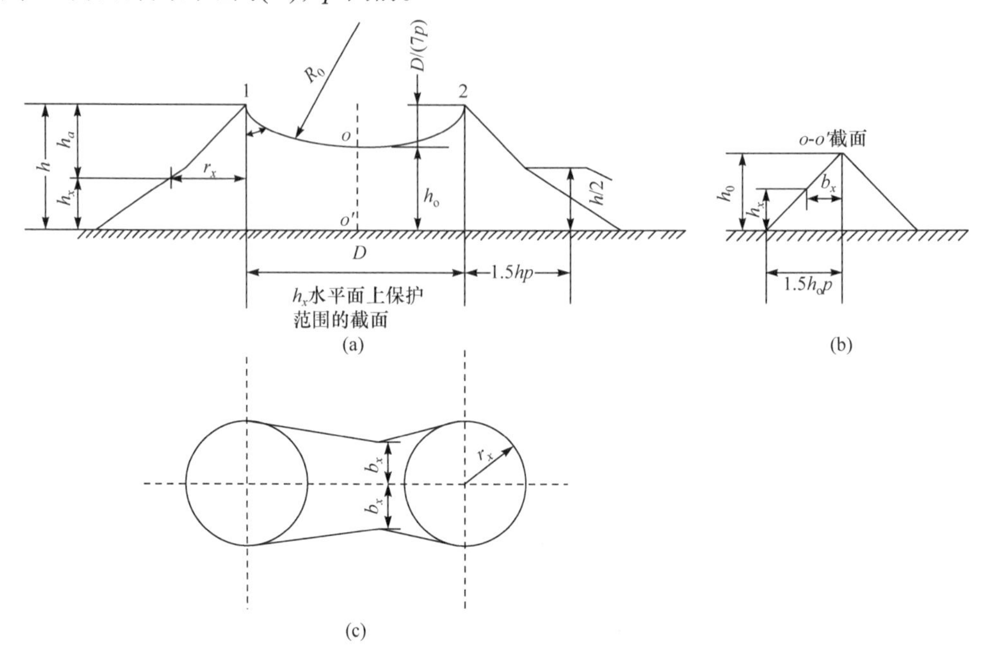

图 3-6　高度为 h 的两等高避雷针 1 及 2 的保护范围

两针间高度为 h_x 的水平面上的保护范围的截面见图 3-6(b)，在 $o-o'$ 截面中高度为 h_x 的水平面上保护范围的一侧宽度 b_x 可按式(3-16)计算，见图 3-6(c)。

$$b_x = 1.5(h_o - h_x) \tag{3-16}$$

一般两针间的距离与针高之比 D/h 不宜大于 5。

3. 两支不等高避雷针

两支不等高避雷针的保护范围按下法确定，见图 3-7， 两针内侧的保护范围先按单针作出高针 1 的保护范围，然后经过较低针 2 的顶点作水平线与之交于点 3，再设点 3 为一个假想针的顶点，作出两等高针 2 和 3 的保护范围，图中 $f = \frac{D'}{7p}$，两针外侧的保护范围仍按单针计算。

4. 多支等高避雷针

多支等高避雷针的保护范围按下法确定，三支等高避雷针的保护范围见图 3-8(a)，三针所形成的三角形 1、2、3 的外侧保护范围分别按两支等高针的计算方法确定，如在三角形内被保护物最大高度 h_x 的水平面上，各相邻避雷针间保护范围一侧最小宽度 $b_x \geqslant 0$ 时，则三针组成的三角形内部就可受到保护。四支及以上等高避雷针，可先将其分成两个或几个三角形，然后按三支等高针的方法计算，见图 3-8(b)。

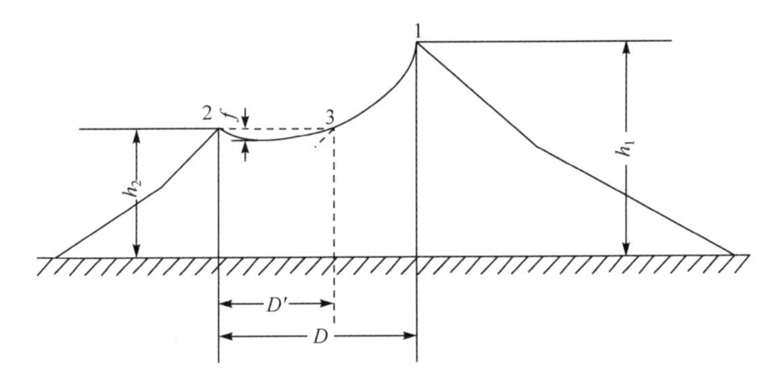

图 3-7　两支不等高避雷针 1 及 2 的保护范围

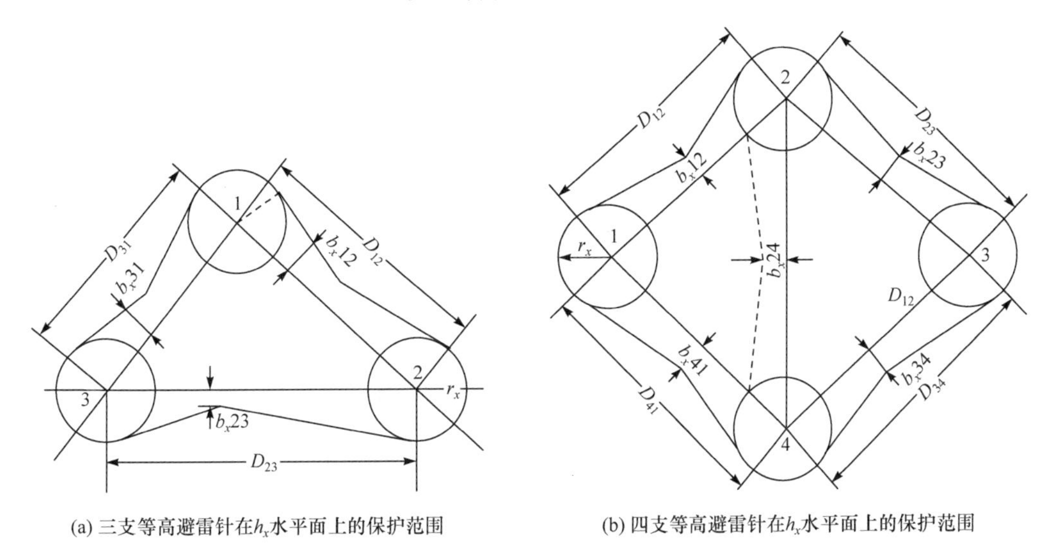

图 3-8　三支和四支等高避雷针的保护范围

3.3.2　避雷线的保护范围

避雷线又称架空地线，单根避雷线的保护范围见图 3-9，可按式(3-17)计算：

$$\begin{cases} 当 h_x \geqslant \dfrac{h}{2} 时，\ r_x = 0.47\left(h - h_x\right)p \\ 当 h_x < \dfrac{h}{2} 时，\ r_x = \left(h - 1.53h_x\right)p \end{cases} \tag{3-17}$$

式中，系数 p 同前。

两根等高平行避雷线的保护范围按如下方法确定，见图 3-10。两线外侧的保护范围应按单线计算，两线横截面的保护范围可以通过两线 1、2 点及保护范围上部边缘最低点 o 的圆弧所确定，o 点的高度应按式(3-18)计算：

$$h_o = h - \frac{D}{4p} \tag{3-18}$$

式中，D 为两线间距离(m)。

两不等高避雷线的保护范围可按两不等高避雷针的保护范围的确定原则求得。

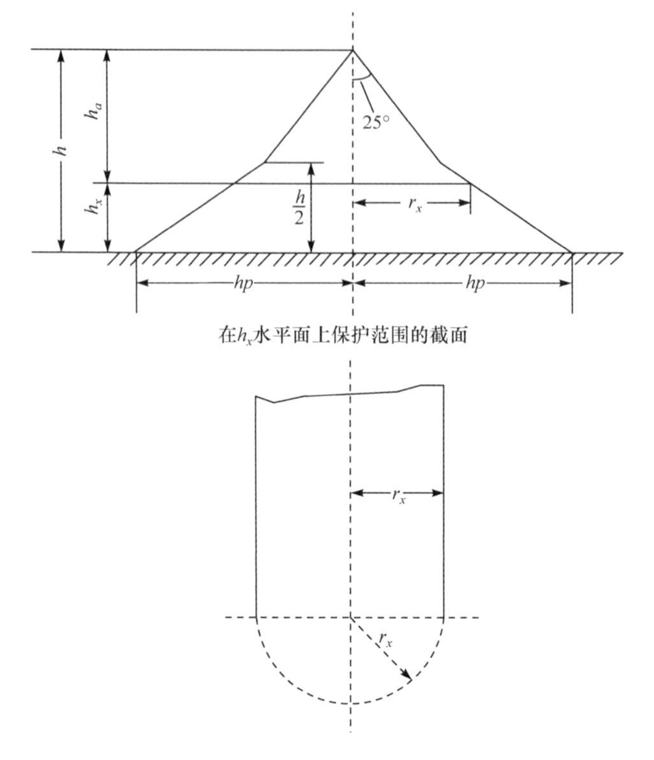

图 3-9　单根避雷线的保护范围

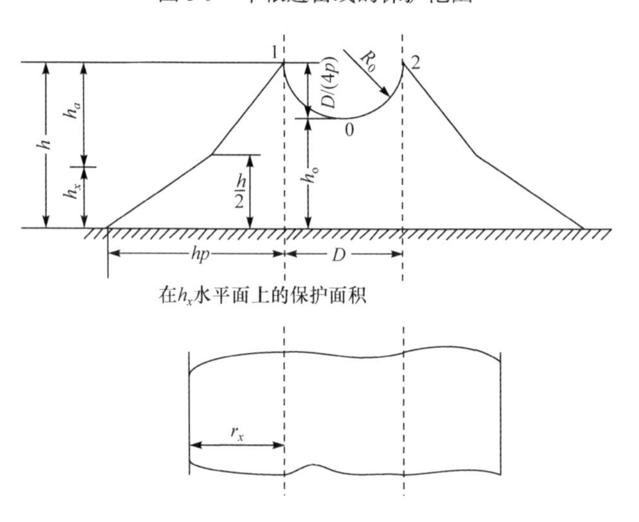

图 3-10　两平行避雷线 1 及 2 的保护范围

3.4　避　雷　器

避雷器的作用是限制过电压以保护电气设备。避雷器的类型主要有保护间隙、管型避雷器、阀型避雷器和氧化锌避雷器等几种。保护间隙和管型避雷器主要用于限制大气过电压，一般用于配电系统、线路和发、变电所进线段的保护。阀型避雷器用于变电所和发电厂的保护，在 220kV 及以下系统主要用于限制大气过电压，在超高压系统中还将用来限制内部过电压或作为内部过电压的后备保护。

阀型避雷器及氧化锌避雷器的保护性能对变压器或其他电气设备的绝缘水平的确定有着直接的影响，因此改善它们的保护性能具有很重要的经济意义。

3.4.1 保护间隙与管型避雷器

保护间隙由两个间隙(即主间隙和辅助间隙)组成，常用的角型间隙及其与保护设备相并联的接线如图 3-11 所示。为使被保护设备得到可靠保护，间隙的伏秒特性上限应低于被保护设备绝缘的冲击放电伏秒特性的下限并有一定的安全裕度，当雷电波入侵时，间隙先击穿，工作母线接地，避免了被保护设备上的电压升高，从而保护了设备。过电压消失后，间隙中仍有由工作电压所产生的工频电弧电流(称为续流)，此电流是间隙安装处的短路电流，由于间隙的熄弧能力较差，往往不能自行熄灭，将引起断路器的跳闸，这样，虽然保护间隙限制了过电压，保护了设备，但将造成线路跳闸事故，这是保护间隙的主要缺点。为此可将间隙配合自动重合闸使用。

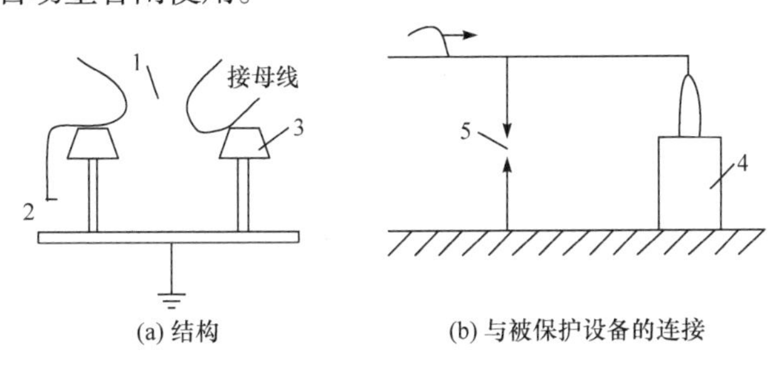

图 3-11 角型保护间隙及其与被保护设备的连接

1-主间隙；2-辅助间隙；3-瓷瓶；4-被保护设备；5-保护间隙

管型避雷器实质上是一种具有较高熄弧能力的保护间隙，其原理结构如图 3-12 所示。它有两个相互串联的间隙，一个在大气中称为外间隙 S_2，其作用是隔离工作电压避免产气管被流经管子的工频泄漏电流所烧坏；另一个间隙 S_1 装在管内，称为内间隙或灭弧间隙，其电极一个为棒形电极 2，另一个为环形电极 3。管由纤维、塑料或橡胶等产气材料制成。雷击时内外间隙同时击穿，雷电流经间隙流入大地；过电压消失后，内外间隙的击穿状态将由导线上的工作电压所维持，此时流经间隙的工频电弧电流为工频续流，其值为管型避雷器安装处的短路电流，工频续流电弧的高温使管内产气材料分解出大量气体，管内压力升高，气体在高压力作用下由环形电极的开口孔喷出，形成强烈的纵吹作用，从而使工频续流在第一次经过零值时就被熄灭。管型避雷器的熄弧能力与工频续流大小有关，续流太大产气过多，管内气压太高会造成管子炸裂；续流太小产气过少，管内气压太低不足以熄弧，故管型避雷器熄灭工频续流有上下限的规定，通常在型号中表明，例如，国产管型避雷器 GXS 型可用 $\mathrm{GXS}\dfrac{u_e}{I_{\min}-I_{\max}}$ 表示，分子为额定电压，分母为熄弧电流上下限(有效值)范围。

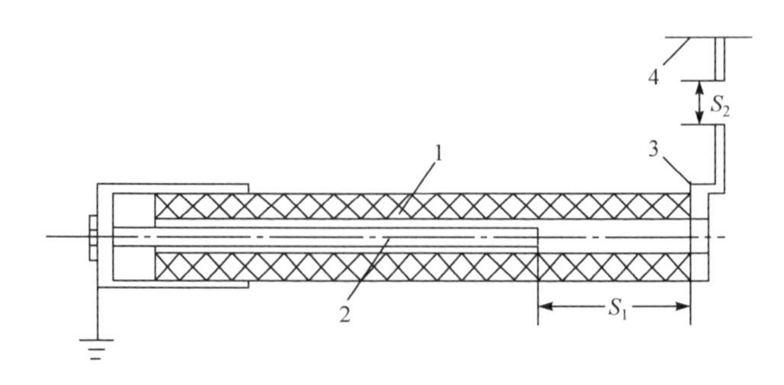

图 3-12　管型避雷器

1-产气管；2-棒形电极；3-环形电极；4-工作母线；S_1-内间隙；S_2-外间隙

管型避雷器的熄弧能力还与管子材料、内径和内间隙大小有关。使用时必须核算安装处在各种运行情况下短路电流的最大值与最小值，管型避雷器的熄弧电流上下限应分别大于和小于短路电流的最大值和最小值。

管型避雷器的主要缺点如下：

(1) 伏秒特性较陡且放电分散性较大，而一般变压器和其他设备绝缘的冲击放电伏秒特性较平，二者不能很好地配合。

(2) 管型避雷器动作后工作母线直接接地形成截波，对变压器纵绝缘不利(保护间隙也有上述缺点)。

此外，其放电特性受大气条件影响较大，因此，管型避雷器目前只用于线路保护(如大跨越和交叉档距以及发、变电所的进线保护)。

3.4.2　阀型避雷器

阀型避雷器的基本元件为间隙和非线性电阻，间隙与非线性电阻元件(又称阀片)相串联如图 3-13 所示，间隙放电的伏秒特性低于被保护设备的冲击耐压强度，阀片的电阻值与流过的电流有关，具有非线性特性，电流越大，电阻越小。阀型避雷器的基本工作原理如下：在电力系统正常工作时，间隙将电阻阀片与工作母线隔离，以免由母线的工作电压在电阻阀片中产生的电流使阀片烧坏。当系统中出现过电压且其幅值超过间隙放电电压时，间隙击穿，冲击电流通过阀片流入大地，由于阀片的非线性特性，在阀片上产生的压降(称为残压)将得到限制，使其低于被保护设备的冲击耐压，设备就得到了保护。当过电压消失后，间隙中由工作电压产生的工频电弧电流(称为工频续流)仍将继续流过避雷器，此续流受阀片电阻的非线性特性所限制，使间隙能在工频续流第一次经过零值时就将电弧切断。以后，就依靠间隙的绝缘强度能够耐受电网恢复电压的作用而不会发生重燃。这样，避雷器从间隙击穿到工频续流的切断不超过半个工频周期，继电保护来不及动作系统就已恢复正常。

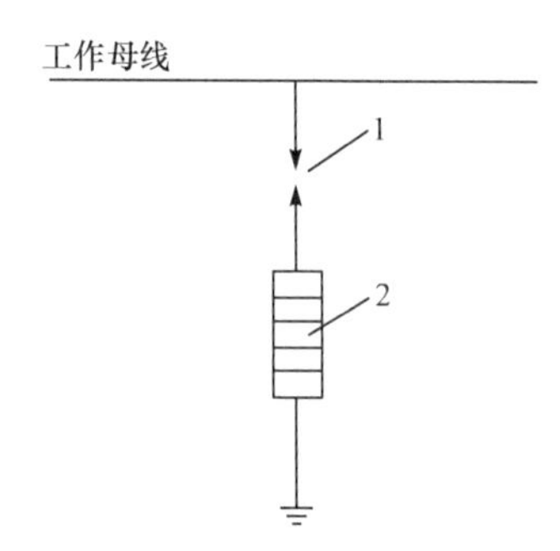

图 3-13　阀型避雷器原理结构图

1-间隙；2-电阻阀片

阀型避雷器分为普通型和磁吹型两类，普通型的熄弧完全依靠间隙的自然熄弧能力，没有采取强迫熄弧的措施；其阀片的热容量有限，不能承受较长持续时间的内部过电压导致的冲击电流的作用，因此此类避雷器通常不允许在内部过电压下动作，目前只使用于220kV及以下系统作为限制大气过电压用。

磁吹型利用磁吹电弧来强迫熄弧，其单个间隙的熄弧能力较强，能在较高恢复电压下切断较大的工频续流，故串联的间隙和阀片的数目都较少，因而其冲击放电电压和残压较低，保护性能较好。同时，若此类避雷器阀片的热容量较大，允许通过内部过电压。

1. 火花间隙

(1) 非磁吹火花间隙。普通型避雷器的火花由许多如图3-14所示的单个间隙串联而成，单个间隙的电极由黄铜板冲压而成，两电极极间以云母垫圈隔开形成间隙，间隙距离为0.5～1.0mm,由于间隙电场近似均匀电场，同时，过电压作用时云母垫圈与电极之间的空气缝隙中发生电晕，对间隙产生照射作用，从而缩短了间隙的放电时间，故其伏秒特性很平且分散性较小，单个间隙的工频放电电压为2.7～3.0kV(有效值)，其冲击系数为1.1左右。避雷器动作后，工频续流电弧被许多单个间隙分割成许多短弧，利用短间隙的自然熄弧能力使电弧熄灭。实践证实，在没有热电子发射时，单个间隙的初始恢复强度可达250V左右，间隙绝缘强度恢复的快慢与工频续流的大小有关，我国生产的FS和FZ型避雷器，当工频续流分别不大于50A和80A(峰值)时，能够在续流第一次过零时使电弧熄灭。

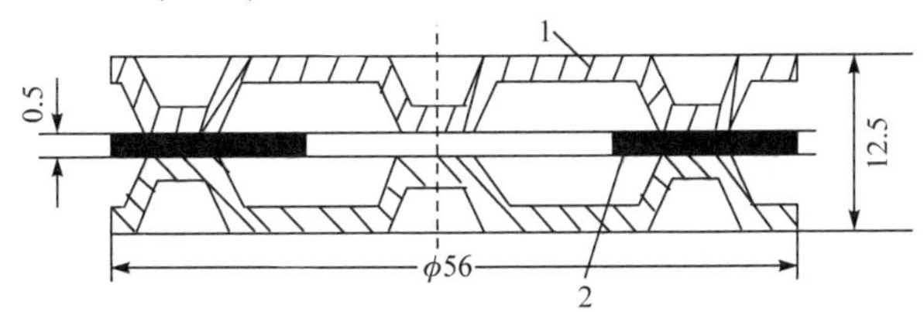

图3-14　单个火花间隙

1-黄铜电极；2-云母垫圈

(2) 磁吹火花间隙。与普通型避雷器相仿，磁吹避雷器中火花间隙也是由许多单个间隙串联而成的。利用磁场使电弧产生运动(如旋转或拉长)来加强去游离以提高间隙的灭孤能力。磁吹间隙种类繁多，我国目前生产的主要是限流式间隙，又称拉长电弧型间隙，其单个间隙的基本结构如图3-15所示，间隙由一对角状电极组成，磁场是轴向的，工频续流被轴向磁场拉入灭弧栅中，如图3-15中虚线所示，其电弧的最终长度可达起始长度的数十倍，灭弧盒由陶瓷或云母玻璃制成，电弧在灭弧栅中受到强烈去游离而熄灭，由于电弧形成后很快就被拉到远离击穿点的位置，故间隙绝缘强度恢复很快，熄弧能力很强，可切断450A左右的续流。

此外，由于电弧被拉得很长且处于去游离很强的灭弧栅中，所以电弧电阻很大，可以起到限制续流的作用，因而称为限流间隙，这样，采用限流间隙后就可以适当减少阀片数目，使避雷器残压得到降低。

磁场是由与间隙相串联的线圈所产生的，其原理接线见图 3-16。考虑到过电压作用下放电电流通过磁吹线圈时将在线圈上产生很大压降，使避雷器的保护性能变坏，为此在磁吹线圈两端装设一个辅助间隙，在冲击过电压作用下，主间隙被击穿，放电电流经过磁吹线圈，线圈两端的压降将辅助间隙击穿，放电电流遂经过辅助间隙、主间隙和电阻阀片而

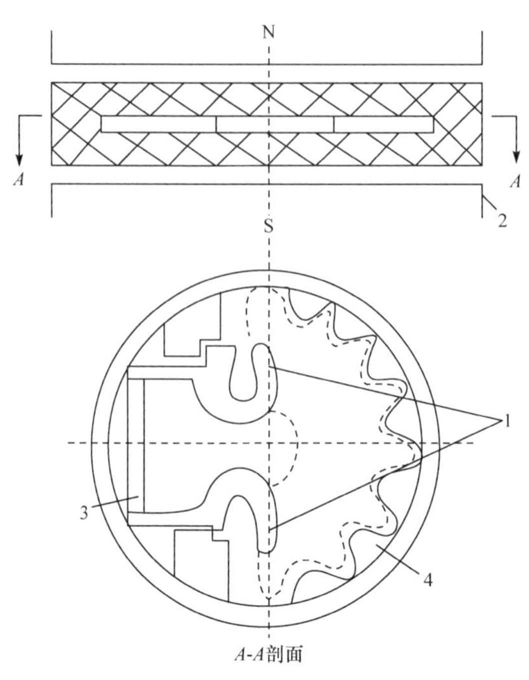

图 3-15　限流式磁吹间隙

1-角状电极；2-灭弧盒；3-并联电阻；4-灭弧栅

流入大地，使避雷器的压降不致增大，当工频续流通过时，辅助间隙中电弧的压降将大于续流在线圈中产生的压降，故辅助间隙中电弧自动熄灭，工频续流也就很快转入磁吹线圈中，产生磁场吹弧作用。

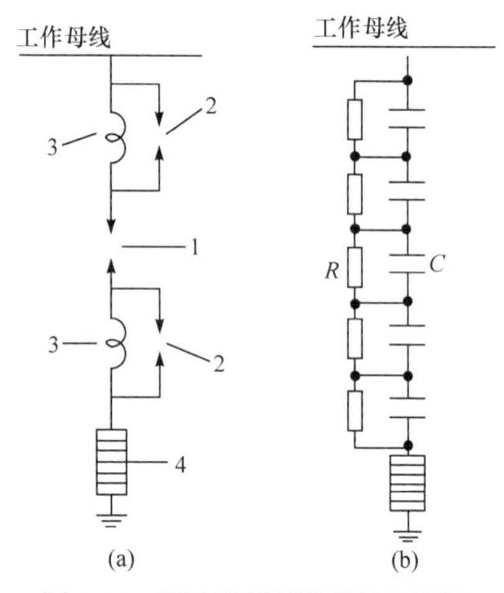

图 3-16　磁吹避雷器的结构原理图

1-主间隙；2-辅助间隙；3-磁吹线圈

C-间隙电容；R-并联电阻

(3) 间隙并联电阻。如前所述，阀型避雷器的间隙是由许多单个间隙串联而成的，多间隙串联后间隙电容将形成一条等值电容链，由于间隙各电极对地和对高压端有寄生电容存在，故电压在间隙上的分布是不均匀的，并且瓷套表面状况对此也有影响，例如，淋雨或湿污秽而使外瓷套上的电压分布改变时，间隙上的电压分布也就随之改变，这样，避雷器动作后每个单个间隙上的恢复电压的分布既不均匀也不稳定，从而降低了避雷器的熄弧能力，其工频放电电压也将下降和显得不稳定。为了解决这个问题，可在每个间隙上并联一个分路电阻如图 3-16(b)所示。实际上 FZ 型是每四个间隙组成一组，每组并联一个分路电阻如图 3-17 所示。在工频电压和恢复电压作用下，间隙电容的阻抗很大，而分路电阻阻值较小，故间隙上的电压分布将主要由分路电阻决定，因分路电阻阻值相等，故间隙上电压分布均匀，从而提高了熄弧电压和工频放电电压。在冲击电压作用下，由于冲击电压的等值频率很高，间隙电容的阻抗小于分路电阻，间隙上的电压分布主要取决于电容分布，由于间隙对地和对瓷套寄生电容的存在，电压分布很不均匀，因此其冲击放电电压较低，冲击系数一般为 1 左右，甚至小于 1。

采用分路电阻均压后，在工作电压作用下，分路电阻中将长期有电流流过，因此，分路电阻必须有足够的热容量，通常采用非线性电阻。

2. 电阻阀片

电阻阀片的主要作用是限制工频续流，使间隙能在续流第一次过零时即将电弧熄灭，为了限制续流希望电阻取大一些，但电阻大了以后，冲击电流流过电阻阀片时产生的残压也大，为了降低残压又要求将电阻取小一些，这样，要同时满足这两个彼此相互矛盾的要求，必须采用非线性电阻，使阀片的电阻值能随流过的电流大小而变，其伏安特性见图 3-18，可用式(3-19)表示：

$$u = C \cdot i^{\alpha} \tag{3-19}$$

式中，C 为取决于材料的常数；α 称为非线性系数，普通型阀片的 α 一般在 0.2 左右，α 越小，说明阀片的非线性程度越高，性能越好。

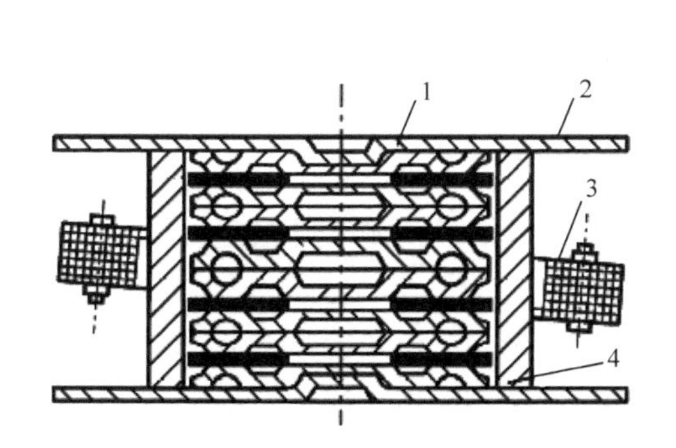

图 3-17 标准火花间隙组(普通阀型避雷器)

1-单个间隙；2-黄铜盖板；3-半环形分路电阻；4-瓷套筒

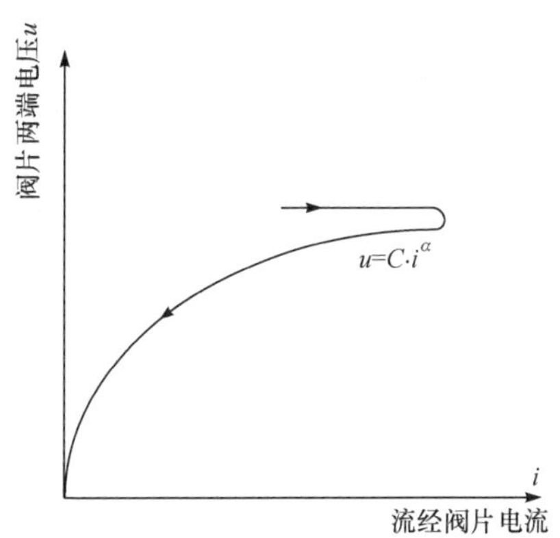

图 3-18 阀片的伏安特性

此类非线性电阻阀片由金刚砂(SiC)和结合剂烧结而成，呈圆盘状，其直径为 55～105mm。目前我国生产的阀片分为两大类，一类是普通型用的低温下焙烧的阀片，另一类是磁吹型用的高温下焙烧的阀片，前者非线性系数低(约为 0.2)，但通流容量小，后者非线性系数高(约为 0.24)，但通流容量大。

根据我国实测统计，在满足规程规定的 35～220kV 的变电所中，流经阀型避雷器的雷电流超过 5kA 的概率是非常小的。因此我国对 35～220kV 的阀型避雷器以 5kA(其波形为 20/40μs)作为设计依据，此类电网的电气设备的绝缘水平也以避雷器 5kA 的残压作为绝缘配合的依据，对 330kV 及更高的电网，由于线路绝缘水平较高，入侵雷电波的幅值也高，故流过避雷器的雷电流较大，我国规定取 10kA 作为计算标准。

普通型有 FS 和 FZ 两种型号，FS 型适用于配电系统，FZ 型适用于变电所。FZ 型由一些结构和性能都已标准化的单件所组成，这些单件分别适用于 3kV、6kV、10kV、15kV、

20kV 和 30kV 额定电压，由它们的组合，可以适用于各种电压等级；如 FZ-110J(适用于 110kV 中性点接地系统)就是由四个 FZ-30 串联而成的。图 3-19 为 FS_3-10 型避雷器结构图。

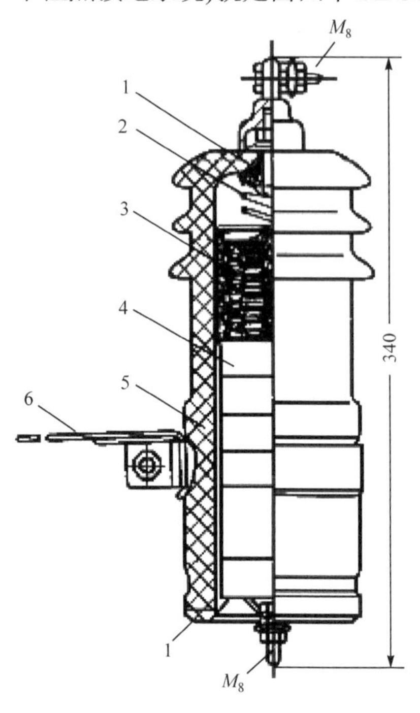

图 3-19 FS_3-10 型避雷器的剖面图

1-密封橡皮；2-压紧弹簧；3-间隙；4-阀片；5-瓷套；6-安装卡子

磁吹型主要有 FCZ 电站型和保护旋转电机用的 FCD 型两种。

选用避雷器时，应使避雷器的额定电压与安装该避雷器的电力系统的电压等级相同；并且应使避雷器的灭弧电压大于其安装处工作母线上可能出现的最高工频电压。避雷器的灭弧电压指的是保证避雷器能够在工频续流第一次经过零值时灭弧的条件下允许加在避雷器上的最高工频电压。若避雷器动作时系统处于正常运行状态，则避雷器将在正常相电压下灭弧；若避雷器动作时系统内同时有不对称短路，则加在健全相避雷器上的恢复电压将有可能高于相电压，此时避雷器就必须在高于相电压的情况下灭弧。根据分析，在中性点直接接地的电网中，不对称短路时健全相上的电压可达系统最大工作线电压的 80%，而中性点不接地(包括经消弧线圈接地)的电网中，不对称短路时健全相上的电压可达系统最大工作线电压的 100%～110%，因此，对 35kV 及以下的避雷器，其灭弧电压规定为系统最大工作线电压的 100%～110%，而 110kV 及以上中性点接地系统的避雷器，其灭弧电压规定为系统最大工作线电压的 80%。

避雷器的保护性能一般以保护比 (= 残压 / 灭弧电压) 来说明，保护比越小，说明残压越低或灭弧电压越高，则避雷器的保护性能越好，FS 和 FZ 系列的保护比约为 2.5 和 2.3，FCZ 系列为 1.7～1.8。

3.4.3 氧化锌避雷器

20 世纪 70 年代初期出现了氧化锌(ZnO)避雷器，其阀片以氧化锌为主要材料，附以少量精选过的金属氧化物，在高温下烧结而成。氧化锌阀片具有很理想的非线性伏安特性，图 3-20 是 SiC 避雷器与 ZnO 避雷器以及理想避雷器的伏安特性曲线。图中假定 ZnO、SiC 电阻阀片在 10kA 电流下的残压相同，但在额定电压(或灭弧电压)下 ZnO 曲线所对应的电流一般在 10^{-5}A 以下，可近似认为其续流为零，而 SiC 曲线所对应的续流却是 100A 左右，也就是说，在工作电压下氧化锌阀片实际上相当于一个绝缘体。

ZnO 避雷器的伏安特性如图 3-21 所示，可分为小电流区、非线性区和饱和区。在 1mA 以下的区域为小电流区，非线性系数 α 较高，为 0.2 左右；电流在 1mA～3kA 范围内，通常为非线性区，其 α 值为 0.02～0.05；电流大于 3kA 一般进入饱和区，随电压的增加电流增长不快。

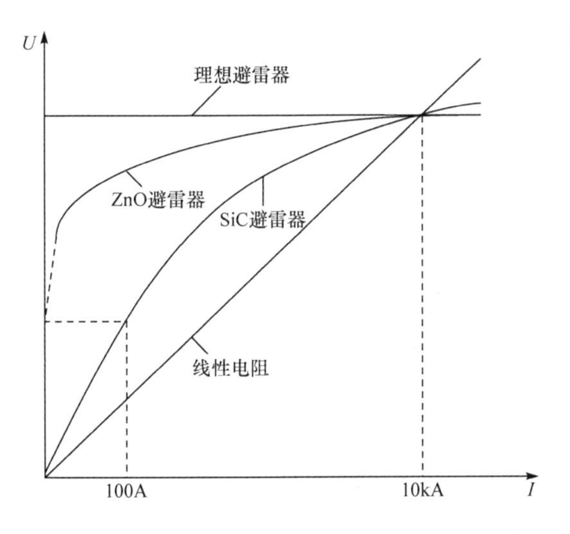

图 3-20　ZnO、SiC 和理想避雷器伏安特性的比较

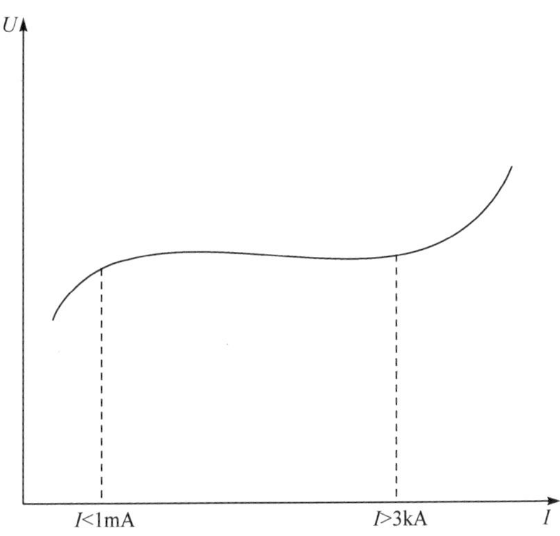

图 3-21　ZnO 避雷器的伏安特性

与 SiC 避雷器相比，ZnO 避雷器除了有较理想的非线性伏安特性，其主要优点如下。

(1) 无间隙。在工作电压作用下，ZnO 实际上相当于一个绝缘体，因而工作电压不会使 ZnO 阀片烧坏，所以可以不用串联间隙来隔离工作电压(SiC 阀片在正常工作电压下有几十安电流，会烧坏阀片，因此，不得不串联间隙)。由于无间隙，当然也就没有传统的 SiC 避雷器那样因串联间隙而带来的一系列问题，如污秽、内部气压变化使串联间隙放电电压不稳定等。同时，因无间隙，大大改善了陡波下的响应特性。

(2) 无续流。当作用在 ZnO 阀片上的电压超过某一值(此值称为起始动作电压)时，将发生“导通”，其后，ZnO 阀片上的残压受其良好的非线性特性所控制，当系统电压降至起始动作电压以下时，ZnO 的“导通”状态终止，又相当于一个绝缘体，因此不存在工频续流，而 SiC 避雷器却不同，它不仅要吸收过电压的能量，而且要吸收因系统工作电压作用下的工频续流所产生的能量。ZnO 避雷器因无续流，故只要吸收过电压能量即可，这样，对 ZnO 的热容量的要求就比 SiC 低得多。

(3) 电气设备所受过电压可以降低。虽然 10kA 雷电流下的残压值 ZnO 避雷器与 SiC 相同，但后者只在串联间隙放电后才可将电流泄放，而前者在整个过电压过程中都有电流流过，因此降低了作用在变电站电气设备上的过电压。

(4) 通流容量大。ZnO 避雷器的通流容量较大，可以用来限制内部过电压。

此外，由于无间隙和通流容量大，所以 ZnO 避雷器体积小，重量轻，结构简单，运行维护方便，使用寿命也长。由于无续流，所以也可使用于直流输电系统。

ZnO 避雷器的主要特性参数有起始动作电压及压比等。起始动作电压又称转折电压，从这一点开始，电流将随电压升高而迅速增加，即其非线性系数 α 将迅速进入 0.02～0.05 的区域，通常是以毫安下的电压作为起始动作电压，其值为最大允许工作电压峰值的 105%～115%。

压比是指 ZnO 避雷器通过大电流时的残压与通过 1mA 直流电流时电压之比。例如，10kA 压比是指通过冲击电流 10kA 时的残压与 1mA(直流)时电压之比，压比越小，意味着通过大电流时残压越低，则 ZnO 的保护性能越好。目前，此值为 1.6～2.0。

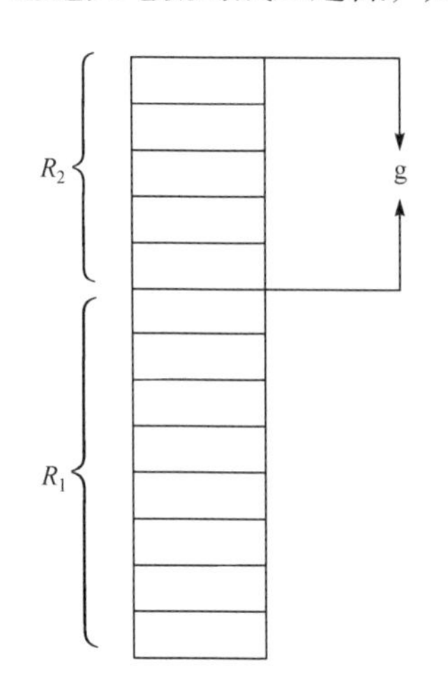

图 3-22　ZnO 并联间隙原理图

目前，各国生产的 ZnO 避雷器在电压等级较低时(如 110kV 及以下)大部分采用无间隙的，对于超高压避雷器或需大幅度降低压比时，则采用并联或串联间隙的方法。为了降低大电流时的残压而又不加大阀片在正常运行中的电压负担以减轻 ZnO 阀片的老化，往往也采用并联或串联间隙的方法。图 3-22 为并联间隙的原理图，在正常情况下，间隙 g 是不导通的，系统电压由电阻 R_1 和 R_2 两部分分担，单位阀片上的电压负荷较低；当雷击或操作过电压作用时，流过 R_1、R_2 的电流将迅速增加，R_1、R_2 上的电压(残压)也随之迅速增加，当 R_2 上的残压达到某一值时，并联间隙 g 动作，R_2 被短接，避雷器上的残压仅由 R_1 决定，从而降低了残压，即降低了压比。

由于 ZnO 避雷器具有上述一系列的优点，且造价较低，取代 SiC 避雷器已是大势所趋。

3.5　接 地 装 置

接地可分为工作接地、保护接地和防雷接地。本节介绍以防雷接地为主，但是接地的基本概念，三者都是共同的，而且在工程实施中也常常互有联系，所以也要提及工作接地和保护接地。

3.5.1　接地和接地电阻的基本概念

大地是个导电体，当其中没有电流流通时是等电位的，通常人们认为大地具有零电位。如果地面上的金属物体与大地牢固连接，在没有电流流通的情况下，金属物体与大地之间没有电位差，该物体也就具有了大地的电位——零电位，这就是接地的含义。换句话说，接地就是指将地面上的金属物体或电气回路中的某一节点通过导体与大地相连，使该物体或节点与大地保持等电位。

实际上，大地并不是理想导体，它具有一定的电阻率，如果有电流流过，则大地就不再保持等电位。被强制流进大地的电流是经过接地导体注入的，进入大地以后的电流以电流场的形式向四处扩散，如图 3-23 所示。设土壤电阻率为 ρ，大地内的电流密度为 δ，则大地中必然呈现相应的电场分布，其电场强度为 $E=\rho\delta$，离电流注入点越远，地中电流的密度就越小，因此可以认为在无穷远处，地中电流密度 δ 已接近零，电场强度 E 也接近零，该处的电位为零电位。由此可见，当接地点有电流流入大地时该点相对于远处的零电位来说，将具有确定的电位升高，图 3-23 中画出了此时地表面的电位分布情况。

把接地点处的电位 U_M 与接地电流 I 的比值定义为该点的接地电阻 R，$R=U_M/I$。当接地电流 I 为定值时，接地电阻 R 越小，则电位 U_M 越低，反之则越高。此时地面上的接地物体(如变压器外壳)，也具有了电位 U_M，因而不利于电气设备的绝缘和人身安全，这就是力求降低接地电阻的原因。

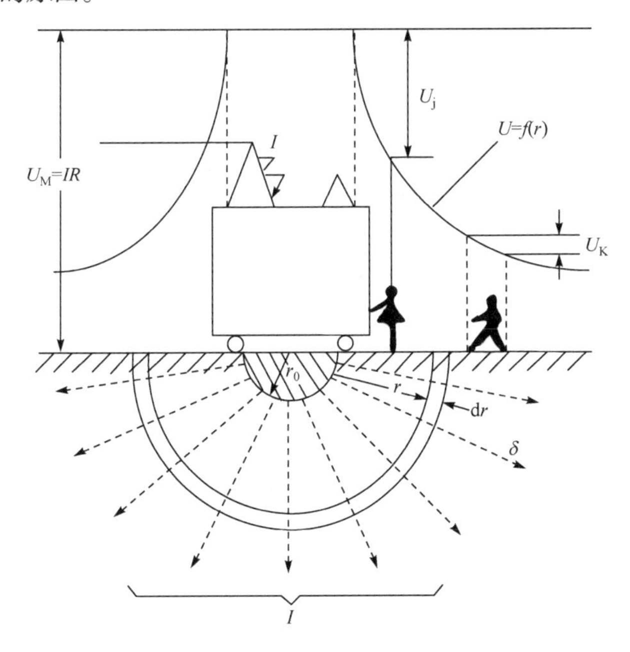

图 3-23　接地装置原理图

U_M-接地点电位；I-接地电流；U_j-接触电压；U_K-跨步电压；δ-地中电流密度；$U=f(r)$-大地表面的电位分布

埋入地中的金属接地体称为接地装置。最简单的接地装置就是单独的金属管、金属板或金属带。由于金属的电阻率远小于土壤的电阻率，所以接地体本身的电阻在接地电阻 R 中可以忽略不计，R 的数值与接地装置的形状与尺寸有关，当然也与大地电阻率直接有关。

大地表层的土壤有多种类型，各种土壤的电阻率 ρ 列于表 3-2 中。

表 3-2　土壤电阻率

土壤类别	电阻率 $\rho/(\Omega\cdot m)$	土壤类别	电阻率 $\rho/(\Omega\cdot m)$
沼泽地	5～40	沙砾土	2000～3000
泥土、黏土、腐殖土	20～200	山地	500～3000
沙土	200～2500		

3.5.2　保护接地、工作接地与防雷接地

电力系统中各种电气设备的接地可分为以下三种：保护接地、工作接地和防雷接地。

1. 保护接地

为了人身安全，无论在发、配电还是用电系统中都将电气设备的金属外壳接地，这样就可以保证金属外壳经常固定为地电位，一旦设备绝缘损坏而使外壳带电，不致有危险的电位升高以避免工作人员触电伤亡。在正常情况下接地点没有电流入地，金属外壳保持地电位，但当设备发生故障而有接地短路电流流入大地时，接地点和与它紧密相连的金属导

体的电位都会升高，有可能威胁到人身安全。

人所站立的地点与接地设备之间的电位差称为接触电压(取人手摸设备的 1.8m 高处，人脚离设备的水平距离 0.8m)，如图 3-23 中的 U_j。人的两脚着地点之间的电位差称为跨步电压(取跨距为 0.8m)，如图 3-23 中的 U_K。它们都可能有很高的数值使通过人体的电流超过危险值(一般规定为 10mA)。减小接地电阻或改进接地装置的结构形状可以降低接触电位和跨步电位，通常要求此两电位不超过 $\frac{250}{\sqrt{t}}$(V) (t 为作用时间(s))。

2. 工作接地

根据电力系统正常运行方式的需要接地，如将系统的中性点接地。

在工频对地短路时，要求流过接地网的短路电流 I 在接地网上造成的电位 IR 不致太大，在中性点直接接地的系统中，要求

$$IR \leqslant 2000\text{V}$$

当 $I > 4000$A 时，可取 $R \leqslant 0.5\Omega$，在大地电阻率 ρ 值太高，按 $R \leqslant 0.5\Omega$ 的条件在技术经济上极不合理时，允许将 R 值提高到 $R \leqslant 5\Omega$，但在这种情况下，必须验证人身的安全。

3. 防雷接地

这是针对防雷保护的需要而设置的，目的是减小雷电流通过接地装置时的地电位升高。

从物理过程看，防雷接地与前两种接地有两点区别，一是雷电流的幅值大，二是雷电流的等值频率高。雷电流的幅值大，就会使地中电流密度 δ 增大，因而提高了土壤中的电场强度 ($E = \delta\rho$)，在接地体附近尤为显著。此电场强度超过土壤击穿场强(8.5×10^3 V/cm 左右)时，在接地体周围的土壤中便会发生局部火花放电，使土壤导电性增大，使接地电阻减小。因此，同一接地装置在幅值甚高的冲击电流作用下，其接地电阻要小于工频电流下的数值，这种效应称为火花效应。

另外，雷电流的等值频率较高，这就使接地体自身电感的影响增加，阻碍电流向接地体远端流通，对于长度长的接地体这种影响更加明显，结果会使接地体得不到充分利用，使接地装置的电阻值大于工频接地电阻值。这种现象简称为电感效应。

由于上述两方面的原因，同一接地装置在冲击和工频电流作用下，将具有不同的电阻值。通常用冲击系数 α 表示两者的关系：

$$\alpha = \frac{R_{ch}}{R_g} \tag{3-20}$$

式中，R_g 为工频电流下的电阻；R_{ch} 为冲击电流下的电阻，它是指接地体上的冲击电压幅值与流经该接地体中的冲击电流幅值的比值。冲击系数 α 与接地体的几何尺寸、雷电流的幅值和波形以及土壤电阻率等因素有关，一般依靠实验确定。在一般情况下由于火花效应大于电感效应，故 $\alpha < 1$，但对于电感效应明显的情况，也有时 $\alpha \geqslant 1$，下面还要联系各种接地装置具体介绍。

3.5.3 工程实用的接地装置

工程实用的接地装置主要是扁钢、圆钢、角钢或钢管组成的，埋于地表面下 0.5～1m

处。水平接地体多用扁钢，宽度一般为 20～40mm，厚度不小于 4mm，或者用直径不小于6mm 的圆钢，垂直接地体一般用角钢(20mm×20mm×3mm～50mm×50mm×5mm)或钢管，长度约取 2.5m。根据接地装置的敷设地点，又分为输电线路接地和发电厂及变电所接地。

1. 典型接地体的接地电阻

我们知道，恒流场与静电场有相似性，利用这一特性可以将静电学中已知的电容公式改换为计算接地电阻的公式，即

$$R=\frac{U}{I}=\frac{U}{\oint_S j_n \mathrm{d}s}=\frac{U}{\oint_S \frac{E_n}{\rho}\mathrm{d}s}=\frac{U}{\frac{1}{\varepsilon\rho}\oint_S D_n \mathrm{d}s}=\frac{\varepsilon\rho U}{Q}=\frac{\varepsilon\rho}{C} \tag{3-21}$$

式中，j_n为电流密度(A/m^2)；E_n为电场强度(V/m)；ρ为土壤电阻率(Ω·m)；C为接地体对无穷远处的电容(F)；ε为介质相对介电常数(F/m)。一些典型接地体的接地电阻计算公式如下。

1) 垂直接地体

$$R=\frac{\rho}{2\pi l}\ln\frac{4l}{d} \tag{3-22}$$

式中，l为接地体长度(m)；d为接地体直径(m)，如图 3-24 所示，$l \gg d$。当采用扁钢时$d=\frac{b}{2}$，b为扁钢宽度；当采用角钢时$d=0.84b$，b为角钢每边宽度。

当有n根垂直接地体时，总接地电阻R_Σ可按并联电阻计算，但需注意R_Σ略大于R/n(R是每个垂直接地体的电阻，并设n个接地体均相同)，即

$$R_\Sigma=\frac{R}{\eta n} \tag{3-23}$$

式中，η称为利用系数，它表示由于电流互相屏蔽而使接地体不能充分利用的程度，如图 3-25 所示，一般η为 0.65～0.8。η值与流经接地体电流是工频或是冲击电流有关。

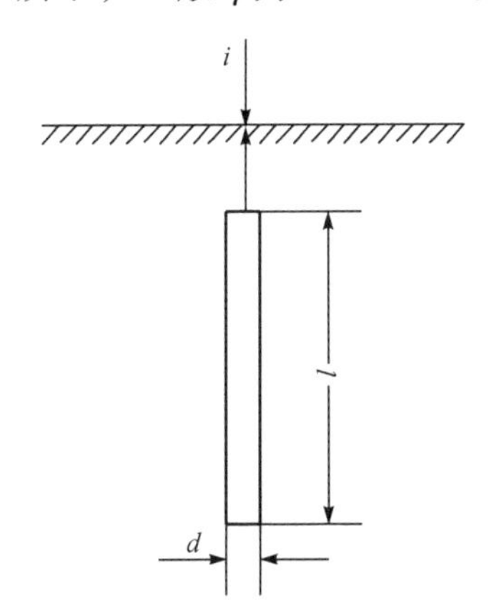

图 3-24　单根垂直接地体

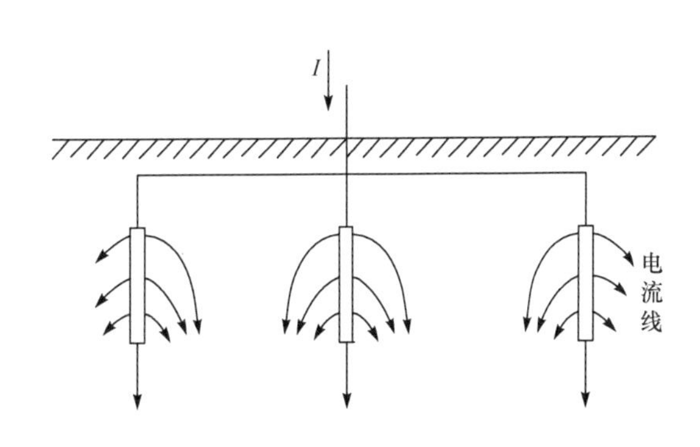

图 3-25　三根垂直接地体的屏蔽效应

2) 水平接地体

$$R=\frac{\rho}{2\pi L}\left(\ln\frac{L^2}{dh}+A\right)\quad(\Omega)$$

式中，L 为接地体的总长度(m)；h 为接地体埋设深度(m)；A 为因受屏蔽影响使接地电阻增加的系数，其数值列于表 3-3 中。可见当 L 相同时，由于电极形状不同，A 值会有显著差别。例如，序号 7、8 的形状，对接地体的利用是很不充分的，不宜采用。

表 3-3　水平接地体屏蔽系数

序号	1	2	3	4	5	6	7	8
接地体形式								
屏蔽系数 A	0	0.38	0.48	0.87	1.69	2.14	5.27	8.81

以上公式计算出的是工频电流下的接地电阻值，在雷电流作用下，还需要用冲击系数 α 核正，α 的数值将根据计算分析和实验得到，可参考图 3-26。

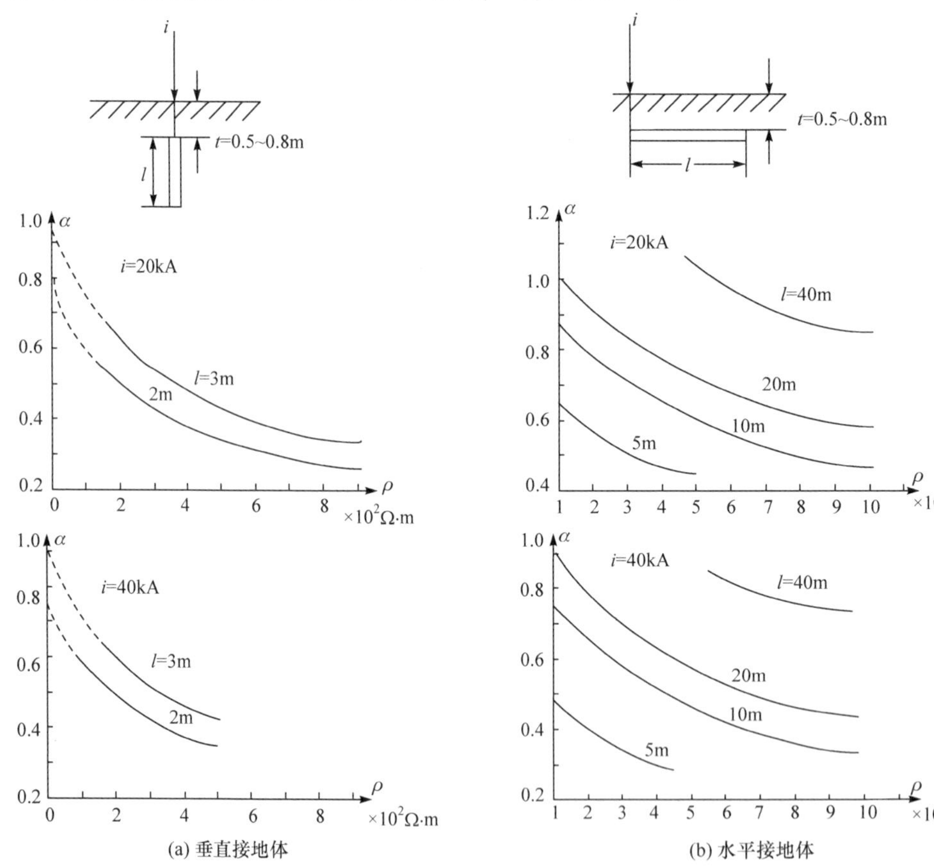

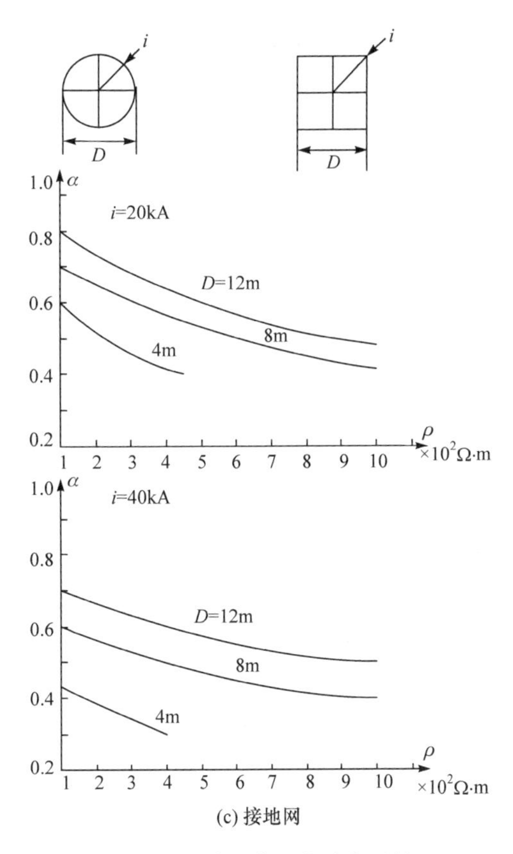

图 3-26 接地装置的冲击系数

3) 伸长接地体

在土壤电阻率较高的岩石地区，为了减少接地电阻，有时需要加大接地体的尺寸，主要是增加水平埋设的扁钢的长度，通常称这种接地体为伸长接地体。由于雷电流等值频率甚高，接地体自身的电感将会产生很大影响，此时接地体将表现出具有分布参数传输线的阻抗特性，加上火花效应的出现将使伸长接地体的电流流通成为一个很复杂的过程。一般是在简化的条件下通过理论分析，对这一问题作出定性的描述，并结合实验以得到工程应用的依据。通常伸长接地体只在 40～60m 的范围内有效，超过这一范围接地阻抗基本上不再变化。

2. 输电线路的防雷接地

高压输电线路在每个杆塔下一般都设有接地装置，并通过引线与避雷线相连，其目的是使击中避雷线的雷电流通过较低的接地电阻而进入大地。

高压线路杆塔都有混凝土基础，它也起着接地体的作用，称为自然接地电阻。大多数情况下单纯依靠自然接地电阻是不能满足要求的，需要装设人工接地装置。“规程”规定线路杆塔接地电阻如表 3-4 所示。

3. 发电厂和变电所的防雷接地

发电厂和变电所内需要有良好的接地装置以满足工作、安全和防雷保护的接地要求。

表 3-4　装有避雷线的线路杆塔工频接地电阻值(上限)

土壤电阻率 ρ/(Ω·m)	工频接地电阻/Ω
100 及以下	10
100～500	15
500～1000	20
1000～2000	25
2000 以上	30 或敷设 6～8 根总长不超过 500m 的放射线，或用两根连续伸长接地线，阻值不作规定

一般的做法是根据安全和工作接地要求敷设一个统一的接地网，然后再在避雷针和避雷器下面增加接地体以满足防雷接地的要求。

接地网由扁钢水平连接，埋入地下 0.6～0.8m 处，其面积 S 大体与发电厂和变电所的面积相同，如图 3-27 所示，这种接地网的总接地电阻可按下式估算：

$$R=\frac{0.44\rho}{\sqrt{S}}+\frac{\rho}{L}\approx 0.5\frac{\rho}{\sqrt{S}}\quad(\Omega)$$

式中，L 为接地体(包括水平的与垂直的)总长度(m)；S 为接地网的总面积(m^2)。接地网构成网孔形的目的主要在于均压，接地网中两水平接地带之间的距离一般可取为 3～10m，然后校核接触电位 U_j 和跨步电位 U_K 后再予以调整。

如前所述，发电厂和变电所工频接地电阻的数值一般在 0.5～5Ω的范围内，这主要是为了满足工作及安全接地的要求。关于防雷接地的要求，以后讲到变电所防雷保护时还要说明。应当指出，接地网在冲击电流作用下同样具有火花效应和电感效应。这一问题由于涉及的条件复杂，常常需要通过试验来掌握其基本规律。

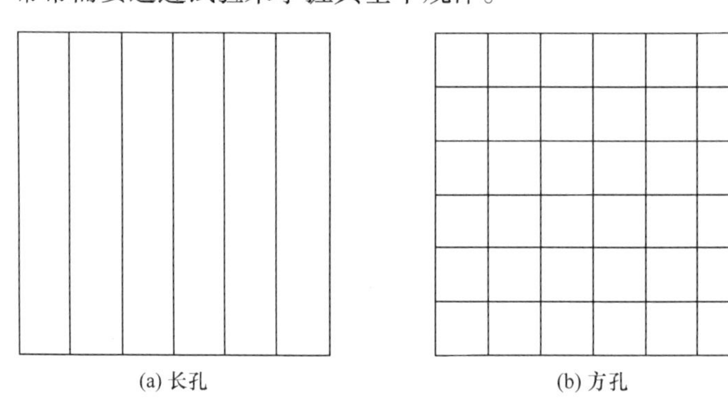

(a) 长孔　　(b) 方孔

图 3-27　接地网示意图

习　题

3-1　试述雷电对地放电的基本过程。下行负先导逐级发展的原因是什么?先导通道的电阻大致有多大?

3-2　雷电放电的功率有多大?从经济上看值不值得将雷电放电的能量加以利用?

3-3　根据$\lg P=-\frac{1}{88}I$，求出$I>30$kA，60kA，85kA，90kA，120kA，140kA及150kA时的概率(上列各I值分别相当于额定电压为35kV，60kV，110kV，154kV，220kV，330kV及500kV时线路的耐雷水平)。

3-4　影响雷电流波头长度的因素有哪些?

3-5　试论雷电流幅值的定义。

3-6　试分析管型避雷器与保护间隙的相同与不同点。

3-7　试全面比较阀型避雷器与氧化锌避雷器的性能。

3-8　某电厂的原油罐，直径10m，高出地面10m，用独立避雷针保护，针距罐壁至少5m，试设计避雷针的高度。

3-9　某110kV变电所配电装置构架平面布置和构架高度如图3-28所示，配电装置不超过图中虚线所示面积，其高度不超过构架高度。试设计该变电所避雷针布置方案及各针高度(一般不宜超过25m)，绘出避雷针总保护范围。

3-10　试计算图3-25所示接地装置在流经冲击电流为40kA时的冲击接地电阻，垂直接地体为直径1.8cm的圆管，长3m，土壤电阻率ρ为$2\times10^2\Omega\cdot\text{m}$，利用系数$\eta=0.75$。

3-11　某220kV变电站，土壤电阻率为$3\times10^2\Omega\cdot\text{m}$，变电站面积为100m×100m，试估计其接地网的工频接地电阻值。

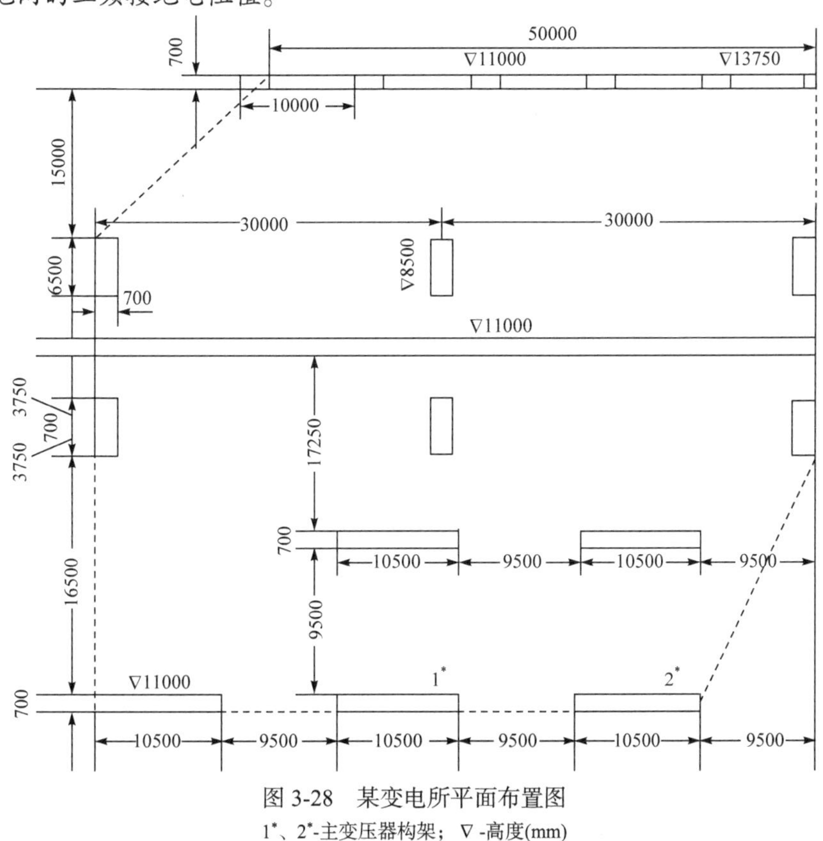

图3-28　某变电所平面布置图

1*、2*-主变压器构架；∇-高度(mm)

第 4 章　输电线路的防雷保护

输电线路纵横延伸，地处旷野，易受雷击，雷击线路造成的跳闸事故在电网总事故中占有很大百分比。同时，雷击线路时自线路入侵变电所的雷电波也是威胁变电所的主要因素，因此，对线路的防雷保护应给予充分重视。

输电线路上出现的大气过电压有两种，一种是雷直击于线路引起的，称为直击雷过电压；另一种是雷击线路附近地面或塔顶，由于电磁感应所引起的，称为感应雷过电压。

输电线路防雷性能的优劣主要由耐雷水平及雷击跳闸率来衡量。雷击线路时线路绝缘不发生闪络的最大雷电流幅值称为“耐雷水平”，以 kA 为单位，低于耐雷水平的雷电流击于线路不会引起闪络，反之，则必然发生闪络。每 100km 线路每年由雷击引起的跳闸次数称为“雷击跳闸率”，这是衡量线路防雷性能的综合指标。

线路防雷工作基本上经历了以感应雷防护为主(始于 20 世纪 30 年代中期)和以直击雷防护为主的两个时期，随着输电电压的提高，直击雷已转为主要矛盾。60 年代初开始将蒙特卡罗方法(一种计及概率统计规律的方法)结合电子计算机应用于线路防雷设计，使线路防雷的研究结果更符合客观实际。

但是，到目前为止，线路防雷计算所依据的很多概念、假定和参数都不是十分正确和完善的，故其计算结果只可以作为衡量线路防雷性能的相对指标，以便从中看出各种因素的影响程度与作用大小。因此尚需十分重视运行经验的积聚和分析。

4.1　输电线路的感应雷过电压

4.1.1　雷击线路附近大地时，线路上的感应雷过电压

当雷击线路附近大地时，由于电磁感应，在线路的导线上会产生感应过电压。感应过电压的形成如图 4-1 所示。在雷云放电的起始阶段，存在着向大地发展的先导放电过程，线路正处于雷云与先导通道的电场中，由于静电感应，沿导线方向的电场强度分量 E_x 将导线两端与雷云异号的正电荷吸引到靠近先导通道的一段导线上来成为束缚电荷，导线上的负电荷则由于 E_x 的排斥作用而使其向两端运动，经线路的泄漏电导和系统的中性点而流入大地，因为先导通道发展速度不大，所以导线上电荷的运动也很缓慢，由此而引起的导线中的电流很小，同时由于导线对地泄漏电导的存在，导线电位将与远离雷云处的导线电位相同。当雷云对线路附近的地面放电时，先导通道中的负电荷被迅速中和，先导通道所产生的电场迅速降低，使导线上的束缚正电荷得到释放，沿导线向两侧运动形成感应雷过电压。这种由于先导通道中电荷所产生的静电场突然消失而引起的感应电压称为感应过电压的静电分量。同时，雷电通道中的雷电流在通道周围空间建立了强大的磁场，此磁场的变化也

将使导线感应出很高的电压，这种由于先导通道中雷电流所产生的磁场变化而引起的感应电压称为感应过电压的电磁分量。

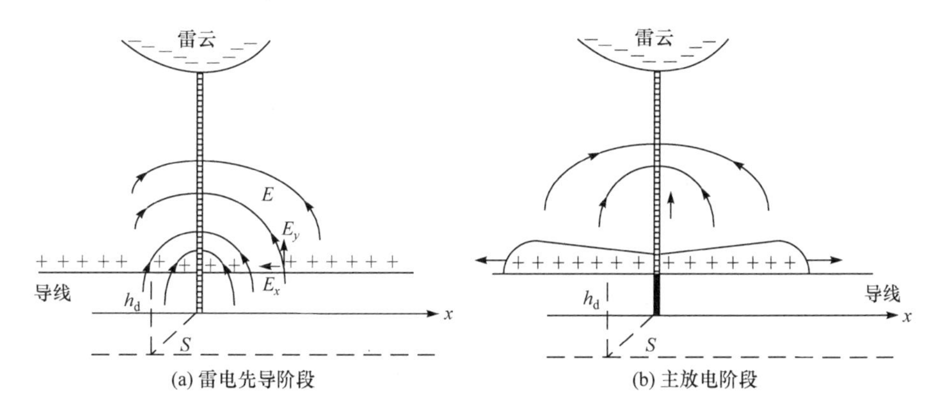

图 4-1　感应雷过电压形成示意图

h_d -导线高度；S-雷击点与导线间的距离

根据理论分析与实测结果，“规程”建议，当雷击点离开线路的距离 $S > 65\text{m}$ 时，导线上的感应雷过电压最大值 U_g 可按式(4-1)计算：

$$U_g \approx 25\frac{I_L \times h_d}{S}\ (\text{kV}) \tag{4-1}$$

式中，I_L 为雷电流幅值(kA)；h_d 为导线悬挂的平均高度(m)；S 为雷击点离线路的距离(m)。

从上述可知，感应雷过电压 U_g 的极性与雷电流极性相反。

从式(4-1)可知，感应雷过电压与电流幅值 I_L 成正比，与导线悬挂平均高度 h_d 成正比，h_d 越高则导线对地电容越小，感应电荷产生的电压就越高；感应雷过电压与雷击点到线路的距离 S 成反比，S 越大，感应雷过电压越小。

由于雷击地面时雷击点的自然接地电阻较大，雷电流幅值 I_L 一般不超 100kA。实测证明，感应雷过电压一般不超过 500kV，对 35kV 及以下水泥杆线路会引起一定的闪络事故，对 110kV 及以上的线路由于绝缘水平较高，所以一般不会引起闪络事故。

感应雷过电压同时存在于三相导线，相间不存在电位差，故只能引起对地闪络，如果二相或三相同时对地闪络即形成相间闪络事故。

如果导线上方挂有避雷线，则由于屏蔽效应，导线上的感应电荷会减少，导线上的感应雷过电压就会降低，避雷线的屏蔽作用可用下面的方法求得，设导线和避雷线的对地平均高度分别为 h_d 和 h_b，若避雷线不接地，则根据式(4-1)可求得避雷线和导线上的感应过电压分别为 $U_{g,b}$ 和 $U_{g,d}$：

$$U_{g,b} = 25\frac{I_L \times h_b}{S}，\quad U_{g,d} = 25\frac{I_L \times h_d}{S}$$

$$U_{g,b} = U_{g,d}\frac{h_b}{h_d}$$

避雷线实际上是通过杆塔接地的，因此可以设想在避雷线上尚有一 $-U_{g,b}$ 电压，以此来保持避雷线为零电位，由于避雷线与导线间的耦合作用，此设想的 $-U_{g,b}$ 将在导线上产生耦合电压 $k(-U_{g,b})$，k 为避雷线与导线的耦合系数。

这样，导线上的电位将为 $U'_{g,d}$

$$U'_{g,d}=U_{g,d}-kU_{g,b}=U_{g,d}\left(1-k\frac{h_b}{h_d}\right)\approx U_{g,d}(1-k) \tag{4-2}$$

式(4-2)表明，接地避雷线的存在可使导线上的感应过电压由 $U_{g,d}$ 下降到 $U_{g,d}(1-k)$。耦合系数 k 越大，则导线上的感应过电压越低。

4.1.2 雷击线路杆塔时，导线上的感应过电压

式(4-1)只适用于 $S>65\text{m}$ 的情况，更近的落雷事实上将因线路的引雷作用而击于线路。

雷击线路杆塔时，由于雷电通道所产生的电磁场迅速变化，将在导线上感应出与雷电流极性相反的过电压，其计算问题至今尚有争论，不同方法计算的结果差别很大，也缺乏实践数据。目前，“规程”建议对一般高度(40m 以下)无避雷线的线路，此感应过电压最大值可用式(4-3)计算：

$$U_{g,d}=\alpha h_d \tag{4-3}$$

式中，α 为感应过电压系数(kV/m)，其数值等于以 kA/μs 计的雷电流平均陡度，即 $\alpha=\dfrac{I_L}{2.6}$。

有避雷线时，由于其屏蔽效应，式(4-3)应为

$$U'_{g,d}=\alpha h_d(1-k) \tag{4-4}$$

式中，k 为耦合系数。

4.2 输电线路的直击雷过电压和耐雷水平

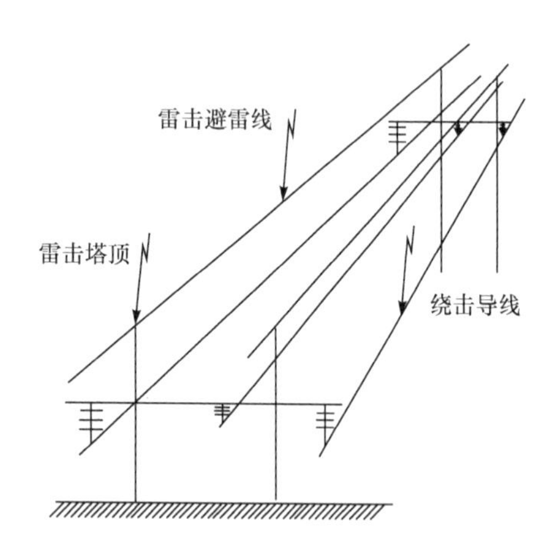

图 4-2 有避雷线线路直击雷的三种可能性

以中性点直接接地系统中有避雷线的线路为例进行分析，其他线路的分析原则相同。

雷直击于有避雷线线路的情况可分为三种，即雷击杆塔塔顶，雷击避雷线档距中间和雷绕过避雷线击于导线(称为“绕击”)，上述三种情况如图 4-2 所示。

4.2.1 雷击杆塔塔顶时的过电压和耐雷水平

运行经验表明，在线路落雷总数中雷击杆塔的次数与避雷线的根数和经过地区的地形有关。雷击杆塔次数与雷击线路总次数的比值称为击杆率 g，规程建议击杆率 g 如表 4-1 所示。

表 4-1　击杆率 g

地形 \ 避雷线根数	0	1	2
平原	1/2	1/4	1/6
山区	1	1/3	1/4

雷击杆塔塔顶时，雷电通道中的负电荷与杆塔及架空地线上的正感应电荷迅速中和形成雷电流。如图 4-3 所示，雷击瞬间自雷击点(即塔顶)有一个负雷电流波沿杆塔向下运动；另有两个相同的负电流波分别自塔顶沿两侧避雷线向相邻杆塔运动；与此同时，自塔顶有一个正雷电流波沿雷电通道向上运动，此正雷电流波的数值与三个负电流波数值的总和相等。线路绝缘上的过电压即由这几个电流波所引起。由雷电通道中正电流波的运动在导线上所产生的感应雷过电压如 4.1 节所述，这里主要分析流经杆塔和地线中的雷电流所引起的过电压。

1. 塔顶电位

对于一般高度(40m 以下)的杆塔，在工程近似计算中，常将杆塔和避雷线以集中参数电感 L_{gt} 和 L_b 来代替，这样，雷击杆塔时的等值电路将如图 4-4 所示。不同类型杆塔的等值电感 L_{gt} 可由表 4-2 查得，L_b 为避雷线的等值电感。单根避雷线的等值电感约为 $0.67l$ (μH)(l 为档距长度(m))，双根避雷线约为 $0.42l$ (μH)。图中 R_{ch} 为杆塔冲击接地电阻。

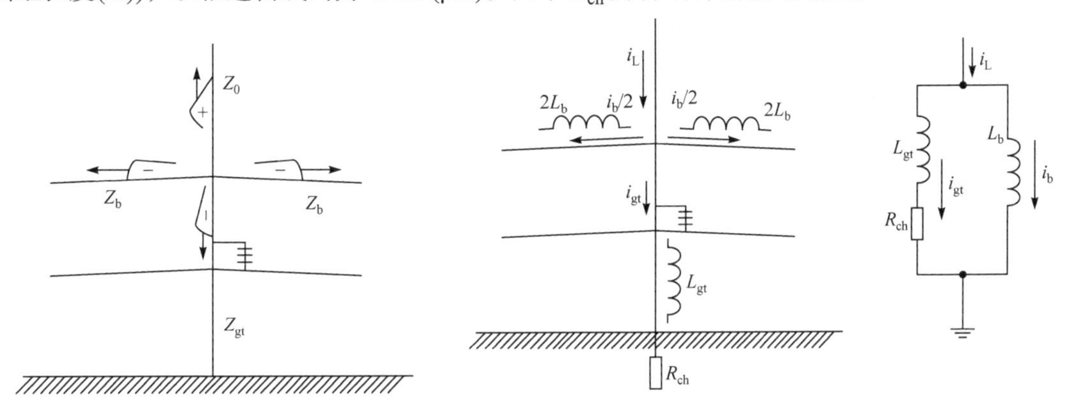

图 4-3　雷击塔顶时雷电流的分布　　图 4-4　计算塔顶电位的等值电路

表 4-2　杆塔的电感和波阻抗的平均值

杆塔形式	杆塔电感/(μH/m)	杆塔波阻/Ω
无拉线水泥单杆	0.84	250
有拉线水泥单杆	0.42	125
无拉线水泥双杆	0.42	125
铁塔	0.50	150
门型铁塔	0.40	125

考虑到雷击点的阻抗较低，在计算中可略去雷电通道波阻的影响。由于避雷线的分流作用，流经杆塔的电流 i_{gt} 将小于雷电流 i_L 。

$$i_{gt} = \beta i_L \tag{4-5}$$

式中，β 为分流系数，其值可由图 4-4 的等值电路求出，对于不同电压等级，一般长度档距的杆塔，β 值可由表 4-3 查得。

表 4-3　一般长度档距的线路杆塔分流系数 β

线路额定电压/kV	避雷线根数	β 值
110	1	0.90
	2	0.86
220	1	0.92
	2	0.88
330	2	0.88
500	2	0.88

塔顶电位 u_{td} 可由下式计算：

$$u_{td} = R_{ch} \cdot i_{gt} + L_{gt}\frac{di_{gt}}{dt} = \beta R_{ch} i_L + \beta L_{gt}\frac{di_L}{dt}$$

以 $\frac{di_L}{dt} = \frac{I_L}{2.6}$ 代入，则塔顶电位的幅值 U_{td} 为

$$U_{td} = \beta I_L\left(R_{ch} + \frac{L_{gt}}{2.6}\right) \tag{4-6}$$

2. 导线电位和线路绝缘上的电压

当塔顶电位为 U_{td} 时，与塔顶相连的避雷线上也将有相同的电位 U_{td}。由于避雷线与导线间的耦合作用，导线上将产生耦合电压 kU_{td}，此电压与雷电流同极性。此外，由于雷电通道电磁场的作用，根据式(4-4)在导线上尚有感应过电压 $\alpha h_d(1-k)$，此电压与雷电流异极性，所以导线电位的幅值 U_d 为

$$U_d = kU_{td} - \alpha h_d(1-k) \tag{4-7}$$

线路绝缘子串上两端电压为塔顶电位和导线电位之差，故线路绝缘上的电压幅值 U_j 为

$$U_j = U_{td} - U_d = U_{td} - kU_{td} + \alpha h_d(1-k) = (U_{td} + \alpha h_d)(1-k)$$

将式(4-6)及 $\alpha = \frac{I_L}{2.6}$ 代入，得

$$U_j = I_L\left(\beta R_{ch} + \beta\frac{L_{gt}}{2.6} + \frac{h_d}{2.6}\right)(1-k) \tag{4-8}$$

雷击时，地线上电压较高，将出现冲击电晕，k 值应采用电晕修正后的数值，电晕修正系数见表 2-1。

应该指出，作用在线路绝缘上的电压还有导线上的工作电压，对 220kV 及以下的线路，其值所占比例不大，一般可以略去，但对超高压线路，则不可不计，且雷击时导线上工作

电压的瞬时值及其极性应作为一个随机变量来考虑。

3. 耐雷水平的计算

从式(4-8)可知，线路绝缘上电压的幅值U_j随雷电流增大而增大，当U_j大于绝缘子串冲击闪络电压时，绝缘子串将发生闪络，由于此时杆塔电位较导线电位高，故此类闪络称为“反击”。雷击杆塔的耐雷水平I_1可由U_j等于线路绝缘子串的50%冲击闪络电压$U_{50\%}$时求得

$$I_1 = \frac{U_{50\%}}{(1-k)\left[\beta\left(R_{ch} + \frac{L_{gt}}{2.6}\right) + \frac{h_d}{2.6}\right]} \tag{4-9}$$

“规程”规定，不同电压等级的输电线路，雷击杆塔时的耐雷水平I_1不应低于表 4-4 所列数值。

表 4-4　有避雷线线路的耐雷水平

额定电压/kV	35	60	110	154	220	330
耐雷水平/kA	20～30	30～60	40～75	90	80～120	100～140

从式(4-9)可知，雷击杆塔时的耐雷水平与分流系数β，杆塔等值电感L_{gt}，杆塔冲击接地电阻R_{ch}，导、地线间的耦合系数k和绝缘子串的50%冲击闪络电压$U_{50\%}$有关。实际上往往以降低杆塔接地电阻R_{ch}和提高耦合系数k作为提高耐雷水平的主要手段。对一般高度杆塔，冲击接地电阻R_{ch}上的电压降是塔顶电位的主要成分，因此降低接地电阻可以有效地减小塔顶电位和提高耐雷水平。增加耦合系数k可以减小绝缘子串上的电压和减小感应雷过电压，因此同样可以提高耐雷水平，常用措施是将单避雷线改为双避雷线，或在导线下方增设架空地线称为耦合地线，其作用主要是增强导、地线间的耦合作用，同时也增加了地线的分流作用。

距避雷线最远的导线，其耦合系数最小，一般较易发生反击。

4.2.2　雷击避雷线档距中央时的过电压

雷击避雷线档距中央见图 4-5(a)，其等值电路如图 4-5(b)所示，其中避雷线波阻抗为Z_b，雷电通道波阻抗为Z_0，档距中央距导线间距离为S，根据等值电路可得，流入雷击点的雷电流波i_Z为

$$i_Z = \frac{i_L Z_0}{Z_0 + \frac{Z_b}{2}} \tag{4-10}$$

故雷击点电压u_A为

$$u_A = \frac{i_Z \cdot Z_b}{2} = i_L \frac{Z_0 Z_b}{2Z_0 + Z_b} \tag{4-11}$$

此电压波u_A自雷击点沿两侧避雷线向相邻杆塔运动，经$\frac{l}{2v_b}$时间(l为档距长度，v_b为避雷线中的波速)到达杆塔，由于杆塔的接地作用，在杆塔处将有一个负反射波返回雷击点，

又经$\dfrac{l}{2v_b}$时间，此负反射波到达雷击点，若此时雷电流尚未到达幅值，即$2\times\dfrac{l}{2v_b}$小于雷电流波头，则雷击点的电位自负反射波到达之时开始将下降。故雷击点 A 的最高电位将出现在$t=2\times\dfrac{l}{2v_b}=\dfrac{l}{v_b}$时刻。

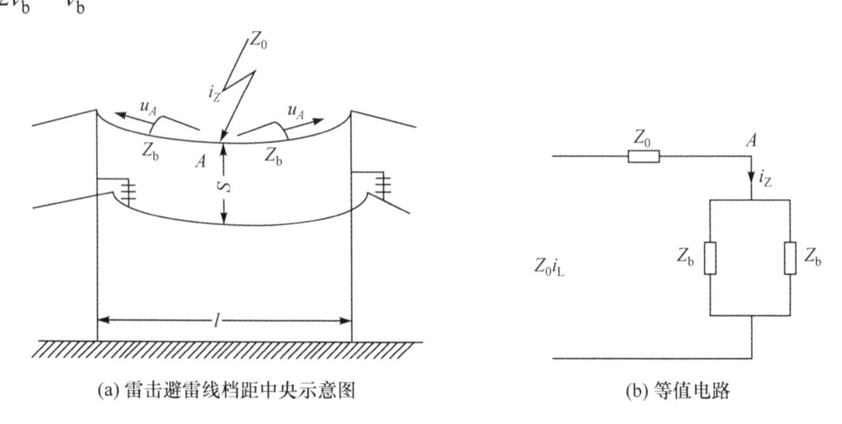

(a) 雷击避雷线档距中央示意图　　(b) 等值电路

图 4-5　雷击避雷线档距中央

若雷电流取为斜角波头即$i_L=at$，则根据式(4-11)以$t=\dfrac{l}{v_b}$代入，可得雷击点的最高电位U_A如下：

$$U_A=a\times\frac{l}{v_b}\times\frac{Z_0Z_b}{2Z_0+Z_b}$$

由于避雷线与导线间的耦合作用，在导线上将产生耦合电压kU_A，故雷击处避雷线与导线间的空气间隙 S 上所承受的最大电压U_S如下：

$$U_S=U_A(1-k)=a\times\frac{l}{v_b}\times\frac{Z_0Z_b}{2Z_0+Z_b}(1-k) \tag{4-12}$$

从式(4-12)可知，雷击避雷线档距中央时，雷击处避雷线与导线间的空气间隙 S 上的电压与耦合系数 k、雷电流陡度 a 以及档距长度 l 有关，当此电压超过空气间隙 S 的 50%冲击放电电压时，间隙将被击穿造成短路事故。

根据式(4-12)和空气间隙的冲击击穿场强，可以计算出不发生击穿的最小空气距离 S。经过我国多年运行经验的修正，“规程”认为对于一般档距的线路，如果档距中央导、地线间的空气距离 S 满足下述经验公式，则一般不会出现击穿事故：

$$S\geqslant 0.012l+1 \tag{4-13}$$

式中，l 为档距长度(m)。

对于大跨越档距，若$\dfrac{l}{v_b}$大于雷电流波头，则相邻杆塔来的负反射波到达雷击点 A 时，雷电流已过峰值，故雷击点的最高电位由雷电流峰值所决定。导、地线间的距离 S 将由雷击点的最高电位和间隙平均击穿强度决定。

4.2.3 绕击时的过电压和耐雷水平

装设避雷线的线路，仍然有雷绕过避雷线而击于导线的可能性，虽然绕击的概率很小，但一旦出现此情况，则往往会引起线路绝缘子串的闪络。

从模拟试验和现场运行经验中可得出经验公式来求取绕击概率，认为绕击概率与避雷线对外侧导线的保护角度 α (图 4-6)、杆塔高度和线路经过地区的地形地貌和地质条件有关。“规程”建议用下列公式计算绕击率 P_α：

$$
\begin{aligned}
&\text{对平原地区} \quad \lg P_\alpha = \frac{\alpha\sqrt{h}}{86} - 3.9 \\
&\text{对山区} \quad \lg P_\alpha = \frac{\alpha\sqrt{h}}{86} - 3.35
\end{aligned}
\tag{4-14}
$$

式中，P_α 为绕击率，即一次雷击线路中出现绕击的概率；α 为保护角(°)；h 为杆塔高度(m)。

从式(4-14)可知，山区的绕击率为平原的 3 倍，或相当于保护角增大 8°。

现在来计算绕击时的过电压和耐雷水平。如图 4-7 所示，绕击时雷击点阻抗为 $Z_d/2$(Z_d 为导线波阻抗)，根据式(4-10)，流经雷击点的雷电流波 i_d 为

$$
i_d = \frac{i_L Z_0}{Z_0 + \frac{Z_d}{2}}
$$

导线上电压为 u_d，则

$$
u_d = i_d \frac{Z_d}{2} = i_L \frac{Z_0 Z_d}{2Z_0 + Z_d}
$$

其幅值 U_d 为

$$
U_d = I_L \frac{Z_0 Z_d}{2Z_0 + Z_d} \tag{4-15}
$$

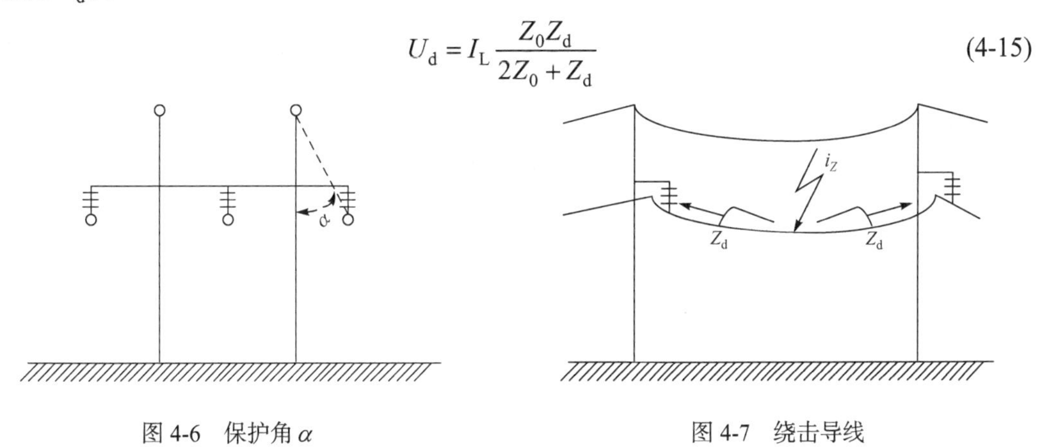

图 4-6 保护角 α　　　　图 4-7 绕击导线

从式(4-15)可知，绕击时导线上电压幅值 U_d 随雷电流幅值 I_L 的增加而增加，若超过线路绝缘子串的冲击闪络电压，则绝缘子串将发生闪络，绕击时的耐雷水平 I_2 可令 U_d 等于绝缘子串 50%闪络电压 $U_{50\%}$来计算。

$$
I_2 = U_{50\%} \frac{2Z_0 + Z_d}{Z_0 Z_d} \tag{4-16}
$$

“规程”认为 $Z_0 \approx Z_d/2$，故

$$I_2 \approx U_{50\%}\frac{4}{Z_d} \approx \frac{U_{50\%}}{100} \tag{4-17}$$

根据“规程”的计算方法，35kV、110kV、220kV、330kV 线路的绕击耐雷水平分别为 3.5kA、7kA、12kA 和 16kA 左右，其值较雷击杆塔时的耐雷水平小得多。

4.3 输电线路的雷击跳闸率

输电线路落雷时，什么情况下才会引起线路跳闸停电呢?首先雷电流必须超过线路耐雷水平，才能引起线路绝缘发生冲击闪络，这时，雷电流沿闪络通道入地，但由于时间只有几十微秒，线路开关来不及动作，只有当沿闪络通道流过的工频短路电流的电弧持续燃烧时，线路才会跳闸停电。所以，研究线路雷击跳闸率时，必须考虑上述诸因素的作用。

4.3.1 建弧率

线路落雷且雷电流超过线路的耐雷水平引起线路绝缘发生冲击闪络时，由于冲击闪络时间很短，不会引起线路跳闸，但若雷电消失后由工作电压产生的工频电弧继续稳定存在，则将造成跳闸。从冲击闪络转为工频电弧的概率与弧道中的平均电场强度有关，也与闪络瞬间工频电压的瞬时值和去游离条件有关。根据实验和运行经验，冲击闪络转为稳定工频电弧的概率称为建弧率，以 η 表示，可按下式计算：

$$\eta = 4.5E^{0.75} - 14 \tag{4-18}$$

式中，E 为绝缘子串的平均运行电压梯度[kV(有效值)/m]。

对中性点直接接地系统有 $E=\dfrac{u_d}{\sqrt{3}l_j}$，对中性点非直接接地系统有 $E=\dfrac{u_d}{2l_j}$。对于中性点直接接地系统且为铁横担时，u_d 为线路额定电压[kV(有效值)]；l_j 为绝缘子串闪络距离(m)。对于中性点不接地系统，单相闪络不会引起跳闸，只有当第二相导线再闪络后才会造成相间闪络而跳闸，因此式中 u_d 和 l_j 应分别是线电压和相间绝缘长度。

实践证明，当 E≤6[kV(有效值)/m]时，建弧率很小，可以近似地认为建弧率 $\eta = 0$。

4.3.2 雷击跳闸率 *n* 的计算

求得输电线路的耐雷水平后，根据雷电流的概率分布，可按式(3-9)或式(3-10)求出雷电流超过输电线路的耐雷水平的概率，即雷击闪络的概率，再乘以建弧率，可以求出输电线路雷击跳闸的概率。雷击跳闸的概率乘以输电线路的落雷次数即为输电线路的雷击跳闸率。对有避雷线的输电线路，三种雷击情况引起的跳闸率计算的具体步骤如下。

1. 雷击塔顶跳闸率

根据模拟试验及运行经验对雷暴日为 40 的地区，每 100km 线路每年雷击次数为

$$N = 0.28(b+4h) \tag{4-19}$$

式中，b 为两根避雷线之间的距离(m)(若单根避雷线 $b=0$；若无避雷线 b 为边相导线间距)；

h 为避雷线(或导线)的平均对地高度(m)。

若击杆率为 g，则雷击塔顶次数为

$$Ng=0.28(b+4h)g \tag{4-20}$$

由式(4-9)或式(4-17)可求出雷电流超过耐雷水平 I_1 时，引起冲击闪络的概率为 P_1。于是，可求得雷击杆塔引起线路绝缘冲击闪络的次数为 NgP_1，由式(4-18)求出建弧率 η，一旦在冲击闪络的弧道上建立了稳定的工频电弧，就会引起线路跳闸。由此分析，可求得雷击杆塔的跳闸次数 n_1 为

$$n_1 = NgP_1\eta = 0.28(b+4h)gP_1\eta \quad 次/(100\text{km}\cdot年) \tag{4-21}$$

2. 绕击跳闸率

由式(4-14)计算绕击率 P_α，100km 线路每年绕击次数为 $NP_\alpha = 0.28(b+4h)P_a$，绕击时的耐雷水平为 I_2，雷电流幅值超过 I_2 的概率为 P_2，建弧率为 η，则每 100km 线路每年的绕击跳闸次数 n_2 为

$$n_2 = NP_aP_2\eta = 0.28(b+4h)P_aP_2\eta \quad 次/(100\text{km}\cdot年) \tag{4-22}$$

3. 线路雷击跳闸率

如前所述，若避雷线与导线在档距中央处的空气间隙距离 S 满足式(4-13)，则雷击避雷线档距中央一般不会发生击穿事故，故其跳闸率可视为零。

因此，线路雷击跳闸率 n 为

$$n = n_1 + n_2 = 0.28(b+4h)\eta\left(gP_1 + P_\alpha P_2\right) \quad 次/(100\text{km}\cdot年) \tag{4-23}$$

【例】 某平原地区 220kV 双避雷线线路如图 4-8 所示，绝缘子串由 13×X-7 组成，其正、负极性 $U_{50\%}$ 为 1410kV 和 1650kV，保护角 $\alpha=16.5°$，杆塔冲击接地电阻 R_{ch} 为 7Ω，避雷线半径 $r_\text{b}=5.5\text{mm}$，避雷线弧垂 $f_\text{b}=7\text{m}$，导线弧垂 $f_\text{d}=12\text{m}$。求该线路的耐雷水平及雷击跳闸率。

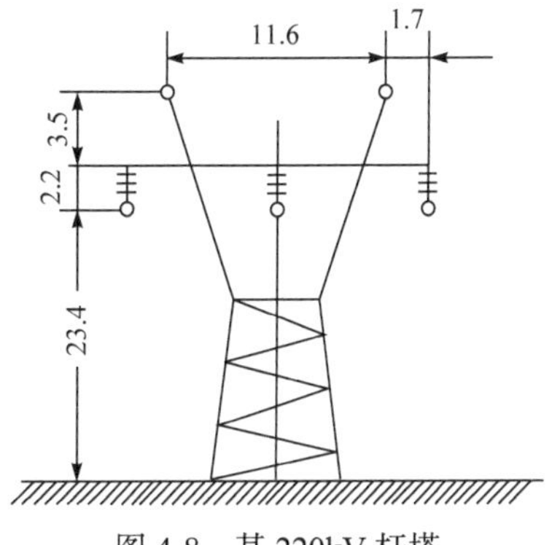

图 4-8 某 220kV 杆塔
(图中单位为 m)

避雷线和导线的弧垂为 7m 和 12m，避雷线平均高度 $h_\text{b}=29.1-\frac{2}{3}\times 7=24.5\text{m}$，导线平均高度 $h_\text{d}=23.4-\frac{2}{3}\times 12=15.4\text{m}$。

根据式(2-61)，双避雷线对外侧导线的几何耦合系数 k_0 为

$$k_0=\frac{Z_{13}+Z_{23}}{Z_{11}+Z_{12}}=\frac{60\ln\dfrac{D_{13}}{d_{13}}+60\ln\dfrac{D_{23}}{d_{23}}}{60\ln\dfrac{2h_\text{b}}{r_\text{b}}+60\ln\dfrac{D_{12}}{d_{12}}}=\frac{60\ln\dfrac{\sqrt{39.9^2+1.7^2}}{\sqrt{9.1^2+1.7^2}}+60\ln\dfrac{\sqrt{39.9^2+13.3^2}}{\sqrt{9.1^2+13.3^2}}}{60\ln\dfrac{2\times 24.5}{5.5\times 10^{-3}}+60\ln\dfrac{\sqrt{49^2+11.6^2}}{11.6}}=0.229$$

经电晕修正后耦合系数为(表 2-1)

$$k=k_0k_1=1.25\times 0.23=0.287$$

杆塔等值电感 $L_{\text{gt}}=29.1\times 0.5=14.5\mu\text{H}$ (表 4-2)，分流系数 β=0.88(表 4-3)，根据式(4-9)得雷击杆塔时的耐雷水平 I_1 为

$$I_1 = \frac{1410}{(1-0.287)\left(0.88\times 7 + 0.88\times\dfrac{14.5}{2.6} + \dfrac{15.4}{2.6}\right)} = 116(\text{kA})$$

根据式(4-17)得绕击的耐雷水平 I_2 为

$$I_2 = \frac{1650}{100} = 16.5(\text{kA})$$

根据式(3-9)，雷电流幅值超过 I_1 和 I_2 的概率 P_1 和 P_2 分别为 4.8%和 64.9%。

根据式(4-14)、表 4-1 和式(4-18)得绕击率 $P_\alpha = 0.137\%$；击杆率 g=1/6；建弧率 $\eta = 0.80$ 。

根据式(4-23)计算雷击跳闸率 n 为

$$n = 0.28\times(11.6+4\times 24.5)\times\left(\frac{1}{6}\times\frac{4.8}{100}+\frac{0.137}{100}\times\frac{64.9}{100}\right)\times 0.8$$

$$= 0.218[\text{次}/(100\text{km}\cdot\text{年})]$$

即该线路每 100km 每年因雷击而引起的跳闸次数为 0.218 次。

4.4 输电线路的防雷措施

在确定输电线路的防雷方式时，应全面考虑线路的重要程度、系统运行方式、线路经过地区雷电活动的强弱、地形地貌的特点、土壤电阻率的高低等条件，结合当地原有线路的运行经验，根据技术经济比较的结果，因地制宜，采取合理的保护措施。

1. 架设避雷线

避雷线是高压和超高压输电线路最基本的防雷措施，其主要目的是防止雷直击导线，此外，避雷线对雷电流还有分流作用，可以减小流入杆塔的雷电流，使塔顶电位下降；对导线有耦合作用，可以降低导线上的感应过电压。

我国“规程”规定，500kV 及以上线路一般应全线架设双避雷线，保护角不大于 15°；330kV 及 220kV 应全线架设避雷线，保护角一般采用 20°左右；110kV 线路一般应全线装设避雷线，但在少雷区或运行经验证明雷电活动轻微的地区可不沿全线架设避雷线，保护角一般取 20°～30°；35kV 以下线路，因绝缘相对较弱，装避雷线效果不大，一般不在全线架设避雷线，而只在距变电站 1～2km 的进线段加装避雷线，以减少绕击和反击的概率。

为了降低正常工作时避雷线中电流所引起的附加损耗和将避雷线兼作通信用，可将避雷线经小间隙对地绝缘起来，雷击时此小间隙击穿，避雷线接地。

2. 降低杆塔接地电阻

对于一般高度的杆塔，降低杆塔接地电阻是提高线路耐雷水平、防止反击的有效措施。“规程”规定，有避雷线的线路，每基杆塔(不连避雷线)的工频接地电阻，在雷季干燥时不宜超过表 4-5 所列数值。

表 4-5　有避雷线输电线路杆塔的工频接地电阻

土壤电阻率/(Ω·m)	100 及以下	100～500	500～1000	1000～2000	2000 以上
接地电阻/Ω	≤10	≤15	≤20	≤25	≤30

土壤电阻率低的地区，应充分利用杆塔的自然接地电阻，采用与线路平行的地中伸长地线的办法可以因其与导线间的耦合作用而降低绝缘子串上的电压，从而使线路的耐雷水平提高。

3. 架设耦合地线

在降低杆塔接地电阻有困难时，可以采用在导线下方架设地线的措施，其作用是增加避雷线与导线间的耦合作用以降低绝缘子串上的电压。此外，耦合地线还可增加对雷电流的分流作用。运行经验证明，耦合地线对降低雷击跳闸率的作用是很显著的。

4. 采用不平衡绝缘方式

在现代高压及超高压线路中，同杆架设的双回路线路日益增多，对此类线路在采用通常的防雷措施尚不能满足要求时，还可采用不平衡绝缘方式来降低双回路雷击同时跳闸的概率，以保证不中断供电。不平衡绝缘的原则是使双回路的绝缘子串片数有差异，这样，雷击时绝缘子串片数少的回路先闪络，闪络后的导线相当于地线，增加了对另一回路导线的耦合作用，提高了另一回路的耐雷水平使之不发生闪络以保证继续供电。一般认为，双回路绝缘水平的差异宜为$\sqrt{3}$倍相电压(峰值)，差异过大将使线路总故障率增加，差异究竟为多少，应从各方面技术经济比较来决定。

5. 装设自动重合闸

由于雷击造成的闪络大多能在跳闸后自行恢复绝缘性能，所以重合闸成功率较高，据统计，我国 110kV 及以上高压线路重合成功率为 75%～95%，35kV 及以下线路为 50%～80%。因此各级电压的线路应尽量装设自动重合闸。

6. 采用消弧线圈接地方式

对于雷电活动强烈，接地电阻又难以降低的地区，可考虑采用中性点不接地或经消弧线圈接地的方式，绝大多数的单相雷击闪络接地故障能被消弧线圈所消除。而在两相或三相落雷时，雷击引起第一相导线闪络并不会造成跳闸，闪络后的导线相当于地线，增加了耦合作用，使未闪络相绝缘子串上的电压下降，从而提高了耐雷水平。

7. 安装线路避雷器

线路避雷器并接在线路绝缘子串的两端，可防止线路绝缘发生冲击闪络，并能自行切断工频电弧，从而降低雷击跳闸率。

8. 加强绝缘

在冲击电压作用下木材是较良好的绝缘，因此可以采用木横担来提高耐雷水平和降低建弧率，我国受客观条件限制一般不采用木绝缘。

对于高杆塔，可以采取增加绝缘子串片数的办法来提高其防雷性能。高杆塔的等值电感大，感应过电压大，绕击率也随高度而增加，因此“规程”规定，全高超过 40m 有避雷线的杆塔，每增高 10m 应增加一片绝缘子，全高超过 100m 的杆塔，绝缘子数应结合运行经验通过计算确定。

习　题

4-1　试从物理概念上解释避雷线对降低导线上感应过电压的作用。

4-2　试全面分析雷击杆塔时影响耐雷水平的各种因素的作用，工程实际中往往采用哪些措施来提高耐雷水平，试述其理由。

4-3　为什么绕击时的耐雷水平远低于雷击杆塔时的耐雷水平？

4-4　试述建弧率的含义及其在线路防雷中的作用。

4-5　为什么额定电压低于35kV的线路一般不装设避雷线？

4-6　某220kV线路的铁塔结构如图4-8所示。该线路通过平原地区，雷暴日年平均为40日，导线型号为LGJQ-300，避雷线外径为10mm，导线和避雷线的弧垂分别为12m和7m，线路档距为400m，杆塔冲击接地电阻为7Ω，绝缘子串由13×X－4.5组成，长为2.2m，其50%冲击放电电压为1200kV。试计算该线路的耐雷水平和跳闸率。

4-7　某35kV水泥杆铁横担线路结构如图4-9所示。导线弧垂为3m，导线型号为LJ-50；绝缘子串由3×X-4.5组成，其长度为0.6m，50%放电电压为350kV；水泥杆无人工接地，自然接地电阻为20Ω。试计算其耐雷水平和雷击跳闸率。

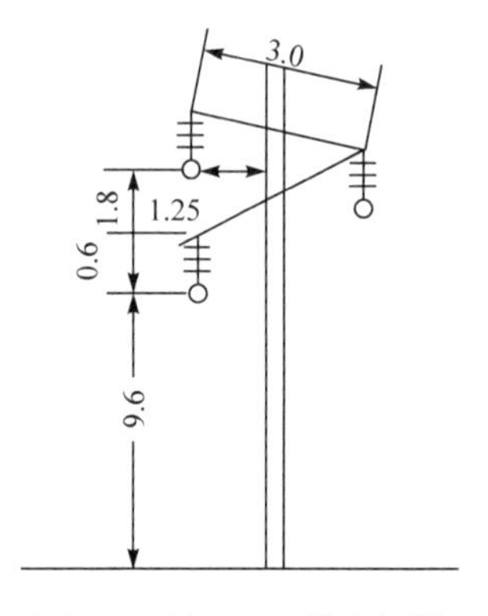

图4-9　某35kV线路杆塔
(图中单位为m)

第5章　发电厂和变电所的防雷保护

发电厂、变电所是电力系统的中心环节，如果发生雷击事故，将造成大面积停电，严重影响国民经济和人民生活，因此发电厂、变电所的防雷保护必须是十分可靠的。

发电厂、变电所遭受雷害可能来自两个方面：雷直击于发电厂、变电所；雷击线路，沿线路向发电厂、变电所入侵的雷电波。

对直击雷的保护，一般采用避雷针或避雷线。我国运行经验表明，凡装设符合规程要求的避雷针的发电厂和变电所，绕击和反击事故率是非常低的。

由于线路落雷频繁，所以沿线路入侵的雷电波是发电厂、变电所遭受雷害的主要原因。由线路入侵的雷电波电压虽受到线路绝缘的限制，但线路绝缘水平比发电厂、变电所电气设备的绝缘水平高，若不采取防护措施，势必造成发电厂、变电所电气设备的损坏事故。其主要防护措施是在发电厂、变电所内装设避雷器以限制入侵雷电波的幅值，使设备上的过电压不超过其冲击耐压值；在发电厂、变电所的进线上设置进线保护段以限制流经阀型避雷器的雷电流和限制入侵雷电波的陡度；此外，对直接与架空线相连的旋转电机(称直配电机)还在电机母线上装设电容器，限制入侵雷电波陡度以保护电机匝间和中性点绝缘。当采取了这些措施后，应确保由雷电侵入波造成的变电所事故不超过每年每百个电站 0.5～0.67 次。

5.1　发电厂、变电所的直击雷防护

为了防止雷直击于发电厂、变电所，可以装设避雷针，应该使所有设备都处于避雷针保护范围之内，此外，还应采取措施，防止雷击避雷针时的反击事故。

雷击避雷针时，雷电流流经避雷针及其接地装置见图 5-1，在避雷针 h 高度处和避雷针的接地装置上，将出现高电位 u_k 和 u_d：

$$u_k = L\frac{di_L}{dt} + i_L R_{ch} \tag{5-1}$$

$$u_d = i_L R_{ch} \tag{5-2}$$

式中，L 为避雷针的等值电感；R_{ch} 为避雷针的冲击接地电阻；i_L 和 $\frac{di_L}{dt}$ 分别为流经避雷针的雷电流和雷电流平均上升速度。

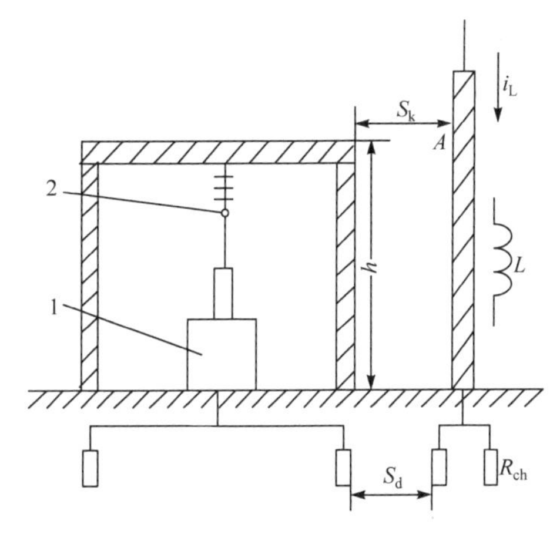

图 5-1　独立避雷针离配电构架的距离

1-变压器；2-母线

取雷电流 i_L 的幅值为 150kA，雷电流的平均上

升速度 $\frac{di_L}{dt}$ 为 150kA/2.6μs，避雷针单位长度电感为 1.3μH/m，则可得

$$u_k = 150R_{ch} + 75h \quad (kV)$$

$$u_d = 150R_{ch} \quad (kV)$$

式中，h 为配电构架的高度(图 5-1 中点 A)。上两式表明，避雷针和其接地装置上的电位 u_k 和 u_d 与冲击接地电阻 R_{ch} 有关，R_{ch} 越小则 u_k 和 u_d 越低。

为了防止避雷针与被保护设备或构架之间的空气间隙 S_k 被击穿而造成反击事故，必须要求 S_k 大于一定距离，若取全波作用下空气的平均抗电强度为 500kV/m，波头作用下空气的平均抗电强度为 750kV/m，则 S_k 应满足：

$$S_k > 0.3R_{ch} + 0.1h \quad (m) \tag{5-3}$$

同样，为了防止避雷针接地装置和被保护设备接地装置之间在土壤中的间隙 S_d 被击穿，必须要求 S_d 大于一定距离，S_d 应满足(此处假设土壤的抗电强度为 500kV/m)：

$$S_d > 0.3R_{ch} \quad (m) \tag{5-4}$$

在一般的情况下，S_k 不小于 5m，S_d 不应小于 3m。

对于 110kV 及以上的变电所，可以将避雷针架设在配电装置的构架上，称为构架避雷针，这是由于此类电压等级配电装置的绝缘水平较高，雷击避雷针时在配电构架上出现的高电位不会造成反击事故。装设避雷针的配电构架应装设辅助接地装置，此接地装置与变电所接地网的连接点离主变压器接地装置与变电所接地网的连接点之间的距离不应小于 15m，目的是使雷击避雷针时在避雷针接地装置上产生的高电位，在沿接地网向变压器接地点传播的过程中逐渐衰减，以便到达变压器接地点时不会造成变压器的反击事故。由于变压器的绝缘较弱，又是变电所中最重要的设备，故在变压器门型构架上不应装设避雷针。

对于 35kV 及以下的变电所，因其绝缘水平较低，故不允许将避雷针装设在配电构架上，以免出现反击事故，需要架设独立避雷针，并应满足不发生反击的要求。

关于线路终端杆塔上的避雷线能否与变电所构架相连的问题也可按上述装设避雷针的原则(即是否会发生反击的原则)来处理，110kV 及以上的变电所允许相连，35kV 及以下的变电所一般不允许相连。“规程”建议，土壤电阻率不大于 500Ω·m 的地区，可以相连。

发电厂厂房一般不装设避雷针，以免发生反击事故和引起继电保护误动作。

此外，安装避雷针时还需注意，严禁将照明线、电话线、广播线及天线等装在避雷针或其构架上。例如，在避雷针的构架上设置照明灯，灯的电源线必须用铅套电缆或将导线装在金属管内，并将引下的电缆或金属管直接埋入地中，这样才允许与屋内低压配电装置相连，以免雷击构架上的避雷针时，威胁人身和设备的安全。

发电厂和变电所的直击雷防护也可采用避雷线。架设避雷线同样要采取措施避免引起反击事故。

5.2 变电所内侵入波的防护

变电所内必须装设避雷器以限制雷电波入侵时的过电压，这是变电所防雷保护的基本措施之一。

避雷器的接线示意图如图 5-2 所示，以阀型避雷器为例，其直接连在变压器旁，即认为变压器与避雷器之间的距离为零。为简化分析，不计变压器的对地入口电容，入侵波 u 自线路入侵，避雷器动作前后的电压可用图 5-2(b)、(c)的等值电路来分析。

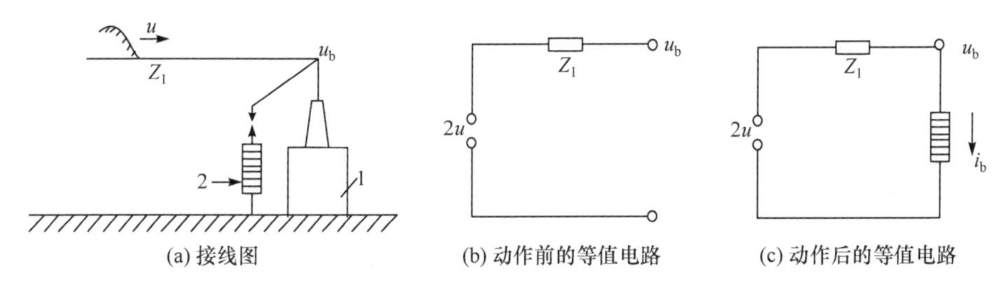

图 5-2　避雷器直接装在变压器旁边

1-变压器；2-避雷器

假定避雷器的伏安特性 $u_b = f(i_b)$ 和伏秒特性 u_f 为已知，则可按图 5-3 所示的作图法求取变压器上的电压。入侵波 u 到达变压器处，在避雷器动作前，相当于末端开路，电压上升一倍成为 $2u$，避雷器上电压 u_b 也等于 $2u$。当 $2u$ 与避雷器伏秒特性 $u_f=f(t)$相交时(参阅图 5-3)，则避雷器动作，动作电压为 U_{ch}。动作后按图 5-2(c)中的等值电路，可列方程：

$$2u = u_b + i_b Z_1$$

式中，i_b 为流过避雷器的电流。

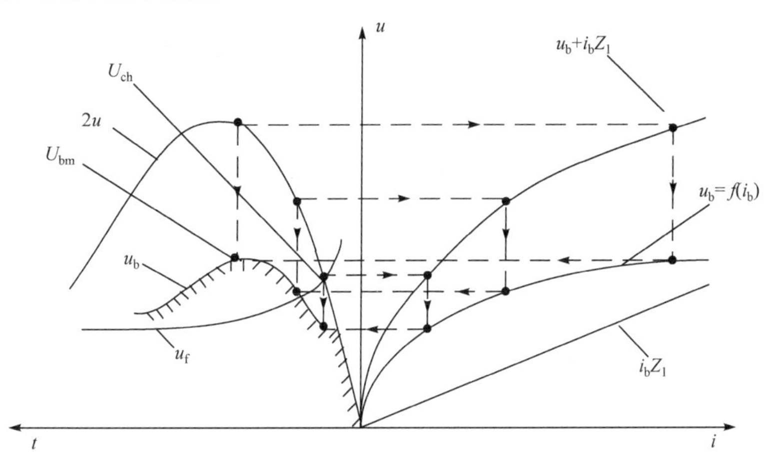

图 5-3　避雷器电压 u_b 图解法

u-来波；u_f-避雷器伏秒特性；u_b-避雷器上电压；$u_b = f(i_b)$-避雷器的伏安特性

画出曲线 $u_b + i_b Z_1$，然后自入侵波的幅值处作一条水平线与曲线 $u_b + i_b Z_1$ 相交，交点的横坐标就是流过避雷器的最大雷电流 i_{bm}，由 i_{bm} 自伏安特性 $u_b = f(i_b)$ 上所决定的电压 U_{bm} 就是避雷器上的最大残压值,其他时刻避雷器上的电压可按此用图解法求得。从图 5-3 可知，避雷器电压 u_b 具有两个峰值 U_{ch} 和 U_{bm}，U_{ch} 是避雷器冲击放电电压，由于阀型避雷器的伏秒特性 u_f 很平，故此值基本上不随入侵波陡度而变；U_{bm} 为避雷器残压的最大值，当然，残压与流过的雷电流大小有关，但因阀片的非线性特性，当流过的雷电流在很大范围内变动时，其残压近乎不变，如前所述，在具有正常防雷接线的 110～220kV 变电所中，流经避

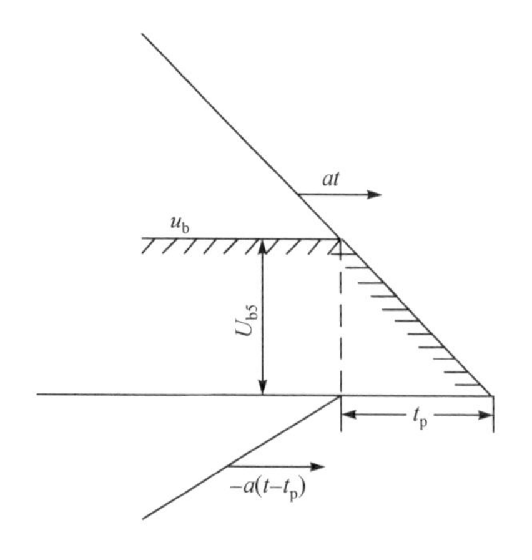

图 5-4　避雷器上电压波形 u_b

雷器的雷电流一般不超过 5kA，故残压的最大值取为5kA 下的数值；在一般情况下，避雷器的冲击放电电压与 5kA 的残压基本相同，这样，在以后的分析中可以将避雷器上的电压 u_b 近似地视为一个斜角平顶波，其幅值为 5kA 时的残压 U_{b5}。波头时间(即避雷器放电时间)取决于入侵波陡度。若入侵雷电波为斜角波，即 $u = at$，则避雷器的作用相当于在避雷器放电时刻 t_p 在避雷器安装处产生一个负电压波 $-a(t-t_p)$，如图 5-4 所示。

由于避雷器直接接在变压器旁，故变压器上的过电压波形与避雷器上的电压相同，若变压器的冲击耐压大于避雷器的冲击放电电压和 5kA 下的残压，则变压器将得到可靠的保护。

变电所中有很多电气设备，不可能在每个设备旁边都装设一组避雷器，一般只在变电所母线上装设避雷器，由于变压器是最重要的设备，因此避雷器应尽量靠近变压器。这样，避雷器离开变压器和各电气设备都有一段长度不等的距离，当雷电波入侵时，变压器和各电气设备上的电压将与避雷器上的电压不相同，二者相差多少？避雷器对变电所所有设备是否都能起到保护作用？下面以一个简例来分析。

图 5-5(a)为一所变电所主接线及其等值接线图，避雷器装在母线上，变压器离母线距离为 l_2，进线刀闸离母线距离为 l_1，在等值接线中不计各设备的对地电容。点 L、B、T 分别表示进线刀闸、避雷器和变压器的位置。入侵波为一个斜角波 at，点 L、B、T 的电压 $u_L(t)$、$u_B(t)$和 $u_T(t)$可用行波网格法求得，见图 5-5(b)。

以下分析时不取统一的时间起点，而以各点开始出现电压时为各点的时间起点。

先分析避雷器上的电压 $u_B(t)$，从图 5-5(b)可得：点 T 的反射波到达 B 点前，$u_B(t) = at$，点 T 的反射波到达 B 点后和避雷器动作前，$u_B(t) = at + a\left(t - \frac{2l_2}{v}\right) = 2a\left(t - \frac{l_2}{v}\right)$(假定避雷器的动作时间 $t_p > \frac{2l_2}{v}$)；v 为波速。

当 $t = t_p$ 时 $u_B(t)$ 与避雷器伏秒特性相交，避雷器动作，相当于在 $t = t_p$ 时刻在点 B 处加上一个负电压波 $-2a(t-t_p)$，因此，当 $t > t_p$ 时有

$$u_B(t) = 2a\left(t - \frac{l_2}{v}\right) - 2a(t - t_p) = 2a\left(t_p - \frac{l_2}{v}\right) \tag{5-5}$$

式(5-5)表明，当 $t > t_p$ 时，避雷器动作后电压 u_B 保持为一个定值，其值为 $2a\left(t_p - \frac{l_2}{v}\right)$，应等于避雷器残压，现取其最大值为 5kA 下的残压 U_{b5}，故当 $t > t_p$ 时有

$$u_B(t) = 2a\left(t_p - \frac{l_2}{v}\right) = U_{b5} \tag{5-6}$$

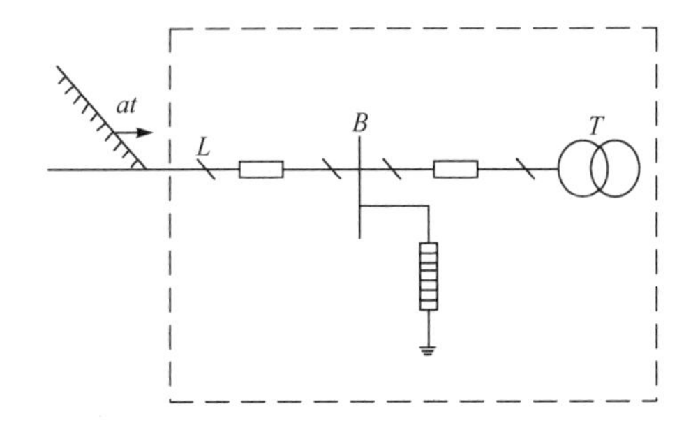

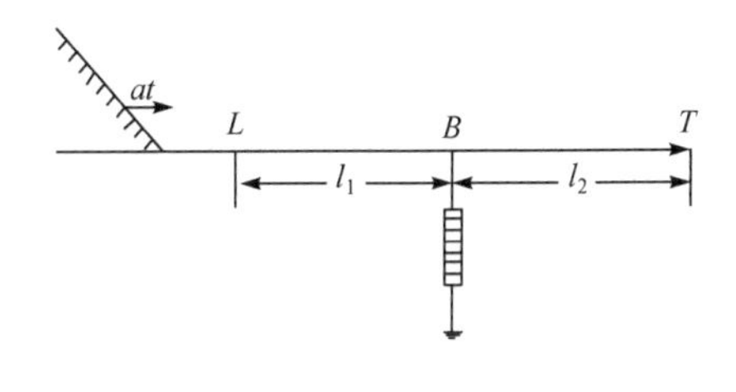

(a) 变电所实例及其等值接线图

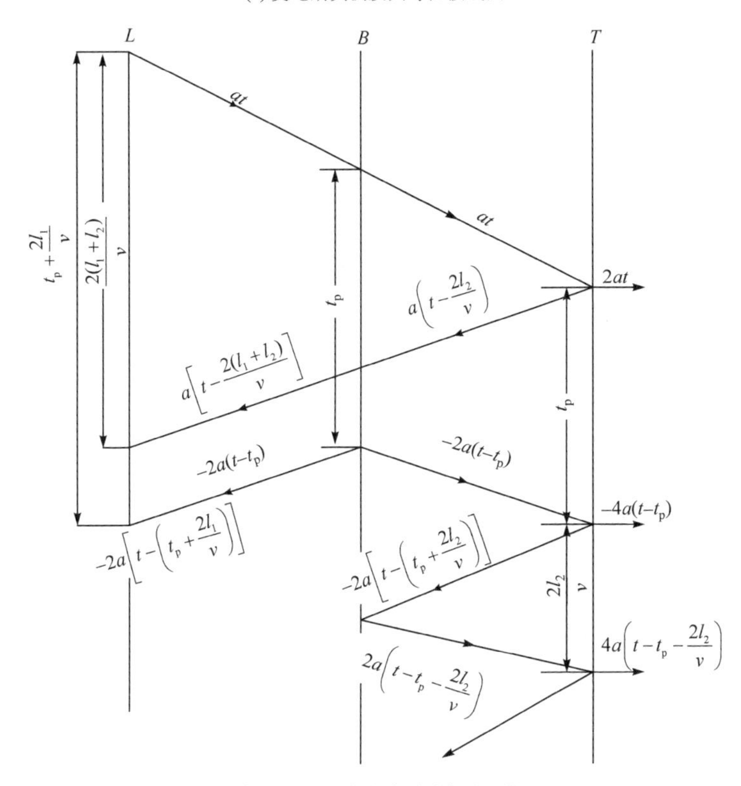

(b) 计算L、B、T各点电压的行波网格图

图 5-5 雷电波 at 入侵时，变电所各节点电压的网格图

表 5-1 避雷器上电压 $u_B(t)$

t	u_B
$t<\frac{2l_2}{v}$	at
$\frac{2l_2}{v}<t<t_p$	$at+a\left(t-\frac{2l_2}{v}\right)=2a\left(t-\frac{l_2}{v}\right)$
$t>t_p$	$2a\left(t-\frac{l_2}{v}\right)-2a\left(t-t_p\right)=2a\left(t_p-\frac{l_2}{v}\right)=U_{b5}$

$u_B(t)$的波形见表 5-1 和图 5-6(a)，图中$\tau_1=\dfrac{l_1}{v}$、$\tau_2=\dfrac{l_2}{v}$。

同理，根据图 5-5(b)可求得进线刀闸处和变压器处的电压 $u_L(t)$和 $u_T(t)$，见表 5-2、表 5-3 和图 5-6(b)、(c)。

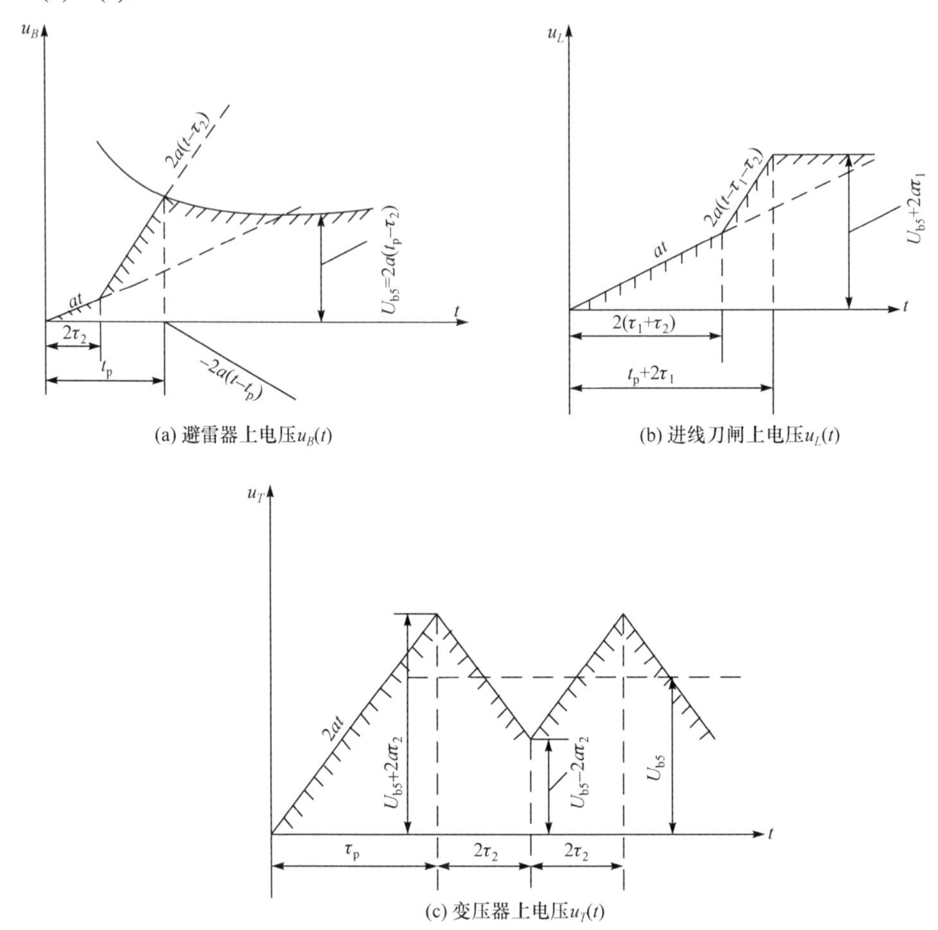

图 5-6 当雷电波 at 入侵图 5-5 所示的变电所时，变电所内各节点电压波形

$\tau_1=\dfrac{l_1}{v}$；$\tau_2=\dfrac{l_2}{v}$

从表 5-2、表 5-3 和图 5-6(b)、(c)可知，进线刀闸处电压的最大值 U_L 为

$$U_L=U_{b5}+2a\frac{l_1}{v} \tag{5-7}$$

表 5-2 进线刀闸上的电压 $u_L(t)$

t	u_L
$t<\dfrac{2(l_1+l_2)}{v}$	at
$\dfrac{2(l_1+l_2)}{v}<t<t_p+\dfrac{2l_1}{v}$	$at+a\left(t-\dfrac{2(l_1+l_2)}{v}\right)=2a\left(t-\dfrac{l_1+l_2}{v}\right)$
$t>t_p+\dfrac{2l_1}{v}$	$2a\left(t-\dfrac{l_1+l_2}{v}\right)-2a\left[t-\left(t_p+\dfrac{2l_1}{v}\right)\right]=2a\left(t_p+\dfrac{l_1-l_2}{v}\right)=U_{b5}+2a\dfrac{l_1}{v}$

表 5-3　变压器上电压 $u_T(t)$

t	u_T
$t < t_p$	$2at$
$t = t_p$	$2at_p = U_{b5} + 2a\frac{l_2}{v}$
$t_p < t < t_p + \frac{2l_2}{v}$	$2at - 4a(t - t_p) = -2at + 4at_p$
$t = t_p + \frac{2l_2}{v}$	$2a\left(t_p + \frac{2l_2}{v}\right) - 4a\left(t_p + \frac{2l_2}{v} - t_p\right) = 2a\left(t_p - \frac{2l_2}{v}\right) = U_{b5} - 2a\frac{l_2}{v}$
$t_p + \frac{2l_2}{v} < t < t_p + \frac{4l_2}{v}$	$-2at + 4at_p + 4a\left(t - t_p - \frac{2l_2}{v}\right) = 2at - 8a\frac{l_2}{v}$
$t = t_p + \frac{4l_2}{v}$	$2at_p = U_{b5} + 2a\frac{l_2}{v}$

变压器上电压的最大值U_T为

$$U_T = U_{b5} + 2a\frac{l_2}{v} \tag{5-8}$$

式(5-7)和式(5-8)表明，不论设备位于避雷器前还是避雷器后，只要设备离避雷器有一段距离l，则设备上所受冲击电压的最大值必然要高于避雷器残压U_{b5}。

从上可知，当雷电波入侵变电所时，变电所设备上所受冲击电压的最大值U_s为

$$U_s = U_{b5} + 2a\frac{l}{v} \tag{5-9}$$

式中，l为设备与避雷器之间的电气距离。

式(5-9)阐明了设备上所受的冲击电压最大值的变化规律，实际上，由于变电所具体接线方式的复杂性以及各设备对地电容的存在，设备上的电压显然与式(5-9)有出入。

一般可将式(5-9)修改为$U_s = U_{b5} + 2a\frac{l}{v}K$，$K$为考虑设备电容而引入的系数。

从表 5-3 和图 5-6(c)还可以知道，变压器上的电压具有振荡性质，其振荡轴为避雷器的残压U_{b5}，这是避雷器动作后产生的负电压波在点B与点T之间发生多次反射而引起的，如果考虑点L处有设备电容存在或点L左右波阻不同，则避雷器动作后产生的负电压波也将在点B和点L之间发生多次反射，同样将使点L的电压也具有振荡性质。

图 5-7 为雷电波入侵变电所时变压器上电压的实际典型波形，电压具有振荡性质，其轴为避雷器残压，这种波形和全波相差较大，对变压器绝缘的作用与截波的作用较为接近，因此常以变压器绝缘承受截波的能力来说明在运行中该变压器承受雷电波的能力，变压器承受截波的能力称为多次截波耐压值U_j，根据实践经验，对变压器而言，此值为变压器三次截波冲击试验电压$U_{j\cdot3}$的$\frac{1}{1.15}$倍，即$U_j = \frac{U_{j\cdot3}}{1.15}$，同样，其他电气设备在运行中承受雷电

波的能力也可用多次截波耐压值U_j来表示。

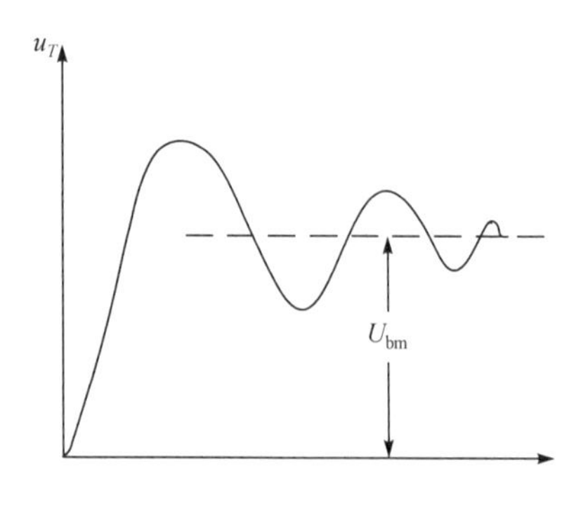

图 5-7　雷电波入侵变电所时，变压器上电压的实际典型波形

当雷电波入侵变电所时，若设备上受到的最大冲击电压值U_s小于设备本身的多次截波耐压值U_j，则设备不会发生事故，反之，则可能造成雷害事故，因此，为了保证设备安全运行，必须满足下式：

$$U_s \leqslant U_j$$

即

$$U_{b5} + 2a\frac{l}{v}K \leqslant U_j \tag{5-10}$$

式中，U_s为设备上所受冲击电压的最大值；U_j为设备多次截波耐压值；U_{b5}为避雷器上 5kA 下的残压；a为雷电波陡度；l为设备与避雷器间的距离；v为波速；K为考虑设备电容而引入的修正系数。

不同电压等级变压器的多次截波冲击耐压U_j和避雷器 5kA 下的残压U_{b5}见表 5-4，从表 5-4 可知，U_j比 FZ 型避雷器的残压U_{b5}高出 40%多，220kV 以下线路，U_j比 FCZ 型避雷器的残压高出 80%多。

由以上分析可知，为了保证变压器和其他设备的安全运行，必须限制避雷器的残压，也就是说对流过避雷器的雷电流必须加以限制，使之不大于 5kA；同时也必须限制入侵波的陡度a和设备离开避雷器的电气距离l。限制流经避雷器的雷电流使之小于 5kA 和限制入侵波陡度a的任务由变电所进线保护段来完成，将在 5.3 节叙述。

表 5-4　变压器多次截波耐压值U_j与避雷器残压U_{b5}的比较

额定电压/kV	变压器三次截波耐压 U_{j3} /kV	变压器多次截波耐压 U_j /kV	FZ 避雷器 5kA 残压 U_{b5}/kV	FCZ 避雷器 5kA 残压 U_{b5}/kV	变压器多次截波耐压与避雷器残压的比	
					FZ	FCZ
35	225	196	134	108	1.46	1.81
110	550	478	332	260	1.44	1.83
220	1090	949	664	515	1.43	1.85
330	1300	1130		820		1.38

入侵波陡度a为某一值时，变压器与避雷器之间的距离有一个极限值，超过此值，变压器上受到的冲击电压将超过其冲击耐压，避雷器对变压器将无法保护，此值称为避雷器的最大保护距离(或称最大电气距离)，在变电所设计时，应使所有设备到避雷器的电气距离都在保护范围内。

图 5-8 和图 5-9 是对装设普通型(FZ)避雷器的 35～330kV 变电所典型接线通过模拟试验求得的变压器到避雷器的最大允许电气距离l_m与入侵波陡度a的关系曲线。由于变电所内

其他设备的冲击耐压值比变压器高，它们距避雷器的最大允许电气距离可以比图 5-8 和图 5-9 相应增加 35%。对于二路进线的变电所，其最大允许电气距离比一路进线大，这是二路进线一路来波时，另外一路将分流一部分雷电流的缘故。对于多路进线的变电所，其最大允许电气距离 l_m 可比二路进线时大，“规程”建议，三路进线变电所的 l_m 可按图 5-9 增大 20%，四路及以上进线可增大 35%。

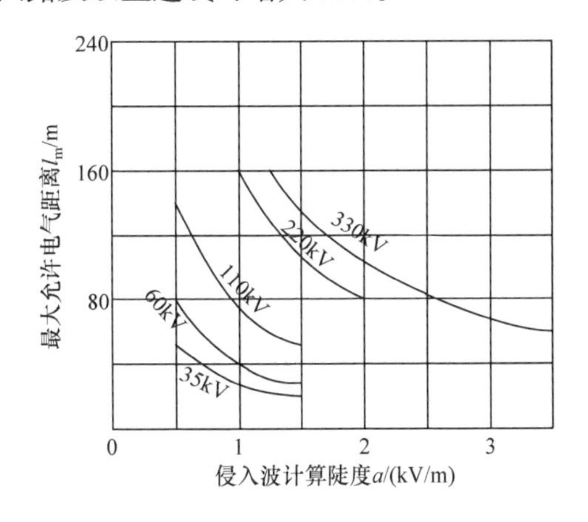

图 5-8　一路进线的变电所中，避雷器与变压器的最大电气距离与入侵波计算陡度的关系曲线

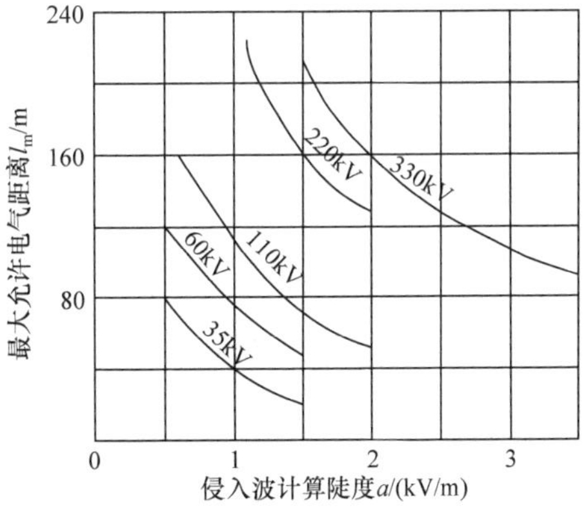

图 5-9　二路进线的变电所中，避雷器与变压器的最大电气距离与入侵波计算陡度的关系曲线

对一般变电所的入侵雷电波防护设计主要是选择避雷器的安装位置，其原则是在任何可能的运行方式下，变电所的变压器和各设备距避雷器的电气距离皆应小于最大允许电气距离 l_m 。避雷器一般安装在母线上，若一组避雷器不能满足要求，则应考虑增设，对于接线复杂和特殊的变电所，需要通过模拟试验或计算机计算来确定阀型避雷器的安装数量和位置。

变电所的防雷性能通常用危险波曲线来说明，危险波曲线是通过下述方法取得的：在某一运行方式下，固定入侵波幅值，改变入侵波陡度直至变电所内某一设备上的过电压达到其冲击耐压值，记录该入侵波幅值及其相应的陡度作为危险波曲线上的一点，然后改变入侵波幅值，重复上述试验，可得如图 5-10 所示的在某一运行方式下的危险波曲线，该曲线的纵坐标为入侵波幅值，横坐标为入侵波陡度。若入侵波幅值和陡度位于该曲线之上如图中区域Ⅰ，则变电所将出现雷害事故，反之，若入侵波幅值和陡度位于图中区域Ⅱ，则无雷害事故。危险波曲线越偏上和偏右，则说明此运行方式下的防雷性能越好。

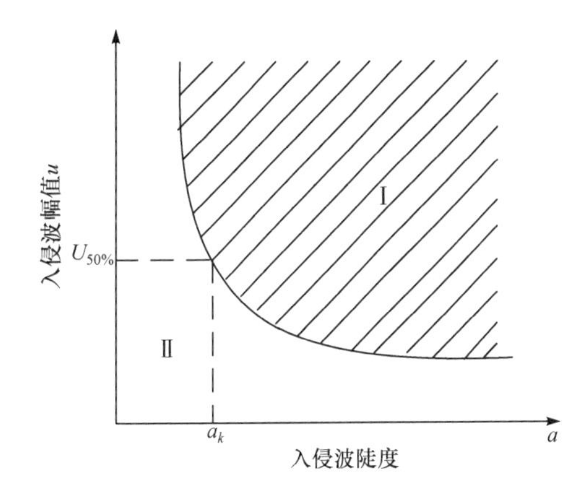

图 5-10　变电所的危险波曲线

5.3 变电所的进线段保护

变电所进线段保护的作用在于限制流经避雷器的雷电流和限制入侵波的陡度。

5.3.1 35kV 及以上变电所的进线段保护

对于 35～110kV 无避雷线的线路，雷直击于变电所附近线路的导线上时，流经避雷器的雷电流可能超过 5kA，而且陡度 a 也可能超过允许值，因此，对 35～110kV 无避雷线的线路，在靠近变电所的一段进线上必须架设避雷线以保证雷电波只在此进线段外出现，进线段内出现雷电波的概率将大大减小。架设避雷线的这段进线称为进线保护段，其长度一般取为 1～2km，如图 5-11(a)所示。进线段应具有较高的耐雷性能，“规程”规定不同电压等级进线段的耐雷水平见表 5-5，避雷线的保护角应为 20°左右以尽量减少绕击。对于全线有避雷线的线路，也将变电所附近 2km 长的一段进线列为进线保护段，进线段的避雷线除了线路防雷，还担负着避免或减少变电所雷电行波事故的作用，此段的耐雷水平及保护角也应符合上述规定。这样，在进线段内雷绕击或反击而产生入侵雷电波的机会是非常小的，在进线段以外落雷时，则由于进线段导线本身阻抗的作用使流经避雷器的雷电流受到限制，同时，由于在进线段内导线上冲击电晕的影响将使入侵波陡度和幅值下降。

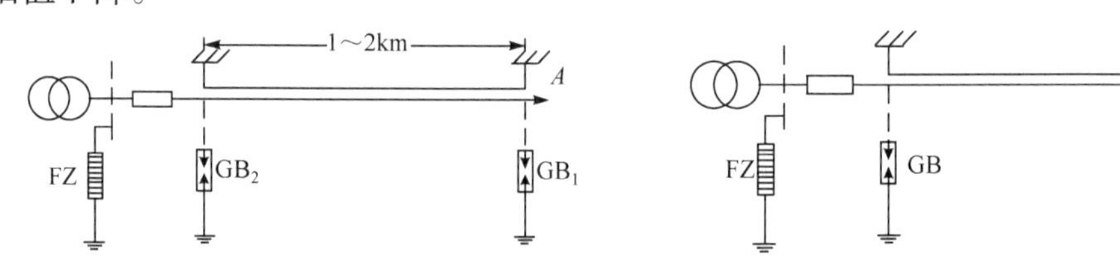

(a) 未沿全线架设避雷线的35～110kV线路的变电所的进线保护接线　　(b) 全线有避雷线的变电所的进线保护接线

图 5-11　35kV 及以上变电所的进线保护接线

表 5-5　进线段的耐雷水平

额定电压/kV	35	60	110	220	330
耐雷水平/kA	30	60	75	120	140

变电所内设备距避雷器的最大允许电气距离 l_m 就是根据进线段以外落雷的条件求得的，这样就可以保证进线段以外落雷时变电所不会发生事故。

(1) 进线端首端(图 5-11 中 A 点)落雷时流经避雷器雷电流的计算。最不利的情况是进线段首端落雷，由于受线路绝缘放电电压的限制，入侵雷电波的最大幅值为线路绝缘的 50%冲击闪络电压 $U_{50\%}$。行波在 1～2km 的进线段来回一次的时间需要 $\frac{2l}{v}=6.7\sim13.3\mu s$，而入侵波的波头又较短，故避雷器动作后产生的负电压波折回雷击点在雷击点产生的反射波到达避雷器前，流经避雷器的雷电流已过峰值，因此可用图 5-12 的等值电路按下式计算流经避雷器雷电流的最大值 I_b：

$$2U_{50\%}=I_bZ+U_{bm}$$

式中，Z 为进线段导线波阻；U_{bm} 为避雷器的残压最大值。上式可用图解法求解。不同电压等级的 I_b 见表 5-6。从表 5-6 可知，1～2km 长的进线段已能够满足限制避雷器中雷电流不超过 5kA(或 10kA)的要求。

表 5-6　进线段外落雷流经单路进线变电所避雷器雷电流最大值的计算值

额定电压/kV	避雷器型号	线路绝缘的 $U_{50\%}$/kV	I_b/kA
35	FZ-35	350	1.4
110	FZ-110	700	2.6
220	FZ-220	1200～1400	4.5～5.3
330	FCZ-330	1645	7

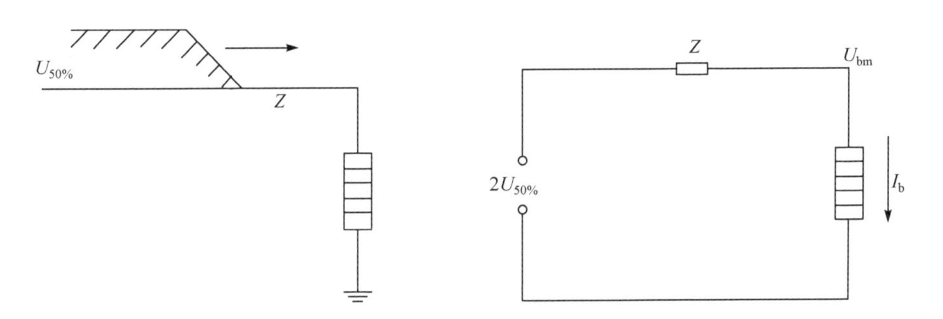

图 5-12　流经变电所避雷器雷电流计算用等值电路

(2) 进入变电所的雷电波陡度 a 的计算。可以认为：在最不利的情况下，出现在进线段首端的入侵雷电波的最大幅值为线路绝缘的 50%冲击闪络电压 $U_{50\%}$且具有直角波头。$U_{50\%}$已大大超过导线的临界电晕电压，因此在入侵雷电波作用下，导线将发生冲击电晕，于是直角波头的雷电波自进线段首端向变电所传播的过程中，波形将发生变形，波头变缓。根据式(2-68)，可求得进入变电所雷电波的陡度 a 为

$$a=\frac{u}{\Delta\tau}=\frac{u}{\left(0.5+\dfrac{0.008u}{h_d}\right)l}\qquad (\text{kV}/\mu\text{s})\tag{5-11}$$

入侵波的计算用陡度 a'为

$$a'=\frac{a}{v}=\frac{a}{300}\qquad (\text{kV/m})$$

式中，h_d 为进线段导线悬挂平均高度(m)；l 为进线段长度(km)。

表 5-7 列出了用式(5-11)计算出的不同电压等级变电所入侵波的计算用陡度 a'值，由该表按已知的进线段长度求出 a'值后，就可根据图 5-8 和图 5-9 求得变压器或其他设备到避雷器的最大允许电气距离 l_m。

在线路绝缘水平很高的情况下，为了限制入侵雷电波的幅值，可在进线段首端处装设一组管型避雷器 GB_1 如图 5-11(a)所示，在雷季中，变电所 35～110kV 进线的隔离开关或断

表 5-7　变电所入侵波计算用陡度

额定电压/kV	入侵波计算陡度/(kV/m)	
	1km 进线段	2.0km 进线段全线有避雷线
35	1.0	0.5
110	1.5	0.75
220	1	1.5
330	1	2.2

路器可能经常处于断路状态，而此时线路侧又在带电的情况下，当沿线有 $U_{50\%}$幅值的雷电波入侵时，在此断开点将发生全反射使电压提高一倍，有可能使开路的断路器或隔离开关对地闪络，由于线路侧带电，所以将导致工频短路并可能将断路器或隔离开关的绝缘支座烧毁，因此，必须在靠近隔离开关或断路器处装设一组管型避雷器 GB_2[图 5-11(a)]；在断路器闭合运行时，入侵雷电波不应使 GB_2 动作，即此时 GB_2 应在变电所阀型避雷器保护范围之内，如 GB_2 在断路器闭合运行时入侵波使之放电则将造成截波，可能危及变压器纵绝缘，若缺乏合适参数的管型避雷器，则 GB_2 也可用阀型避雷器或保护间隙来代替。

5.3.2　35kV 小容量变电所的简化进线保护

对 35kV 的小容量变电所，可根据变电所的重要性和雷电活动强度等情况采取简化的进线保护，由于 35kV 小容量变电所范围小，避雷器距变压器的距离一般在 10m 以内，故入侵波陡度 a 允许增加，进线段长度可以缩短到 500～600m。为限制流入变电所阀型避雷器的雷电流，在进线首端可装设一组管型避雷器或保护间隙(图 5-13)。

35～110kV 变电所，当进线段装设避雷线有困难或进线段杆塔接地电阻难以下降，不能达到表 5-5 要求的耐雷水平时，可在进线的终端杆上安装一组 100μH 左右的电抗线圈来代替进线段，如图 5-14 所示，此电抗线圈既能限制流过避雷器的雷电流，又能限制入侵波陡度。

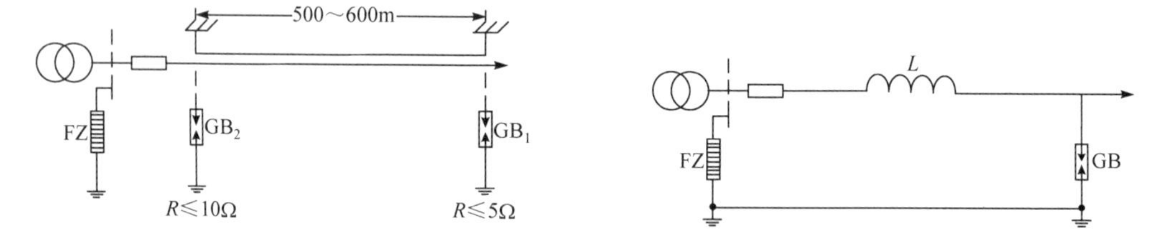

图 5-13　3150～5000kV · A、35kV 变电所的简化保护接线　图 5-14　用电抗线圈代替进线段的保护接线

5.4　三绕组变压器和自耦变压器的防雷保护

5.4.1　三绕组变压器的防雷保护

如前所述，当变压器高压侧有雷电波入侵时，通过绕组间的静电和电磁耦合，在其

低压侧也将出现过电压，三绕组变压器在正常运行时，可能存在只有高、中压绕组工作，低压绕组开路的情况，此时，在高压或中压侧有雷电波作用时，由于低压绕组对地电容较小，开路的低压绕组上的静电感应分量可达很高的数值，将危及绝缘，考虑到静电感应分量将使低压绕组三相的电位同时升高，故为了限制这种过电压，只要在任一相低压绕组直接出口处对地加装一个避雷器即可，中压绕组虽也有开路的可能，但其绝缘水平较高，一般不装。

5.4.2 自耦变压器的防雷保护

自耦变压器一般除有高、中压自耦绕组外，还有低压非自耦绕组，可能出现高、低压绕组运行，中压开路和中、低压绕组运行，高压开路的运行方式。当入侵波从高压端线路袭来，高压端电压为 U_0 时，其初始和稳态电位分布以及最大电位包络线都和中性点接地的绕组相同，见图 5-15(a)。在开路的中压端子 A' 上可能出现的最大电位约为高压侧电压 U_0 的 $2/k$ 倍(k 为高压侧与中压侧绕组的变比)，这样可能使处于开路的中压端套管闪络，因此在中压侧与断路器之间应装设一组避雷器，以便当中压侧断路器开路时保护中压侧绝缘。当高压侧开路，中压侧有雷电波入侵，中压侧电压为 U_0' 时，初始和稳态电位分布如图 5-15(b)所示，由中压端 A' 到开路的高压端 A 的稳态分布是由中压端 A' 到中性点 O 的稳态分布的电磁感应而形成的，高压端 A 点的稳态电压为 kU_0'，在振荡过程中 A 点电位可达 $2kU_0'$，这将危及开路的高压侧，因此在高压侧与断路器之间也应装设一组避雷器，自耦变压器的防雷保护接线如图 5-16 所示。

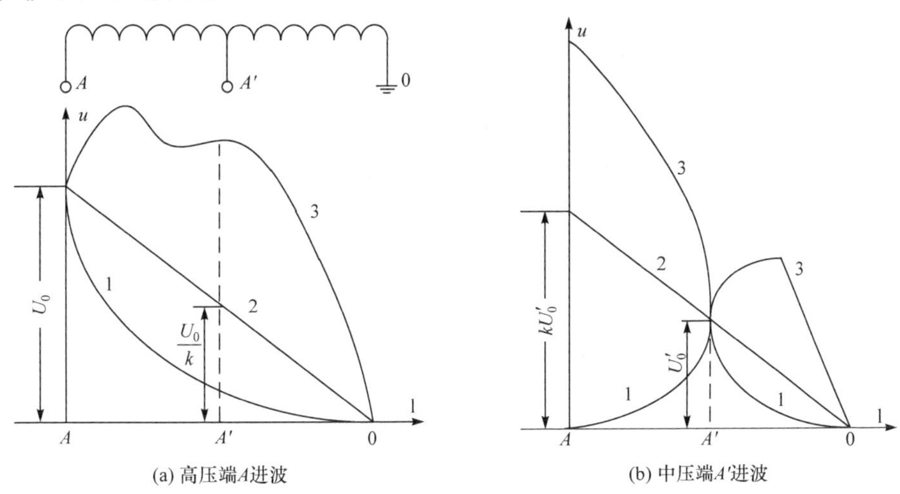

图 5-15 自耦变压器中有雷电波入侵时的最大电位包络线

1-初始电压分布；2-稳态电压分布；3-最大电位包络线

此外，尚应注意下列情况，当中压侧有出线(相当于 A' 点经线路波阻抗接地)而高压侧有雷电波入侵时，A' 相当于接地，雷电波电压大部分将加在自耦变压器绕组的 AA' 绕组上，可能使其损坏。同理，当高压侧连有出线而中压侧进波时也有类似情况，这种情况显然在 AA' 绕组越短(即变比越小)时越危险，因此当变比小于 1.25 时，在 AA' 之间还应加装一组避雷器如图 5-16(a)中虚线 FZ_2，此避雷器的灭弧电压应大于高压或中压侧对地短路条件下 AA' 所出现的最高工频电压，也可采用图 5-16(b)所示的“自耦”避雷器保护方式。

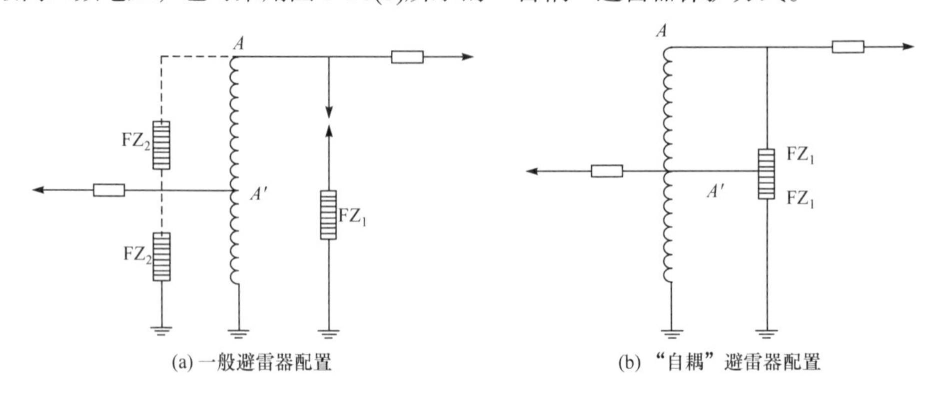

图 5-16　保护自耦变压器的避雷器配置

5.5　变压器中性点保护

在变压器绕组波过程中曾经说明，当三相来波时在变压器中性点的电位理论上会达到绕组首端电压的两倍，因此需要考虑变压器中性点的保护问题。

对于中性点不接地或经消弧线圈接地的系统，变压器是全绝缘的，即变压器中性点的绝缘水平与相线端是一样的，由于三相来波的概率不大，大多数来波自线路较远处袭来，其陡度很小，而且变电所进线不止一条，非雷击进线起了分流作用，此外变压器绝缘有一定裕度，“规程”规定，35～60kV 变压器中性点一般不需保护，但对 110kV 且为单进线的变电所，则宜在中性点上加装避雷器，这些避雷器的额定电压可按线电压或相电压选择。

对于中性点接地系统，由于继电保护的要求，其中一部分变压器的中性点是不接地的，而在这些系统中的变压器往往是分级绝缘的，即变压器中性点绝缘水平要比相线端低得多(例如，我国 110kV 和 220kV 变压器中性点的绝缘分别为 35kV 和 110kV 级等)，所以需在中性点上加装阀型避雷器或间隙加以保护，对于中性点避雷器来说，应该满足以下条件：

(1) 其冲击放电电压应低于变压器中性点的冲击耐压。

(2) 其灭弧电压应大于电网单相接地而引起的中性点电位升高的有效值。

对于中性点间隙保护来说，除了应满足其冲击放电电压应低于变压器中性点的冲击耐压这个条件，尚需满足间隙的放电电压应大于电网单相接地而引起的中性点电位升高的暂态最大值，以免间隙动作而造成继电保护误动作。

对 110kV 分级绝缘变压器中性点来说，如选用 FZ-35 或 FCZ-35，则其灭弧电压低于电网单相接地时中性点的电位升高稳态值，因此一般不可采用，应考虑选用 FZ-40。

对 220kV 和 330kV 分级绝缘变压器来说,则分别选用 FZ-110J 和 FZ-154J 型避雷器即可。

在断路器非全相合闸时，在变压器中性点上将出现很高的过电压，限制这种内部过电压已非避雷器所能胜任，我国曾出现过在此种情况下避雷器爆炸的事故多起，一般可选用以下办法解决：

(1) 提高断路器质量、保证三相同期合闸。

(2) 开断或接入变压器时先将变压器中性点直接接地，待操作完毕后再将中性点拉开。

(3) 中性点采用间隙保护，根据实践经验，220kV 变压器中性点可采用 340mm 的棒间隙保护，其运行情况良好。

5.6 旋转电机的防雷保护

直接与架空线相连的旋转电机(包括发电机、同期调相机、大型电动机等)称为直配电机。在此情况下因线路上的雷电波可以直接传入电机，故其防雷保护显得特别突出。

旋转电机的防雷保护应包括电机主绝缘、匝间绝缘和中性点绝缘的保护。

5.6.1 旋转电机防雷特点

(1) 由于结构和工艺上的特点，在相同电压等级的电气设备中旋转电机的绝缘水平是最低的，试验证明，电机主绝缘的冲击系数接近于 1。旋转电机主绝缘的出厂冲击耐压值与变压器冲击耐压值的比较见表 5-8。

表 5-8 电机和变压器的冲击耐压值

电机额定电压(kV，有效值)	电机出厂工频耐压(kV，有效值)	电机出厂冲击耐压(kV，幅值)	同级变压器出厂冲击耐压(kV，幅值)	FCD 磁吹避雷器 3kA 下残压(kV，幅值)	氧化锌避雷器 3kA 残压(kV，幅值)
10.5	$2u_0+3$	34	80	31	26
13.8	$2u_0+3$	43.3	108	40	34.2
15.75	$2u_0+3$	48.8	108	45	39

从表 5-8 可知，旋转电机出厂冲击耐压值仅为变压器的 1/4～1/2.5，而且在运行过程中，由于受到机械、电、热和化学的联合作用，电机的绝缘将会老化，因此运行中电机主绝缘的实际冲击耐压将较表 5-8 中所列数值低。

(2) 保护旋转电机用的磁吹避雷器(FCD 型)的保护性能与电机绝缘水平的配合裕度很小，从表 5-8 可知，电机出厂冲击耐压值只比避雷器残压高 8%～10%，因此发电机只靠避雷器保护是不够的，还必须与电容器、电抗器和电缆段等配合起来进行保护。

(3) 实践证明，为了保护匝间绝缘，必须将入侵波陡度 a 限制在 5kV/μs 以下。一般来说，发电机绕组中性点是不接地的，三相进波时在直角波头情况下，中性点电压可达相端电压的两倍，因此，必须对中性点采取保护措施，试验表明，入侵波陡度降低时，中性点过电压也随之减小，当入侵波陡度降至 2kV/μs 以下时，中性点过电压将不超过相端的过电压。

总之，旋转电机的防雷保护要根据发电机的容量、重要性以及当地雷电活动的情况，因地制宜地处理，需要全面考虑主绝缘、匝间绝缘和中性点绝缘的保护要求。

5.6.2 直配电机的防雷保护

一般直配电机的电压等级都在 10kV 及以下，绝缘水平相对较低，直击雷或雷击线路附近大地产生的感应雷过电压沿输电线路入侵电机，都可能危及直配电机绝缘，需采取较严格的防雷措施。

作用在直配电机上的大气过电压有两类，一类是与电机相连的架空线路上的感应雷过电压；另一类是由雷直击于与电机相连的架空线路引起的。感应雷过电压出现的机会较多。如前所述，感应雷过电压是由线路导线上的感应电荷转为自由电荷引起的，在相同的感应电荷下增加导线对地电容可以降低感应过电压，为了限制作用在电机上的感应过电压使之低于电机的冲击耐压强度值，可在发电机电压母线上装设电容器。

雷直击于与电机相连的线路，雷电波自线路侵入电机，这是直配电机防雷保护的主要方面，其防雷保护的主要措施如下。

(1) 在每台发电机出线母线处装设一组 FCD 型避雷器，以限制入侵波幅值，同时采取进线保护措施以限制流经 FCD 型避雷器中的雷电流使之小于 3kA。

(2) 在发电机电压母线上装设电容器，以限制入侵波陡度 a 和降低感应过电压。

在变电所中限制 a 的主要目的是限制由变压器与避雷器之间的距离而引起的电压差。而在直配电机防雷保护中，由于避雷器直接装在每台电机的出线处，故上述问题不突出，限制 a 的主要目的是保护匝间绝缘和中性点绝缘。

通常采取在发电机电压母线上装设电容器的办法来降低入侵波陡度如图 5-17 所示。若入侵波为幅值 U_0 的直角波，则发电机母线上电压(即电容 C 上电压 U_C)可按图 5-17(b)的等值电路计算，计算结果表明，每相电容为 0.25～0.5μF 时，能够满足 $a < 2\text{kV}/\mu\text{s}$ 的要求，同时也能满足限制感应过电压使之低于电机冲击耐压强度的要求。

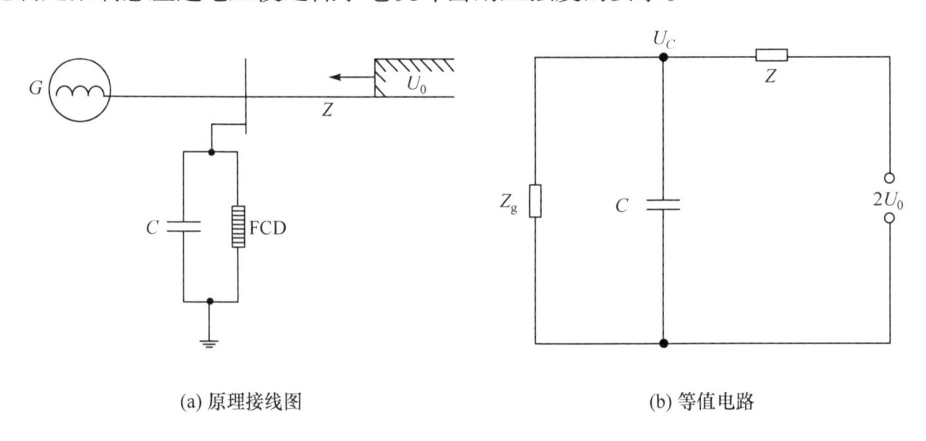

图 5-17　电机母线上装设电容 C 以限制来波陡度

Z_g-发电机波阻

(3) 进线段保护。为了限制流经 FCD 中的雷电流使之小于 3kA，需要设置进线保护段，图 5-18 为电缆与管型避雷器联合作用的典型进线保护段，雷电波入侵时，管型避雷器 GB 动作，电缆芯线与外皮经 GB 短接在一起，雷电流流过 GB 和接地电阻 R_1 所形成的电压 iR_1 同时作用在外皮与芯线上，沿着外皮将有电流 i_2 流向电机侧，于是在电缆外皮本身的电感 L_2 上将出现压降 $L_2\dfrac{\mathrm{d}i_2}{\mathrm{d}t}$ ，此压降是由环绕外皮的磁力线变化所造成的，这些磁力线也必然全部与芯线相匝链，结果在芯线上也感应出一个大小相等其值为 $L_2\frac{\mathrm{d}i_2}{\mathrm{d}t}$ 的反电动势，此电动势阻止雷电流从 A 点沿芯线向电机侧流动，即限制了流经 FCD 的雷电流，如果 $L_2\frac{\mathrm{d}i_2}{\mathrm{d}t}$ 与 iR_1 完全相等，则在芯线中就不会有电流流过，但因电缆外皮末端的接地引下线总有电感 L_3 存在(假定电厂接地网的接地电阻很小，可略去)，则 iR_1 与 $L_2\frac{\mathrm{d}i_2}{\mathrm{d}t}$ 之间就有差值，差值越大则流经芯线的电流就越大。

计算表明，当电缆长度为 100m 时，电缆末端外皮接地引下线到接地网的距离为 12m、R_1=5Ω；电缆段首端落雷且雷电流幅值为 50kA 时，流经每相 FCD 的雷电流不会超过 3kA，即此保护接线的耐雷水平为 50kA。

由上可知，这种进线保护段的限流作用完全依靠 GB 动作，但因为电缆的波阻远比架空线小，入侵波到达图 5-18(a)中 A 点时将发生负反射，使 A 点电压降低，故实际上 GB 的动作是有困难的。若 GB 不动作，则电缆段的限流作用将不能发挥，流经 FCD 的电流就有可能超过 3kA，为了避免上述情况的发生，可将 GB 沿架空线前移 70m 如图 5-18(a)中虚线 GB_1 所示，或在电缆首端 A 点与 GB 间加装一个 100～300μH 的电感也可获得相同效果。GB_1 的接地端应通过连接线与电缆首端外皮的接地装置相连而接地，连接线悬挂在杆塔导线下面 2～3m 处，其目的是增加两线间的耦合，增加导线上感应电势以限制流经导线中的电流。当雷电波入侵时，电缆首端 A 点的负反射波尚未到达 GB_1 处，GB_1 已动作，但由于 GB_1 的接地端到电缆首端外皮的连接线上的压降不能全部耦合到导线上，所以沿导线向电缆芯线流动的电流就会增大，遇到强雷时可能超过每相 3kA，为了防止这一情况，应在电缆首端 A 点再加装一组管型避雷器，遇强雷时，此避雷器也动作，这样，电缆段的限流作用就可以充分发挥了。图 5-18(b)为图 5-18(a)的等值计算电路。

“规程”建议的大容量(25～60MW)直配电机的典型防雷保护接线如图 5-19(a)所示。图中 L 为限制工频短路电流用电抗器，非为防雷专设，L 前加设一组 FS 避雷器以保护电抗器和电缆终端，由于 L 的存在，入侵波到达 L 处将发生反射使电压提高，FS 动作使流经 FCD 的电流得到进一步限制。

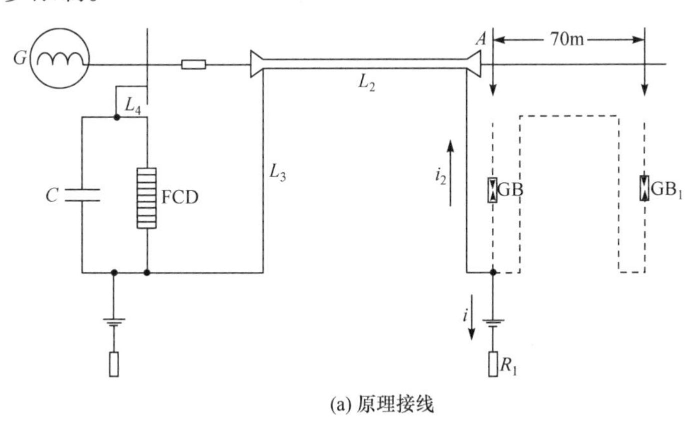

(a) 原理接线

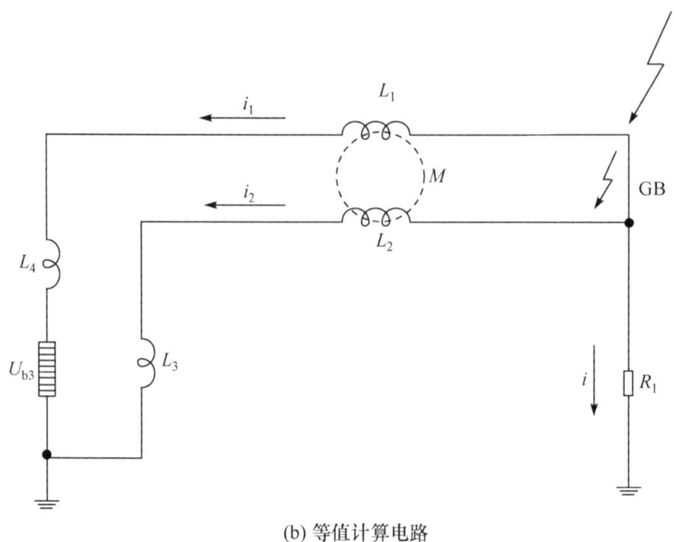

(b) 等值计算电路

图 5-18　有电缆段的进线保护接线

L_1-电缆芯线的自感；L_2-电缆外皮的自感；L_3-电缆末端外皮接地线的自感；L_4-电缆末端至发电机之间连接线的电感；M-电缆外皮与芯线间的互感；U_{b3} -FCD 磁吹避雷器 3kA 下的残压；R_1-电缆首端 GB 的接地电阻；以上皆为三相进波时的参数

为了保护中性点绝缘，除了限制入侵波陡度 a 不超过 2kV/μs，尚需在中性点加装避雷器，考虑到电机在受雷击的同时可能有单相接地存在，中性点将出现相电压，故中性点避雷器的灭弧电压应大于相电压，可按表 5-9 选定。

表 5-9　保护电机中性点绝缘的避雷器

电机额定电压/kV	3	6	10
避雷器型式	FCD-2	FCD-4	FCD-6
	FZ-2	FZ-4	FZ-6

若电机中性点不能引出，则需将每相电容增大至 1.5～2μF，以进一步降低入侵波陡度确保中性点绝缘。若无合适的管型避雷器，则 GB_1 和 GB_2 可用 FS_1 和 FS_2 代替，见图 5-19(b)。但此时最好将电抗器前面的和中性点的避雷器均改为 FCD 型磁吹避雷器。

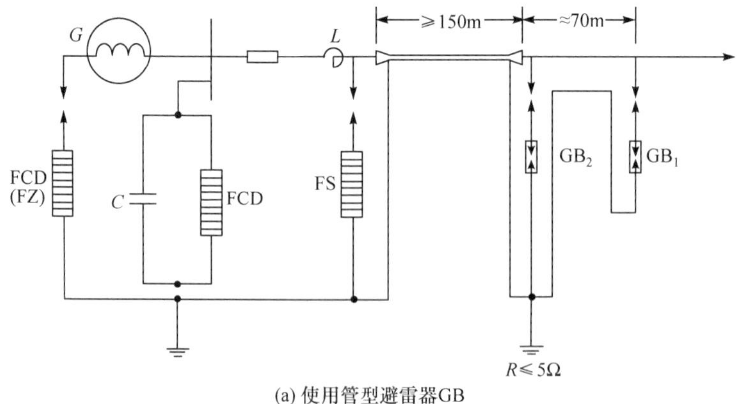

(a) 使用管型避雷器GB

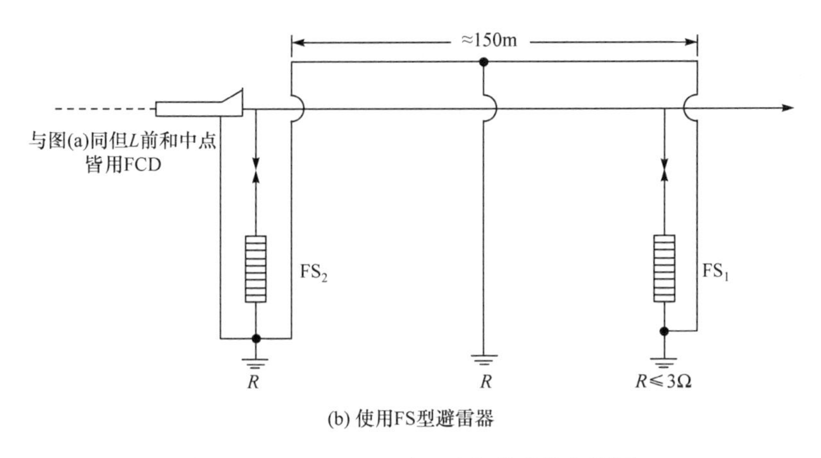

(b) 使用FS型避雷器

图 5-19　25～60MW 直配电机的保护接线图

容量较小(6000kW 以下)或少雷区的直配电机可不用电缆进线段，其保护接线如图 5-20(a)所示。在进线保护段长度 l_b 内应装设避雷针或线，入侵波使 GB_1 动作形成图 5-20(b)的等值电路，流经 FCD 的雷电流与 GB_1 的接地电阻 R 有关，R 越小，则流经 FCD 的雷电流越小，进线长度越长其等值电感 L 越大，则流经 FCD 的雷电流也越小，“规程”建议：

对 3kV、6kV 线路　　$$\frac{l_b}{R} \geqslant 200 \tag{5-12}$$

对 10kV 线路　　$$\frac{l_b}{R} \geqslant 150 \tag{5-13}$$

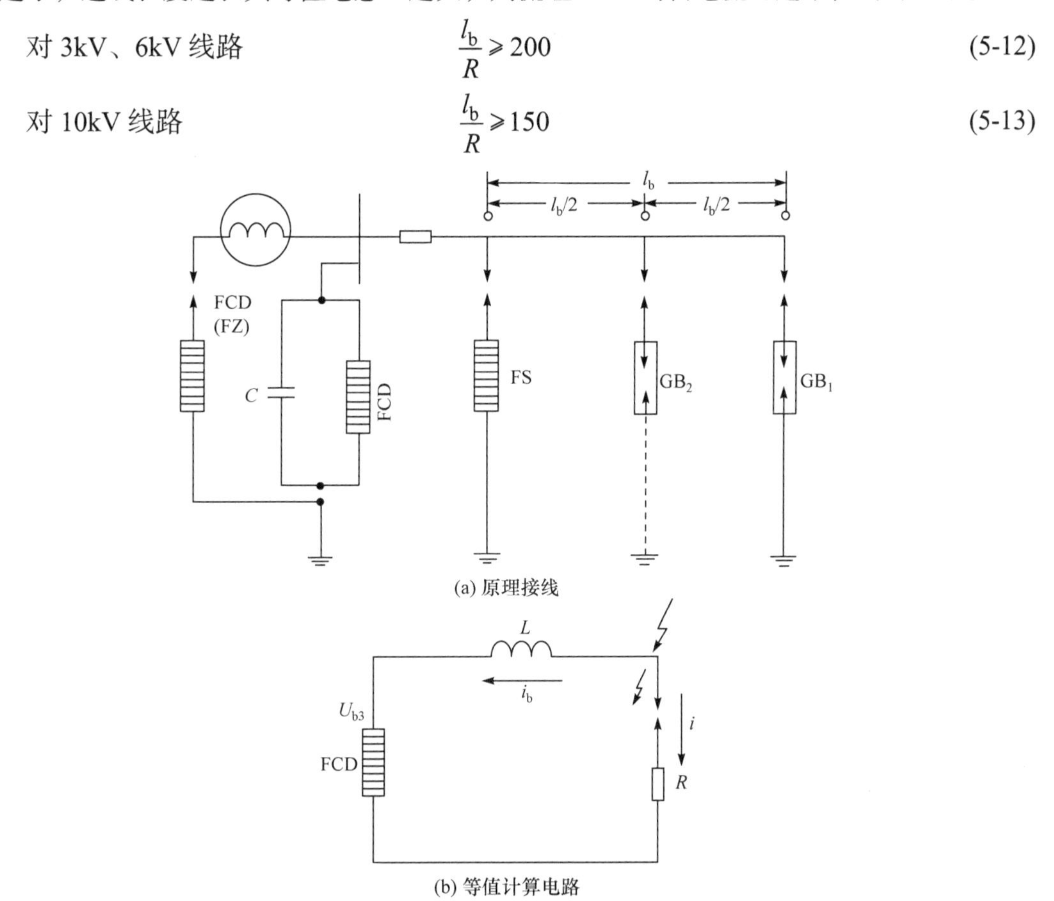

(a) 原理接线

(b) 等值计算电路

图 5-20　1500～6000kW 直配电机和少雷区 60MW 以下直配电机的保护接线图

一般进线段长度 l_b 可取为 450～600m，若 GB_1 的接地电阻达不到式(5-12)和式(5-13)中的要求，可在 $\frac{l_b}{2}$ 处再装设一组管型避雷器 GB_2 见图 5-20(a)中虚线所示，图中 FS 是用来保护开路状态的断路器或隔离开关的。

根据我国运行经验，在一般情况下，无架空直配线的电机不需要装设电容器和避雷器。在多雷区，特别重要的发电机则宜在发电机出线上装设一组 FCD 型避雷器。

若发电机与变压器之间有长于 50m 的架空母线或软联线，对此段母线除应对直击雷进行保护外，还应防止雷击附近而产生的感应过电压，此时应在电机每相出线上加装不小于 0.15μF 的电容器或磁吹避雷器。

习　题

5-1　试说明在何种情况下,保护变电所免受直击雷的避雷针可以装设在变电所构架上，何种情况下则又不行。为什么?

5-2　当雷击波自线路入侵变电所时，试分析变压器上出现振荡波的原因，以及变压器上电压高于避雷器残压的原因。

5-3　为什么要限制入侵波的陡度？一般采取什么措施?

5-4　一般采取什么措施来限制流经避雷器的雷电流使之不超过 5kA？若超过则可能出现什么后果?

5-5　为什么说直配电机的防雷保护比变电所更为困难?

5-6　在直配电机的防雷保护方案中，采取什么措施来降低入侵波的陡度？为什么不能采取与变电所相同的措施？限制入侵波陡度的目的与变电所是否相同?

5-7　试说明直配电机防雷接线耐雷水平的含义。

第三篇　内部过电压

随着输电距离的增长，输电电压的不断提高以及防雷保护技术的不断改善，在确定电力系统电气设备的绝缘水平时，内部过电压将起到越来越重要的作用。内部过电压是由于系统内部参数发生变化时电磁能量的振荡和积累所引起的。例如，当系统内开关操作或系统出现事故时，电力系统将由一种稳定状态过渡到另一种稳定状态，在转变过程中，由于系统内部电磁能量的振荡，互换及重新分布，就可能在某些设备上，甚至在全部系统中出现很高的过电压。又如，当进行开关操作时，某些回路被分割开来，在适当的参数配合下，可能引起强烈的具有共振形式的振荡，并导致严重的过电压。前者称为操作过电压，后者称为谐振过电压。

内部过电压是在电网额定电压的基础上产生的，故其幅值大体上随着电网额定电压的升高按比例增大。内部过电压的大小，以倍数 K_0 来表示，倍数 K_0 是指内部过电压峰值与该处工频相电压峰值之比。过电压倍数与电网结构、系统容量及参数、中性点接地方式、断路器的性能、母线上的出线回路数以及电网运行接线、操作方式等因素有关。内部过电压具有统计规律，研究各种内部过电压出现概率及其幅值的分布对于正确决定电力系统的绝缘水平具有非常重要的意义。在一般情况下，内过电压为$(2.5\sim4)U_{xg}$ (U_{xg} 为系统最大运行相电压)。

内部过电压包括工频过电压、操作过电压和谐振过电压三大类。

工频过电压可分为：

(1) 空载长线路的电容效应引起的工频电压升高；

(2) 系统不对称短路引起的工频电压升高；

(3) 甩负荷引起的工频电压升高。

工频电压升高频率为工频或接近工频，持续时间长，对设备绝缘及其运行有重大影响。

操作过电压基本上可分为：

(1) 中性点不接地系统中的电弧接地过电压；

(2) 空载线路或电容性负载的拉闸过电压；

(3) 电感性负载的拉闸过电压；

(4) 空载线路的合闸过电压，特别是自动重合闸时的过电压。

操作过电压的持续时间一般较短，其幅值在很大程度上受中性点接地方式的影响。谐振过电压可分为：

(1) 线性谐振过电压，系统中的参数是线性的；

(2) 铁磁谐振(非线性谐振)过电压，由系统中变压器、电压互感器、消弧线圈等铁心电感的磁路饱和作用而激发起的过电压；

(3) 参数谐振过电压，系统中的电感参数随时间作周期性的变化。

一般说来，谐振过电压的持续时间较操作过电压长得多，甚至可能长期存在。谐振过电压不仅在超高压系统中发生，而且在一般的高压及低压系统中也普遍发生。

下面对上述各类内部过电压的产生机理、影响因素、过电压的限制措施进行深入讨论。

第 6 章　电力系统中的工频过电压

在电力系统中，由于系统的接线方式、设备参数、故障性质以及操作方式等因素的影响，内部过电压的幅值、振荡频率、持续时间各不相同。通常将弱阻尼、持续时间长、频率为工频的过电压称为短时过电压或工频电压升高。系统单相接地或突然甩负荷时产生的过电压就是工频电压升高的典型例子。

工频电压升高一般来说对系统中具有正常绝缘的电气设备是没有危险的，但伴随着工频电压升高而同时发生的操作过电压却会达到很高的幅值，因为在这种情况下，操作过电压的高频分量将与工频升高电压相叠加，所以工频电压升高将直接影响到操作过电压的幅值。另外，工频电压升高又是决定保护电器工作条件的重要因素，例如，避雷器的最大允许工作电压就是按照电网中单相接地时非故障相上的工频电压升高来确定的，它直接影响到避雷器的保护特性，对系统绝缘水平有着重大的影响，这是因为工频电压升高幅度越大，要求避雷器的灭弧电压越高，在同样保护比的条件下，就要提高设备的绝缘水平。

对超高压系统而言，目前在限制和降低内外过电压方面有了较好的措施，因而持续时间较长的工频电压升高对于决定系统电气设备的绝缘水平方面将起着越来越重大的作用。

常见的几种重要的工频电压升高有：空载线路电容效应引起的电压升高；不对称短路时正常相上的工频电压升高；甩负荷引起发电机加速而产生的电压升高等。下面分别讨论。

6.1　空载长线路的电容效应引起的工频电压升高

如图 6-1 所示，空载长线容性远大于感性，在电感、电容串联的 LC 回路中，如果容抗大于感抗，则在电源电压 $\dot{E}$ 作用下，回路中将流过容性电流，容性电流在电感上的压降 $\dot{U}_L$ 与电容上压降 $\dot{U}_C$ 反相，即 $\dot{U}_C = \dot{E} + \dot{U}_L$，抬高了电容上的电压，这种现象称为电容效应。

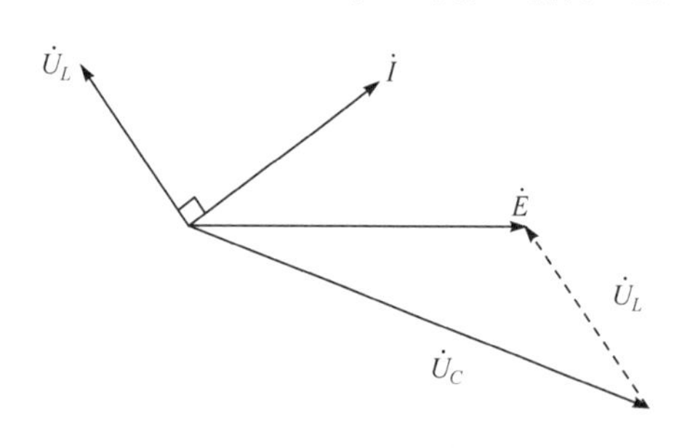

图 6-1　空载长线电容效应矢量图

高压、长距离输电线路需要考虑其分布参数特性，图 6-2 是均匀、对称、三相输电线中的一相，并不考虑大地回路影响的等值电路。图中 L_0、C_0、R_0、G_0 分别为单位长度单相电感、电容、导线电阻、导线对地泄漏电导。设线路末端为 $x=0$ 位置处，电压 $\dot{U}_2$ 和电流 $\dot{I}_2$ 为已知时，线路上任意点距线路末端的距离为 x 处的电压 $\dot{U}_x$ 和电流 $\dot{I}_x$ 的方程式为

$$\dot{U}_x = \dot{U}_2 \text{ch}\gamma x + \dot{I}_2 Z_C \text{sh}\gamma x \tag{6-1}$$

$$\dot{I}_x = \frac{\dot{U}_2}{Z_C} \text{sh}\gamma x + \dot{I}_2 \text{ch}\gamma x \tag{6-2}$$

式中，$\gamma = \beta + \text{j}\alpha = \sqrt{(R_0 + \text{j}\omega L_0)(G_0 + \text{j}\omega C_0)}$ 为输电线路的传播系数，其中实部 β 为衰减系数，虚部 α 为相位系数；$Z_C = \sqrt{\dfrac{R_0 + \text{j}\omega L_0}{G_0 + \text{j}\omega C_0}}$ 为输电线路的特征阻抗(或称稳态波阻抗)。

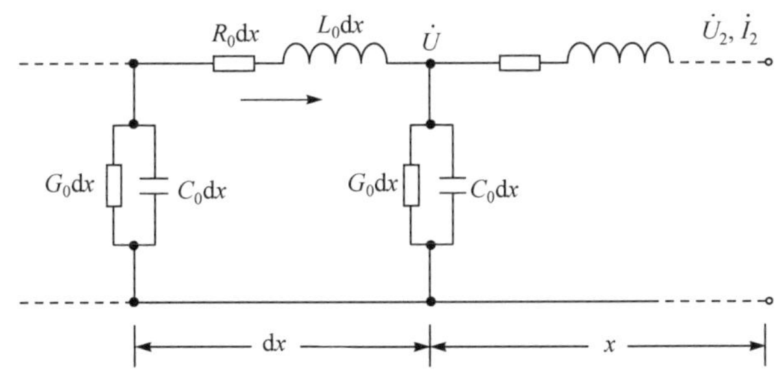

图 6-2　输电线路分布参数等值电路

若忽略线路损耗，即令 $R_0 = 0$ 、 $G_0 = 0$ ，则线路传播系数 $\gamma = \text{j}\omega\sqrt{L_0 C_0} = \text{j}\dfrac{\omega}{v} = \text{j}\alpha$ ，且 $\text{ch}\gamma x = \cos\alpha x$ 、 $\text{sh}\gamma x = \text{j}\sin\alpha x$ ，波阻抗 $Z_C = \sqrt{\dfrac{L_0}{C_0}}$ 。式(6-1)、式(6-2)可改写为

$$\dot{U}_x = \dot{U}_2 \cos\alpha x + \text{j}\dot{I}_2 Z_C \sin\alpha x \tag{6-3}$$

$$\dot{I}_x = \dot{I}_2 \cos\alpha x + \text{j}\frac{\dot{U}_2}{Z_C} \sin\alpha x \tag{6-4}$$

系统电源可用电势 $\dot{E}$ 和串联一个集中参数的等值电源阻抗 Z_s 来代替，若考虑线路末端接一个集中参数负载 Z_2 (当线路为空载时，$Z_2 = \infty$)。于是，系统接线如图 6-3 所示。图中 l 为线路长度，$\dot{U}_1$ 和 $\dot{I}_1$ 为线路首端电压和电流。为了方便分析远距离输电中不同接线时首末端电压、电流的关系，可将图 6-3 中的电源阻抗、线路、负载分别用无源二端口网络代替，然后将它们串联成复合二端口网络，如图 6-4 所示。

二端口网络的一般表达式以图 6-4 中的网络Ⅱ为例，可写成

$$\begin{cases} \dot{U}_1 = A_{11}\dot{U}_2 + A_{12}\dot{I}_2 \\ \dot{I}_1 = A_{21}\dot{U}_2 + A_{22}\dot{I}_2 \end{cases}$$

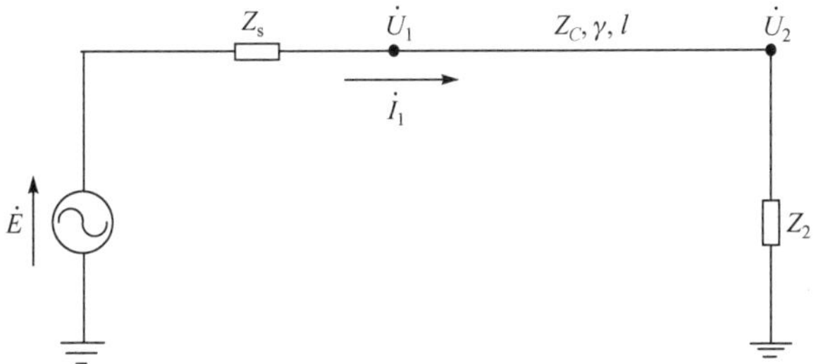

图 6-3　线路末端接有负载时的等值电路

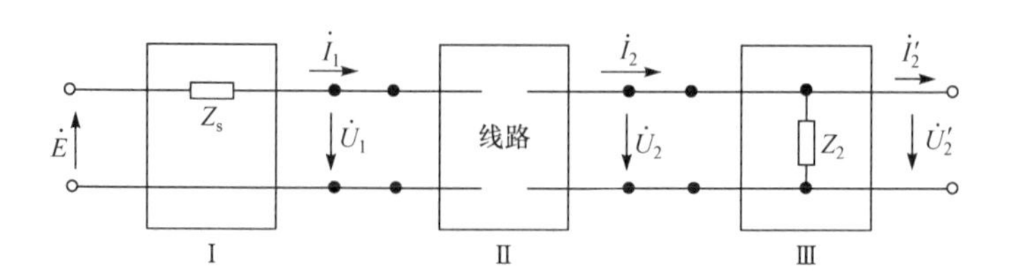

图 6-4　长线路的复合二端口网络

改用矩阵表示为

$$\begin{bmatrix}\dot{U}_1\\ \dot{I}_1\end{bmatrix}=\begin{bmatrix}A_{11} & A_{12}\\ A_{21} & A_{22}\end{bmatrix}\begin{bmatrix}\dot{U}_2\\ \dot{I}_2\end{bmatrix}=[A]\begin{bmatrix}\dot{U}_2'\\ \dot{I}_2\end{bmatrix}$$

式中，矩阵 A 为网络传输矩阵。图 6-4 中三个二端口网络的传输矩阵可求，$A_{\mathrm{I}}=\begin{bmatrix}1 & Z_s\\ 0 & 1\end{bmatrix}$；$A_{\mathrm{II}}$ 由式(6-3)、式(6-4)可得 $A_{\mathrm{II}}=\begin{bmatrix}\cos\alpha l & \mathrm{j}Z_C\sin\alpha l\\ \dfrac{\mathrm{j}}{Z_C}\sin\alpha l & \cos\alpha l\end{bmatrix}$；$A_{\mathrm{III}}=\begin{bmatrix}1 & 0\\ \dfrac{1}{Z_2} & 1\end{bmatrix}$。

根据二端口网络串联规律，图 6-4 的复合二端口网络方程的矩阵形式是

$$\begin{bmatrix}\dot{E}\\ \dot{I}\end{bmatrix}=\begin{bmatrix}1 & Z_s\\ 0 & 1\end{bmatrix}\begin{bmatrix}\cos\alpha l & \mathrm{j}Z_C\sin\alpha l\\ \dfrac{\mathrm{j}}{Z_C}\sin\alpha l & \cos\alpha l\end{bmatrix}\begin{bmatrix}1 & 0\\ \dfrac{1}{Z_2} & 1\end{bmatrix}\begin{bmatrix}\dot{U}_2'\\ \dot{I}_2'\end{bmatrix} \tag{6-5}$$

若 Z_s 只考虑电源的漏抗 $\mathrm{j}X_s$，则图 6-3 可用图 6-5 代替，将式(6-5)运算可得

$$\begin{bmatrix}\dot{E}\\ \dot{I}\end{bmatrix}=\begin{bmatrix}\left(1+\dfrac{X_s}{X_L}\right)\cos\alpha l+\left(\dfrac{Z_C}{X_L}-\dfrac{X_s}{Z_C}\right)\sin\alpha l & \mathrm{j}(X_s\cos\alpha l+Z_C\sin\alpha l)\\ \mathrm{j}\left(\dfrac{\sin\alpha l}{Z_C}-\dfrac{\cos\alpha l}{X_L}\right) & \cos\alpha l\end{bmatrix}\begin{bmatrix}\dot{U}_2'\\ \dot{I}_2'\end{bmatrix} \tag{6-6}$$

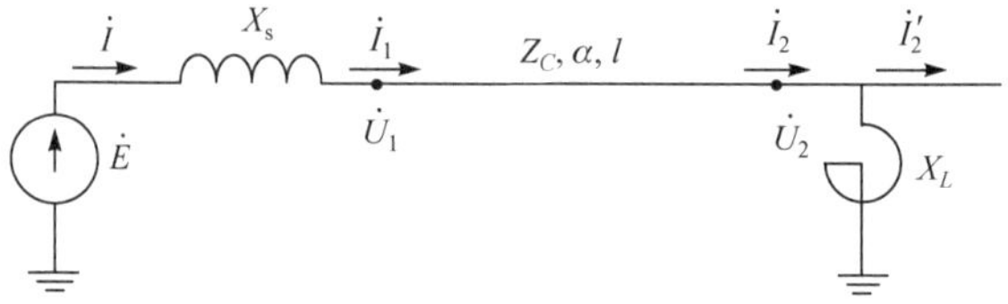

图 6-5　无损线路末端接有并联电抗器

下面通过特定情况，利用式(6-6)讨论长线路的电容效应使工频电压升高的问题。

6.1.1　无限大电源与空载长线相连

此时，$X_s=0$，$X_L=\infty$，$\dot{U}_1=\dot{E}$，$\dot{I}_1=\dot{I}$，$\dot{U}_2'=\dot{U}_2$，$\dot{I}_2'=\dot{I}_2$，式(6-6)可改写成

$$\begin{bmatrix}\dot{E}\\ \dot{I}\end{bmatrix}=\begin{bmatrix}\dot{U}_1\\ \dot{I}_1\end{bmatrix}=\begin{bmatrix}\cos\alpha l & \mathrm{j}Z_C\sin\alpha l\\ \mathrm{j}\dfrac{\sin\alpha l}{Z_C} & \cos\alpha l\end{bmatrix}\begin{bmatrix}\dot{U}_2\\ \dot{I}_2\end{bmatrix} \tag{6-7}$$

因空载长线末端开路，所以 $\dot{I}_2=0$，由式(6-7)可得

$$\frac{\dot{U}_2}{\dot{U}_1}=\frac{1}{\cos\alpha l} \tag{6-8}$$

式(6-8)表示了无损空长线的电容效应使末端电压升高与线路长度的关系，当 $\alpha l=\frac{\pi}{2}$ 时，线路末端电压将上升为无穷大，此时，相应的架空线路长度 $l=\frac{\pi}{2\alpha}=\frac{\pi}{2}\times\frac{v}{\omega}=1500(\mathrm{km})$，即工频波长的四分之一，称为 1/4 波长谐振。实际上这种电压升高受到线路的电阻和电晕损耗所限制，在任何情况下将不会超过 2.9E。

对于线路上任意点的电压 $\dot{U}_x$ 和电流 $\dot{I}_x$ 与线末电压 $\dot{U}_2$ 和电流 $\dot{I}_2$ 的关系式，可类同式(6-7)写出矩阵形式为

$$\begin{bmatrix}\dot{U}_x\\ \dot{I}_x\end{bmatrix}=\begin{bmatrix}\cos\alpha x & \mathrm{j}Z_C\sin\alpha x\\ \mathrm{j}\dfrac{\sin\alpha x}{Z_C} & \cos\alpha x\end{bmatrix}\begin{bmatrix}\dot{U}_2\\ \dot{I}_2\end{bmatrix} \tag{6-9}$$

末端开路，$\dot{I}_2=0$，得

$$\dot{U}_x=\dot{U}_2\cos\alpha x=\frac{\dot{U}_1\cos\alpha x}{\cos\alpha l} \tag{6-10}$$

表明无损空载长线沿线电压分布为余弦规律，线路末端电压最高，因线路各段导线上电容电流不同，沿线电压升高是不均匀的，如图 6-6 所示。

有时为了计算和分析，需要将线路用集中参数阻抗的电路来代替，如无损线路末端开路，从首端往线路看去，可等值为一个阻抗 Z_{RK}，称 Z_{RK} 为末端开路时的首端入口阻抗。从式(6-7)可知：

$$Z_{\mathrm{RK}}=\frac{\dot{U}_{1\mathrm{K}}}{\dot{I}_{1\mathrm{K}}}=\frac{\cos\alpha l}{\mathrm{j}\dfrac{\sin\alpha l}{Z_C}}=-\mathrm{j}Z_C\cot\alpha l \tag{6-11}$$

将余切函数用级数展开，取前两项作近似计算，得

$$Z_{\mathrm{RK}}=-\mathrm{j}Z_C\cot\omega\sqrt{L_0C_0}l\approx-\mathrm{j}\sqrt{\frac{L_0}{C_0}}\left[\frac{1}{\omega\sqrt{L_0C_0}l}-\frac{1}{3}\omega\sqrt{L_0C_0}l\right] \tag{6-12}$$

根据式(6-12)，若取一次近似，则长线简化等值电路为图 6-7(a)，若取二次近似，则可用图 6-7(b)的电路等值。这在分析某些操作过电压时是有用的。

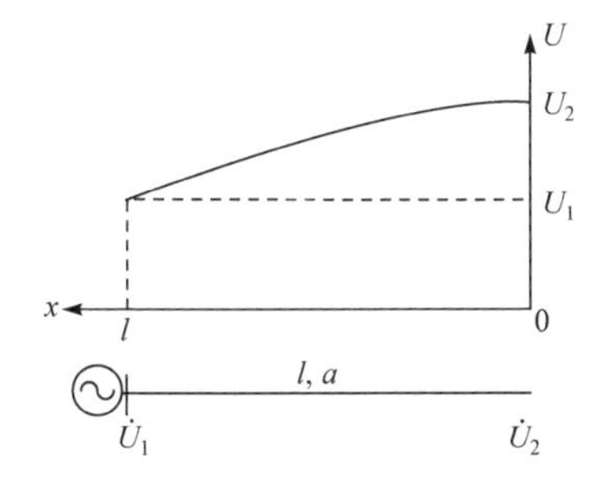

图 6-6　空载线路的电压分布

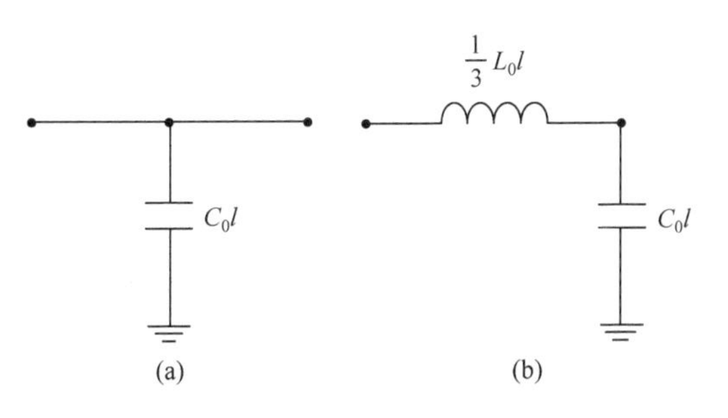

图 6-7　长线集中等值参数电路

6.1.2 有限大电源与空载长线相连

此时，$X_s \neq 0$，$X_L = \infty$，$\dot{U}_1 \neq \dot{E}$，$\dot{U}_2' = \dot{U}_2$，$\dot{I}_2' = \dot{I}_2$，式(6-6)可改写成

$$\begin{bmatrix} \dot{E} \\ \dot{I} \end{bmatrix} = \begin{bmatrix} \cos\alpha l - \dfrac{X_s}{Z_C}\sin\alpha l & \mathrm{j}(X_s\cos\alpha l + Z_C\sin\alpha l) \\ \mathrm{j}\dfrac{\sin\alpha l}{Z_C} & \cos\alpha l \end{bmatrix} \begin{bmatrix} \dot{U}_2 \\ \dot{I}_2 \end{bmatrix} \tag{6-13}$$

线路末端开路，$\dot{I}_2 = 0$，则

$$\frac{\dot{U}_2}{\dot{E}} = \frac{1}{\cos\alpha l - \dfrac{X_s}{Z_C}\sin\alpha l} \tag{6-14}$$

可见 X_s 的存在加剧了线路末端电压的升高，因为线路电容电流流过电源漏感 L_s 所产生的压升使线路首端电压 U_1 高于电源电势 E，相对来说，线路的电容电流增大了，长线的电容效应更趋于严重。所以 X_s 的存在犹如增加了线路长度。

在单电源供电的系统中，估算最严重的工频电压升高时，应取最小运行方式时的 X_s 为依据。对于两端供电的长线路，线路两端的断路器必须遵循一定的操作程序；线路合闸时，先合电源容量较大的一侧，后合电源容量较小的一侧；线路切除时，先切容量较小的一侧，后切容量较大的一侧。这样的操作能减弱电容效应引起的工频电压升高。

显然，电源容量很大，X_s 近似为零，$E = U_1$，则式(6-14)与式(6-8)相同，成为无限大电源接空长线了。

6.1.3 有限大电源与带有并联电抗器的长线相连

此时，$X_s \neq 0$，$X_L \neq \infty$，X_L 接在线路末端，$\dot{I}_2' \neq \dot{I}_2$，$\dot{U}_2' = \dot{U}_2$，$\dot{U}_1 \neq \dot{E}$，系统接线如图 6-5 所示。

因 $\dot{I}_2' = 0$，由式(6-6)可得

$$\frac{\dot{U}_2}{\dot{E}} = \frac{1}{\left(1 + \dfrac{X_s}{X_L}\right)\cos\alpha l + \left(\dfrac{Z_C}{X_L} - \dfrac{X_s}{Z_C}\right)\sin\alpha l} \tag{6-15}$$

可见，当线路末端接有并联电抗器时，末端电压 U_2 将随电抗器的容量增大(X_L 减小)而下降。若电抗器容量甚大，$X_L \to 0$，则 $U_2 \to 0$，若电抗器容量很小，$X_L \to \infty$，则相当于末端开路，式(6-15)与式(6-14)相同。因而可人为地选择电抗器容量来控制工频电压升高在允许范围内。

由于并联电抗器的电感能补偿线路的对地电容，减小流经线路的电容电流，削弱了电容效应，所以在超高压输电线路上，常用并联电抗器来限制工频过电压。并联电抗器的容量与空载长线电容无功功率的比值称为补偿度，通常补偿度在 60%左右。并联电抗器的作用不仅是限制工频电压升高，还涉及系统稳定、无功平衡、潜供电流、调相调压、自励磁及非全相状态下的谐振等方面。因而，并联电抗器容量及安装位置的选择需综合考虑。

6.2 不对称短路引起的工频电压升高

在系统中发生单相或两相不对称对地短路时，一般来说健全相的电压都会出现工频电压升高，其中单相对地短路时健全相的电压可能达到更高的数值。如果考虑健全相上的避雷器动作，必须能在不对称短路引起的工频电压升高下熄弧，所以单相对地短路时的电压升高值是确定避雷器的灭弧电压的依据。下面就以单相接地为例进行分析。

在系统发生单相接地故障时，故障点各相电压和电流是不对称的，为了计算健全相电压升高，可以采用对称分量法利用复合序网来进行分析。设电网中 A 相单相接地，计算表明，在考虑电阻时，一般超前相的电压 $\dot{u}_C$ 较高，可得

$$\frac{\dot{u}_C}{\dot{E}_a}=-\frac{1}{2}+\mathrm{j}\frac{\sqrt{3}}{2}-\frac{\left(\frac{R_0}{x_1}-h\right)+\mathrm{j}\left(\frac{x_0}{x_1}-1\right)}{\left(\frac{R_0}{x_1}+2h\right)+\mathrm{j}\left(\frac{x_0}{x_1}+2\right)} \tag{6-16}$$

式中，$h=\frac{R_1}{x_1}=\frac{R_2}{x_2}$；$\dot{E}_a$ 为从短路点看向系统内的综合电势；R_0、x_0 分别为零序电阻、电抗；R_1、x_1 分别为正序电阻、电抗。以 $\frac{x_0}{x_1}$ 为横坐标在 $\frac{R_1}{x_1}=\frac{R_2}{x_2}=0$ 和 $\frac{R_1}{x_1}=\frac{R_2}{x_2}=0.4$ 的情况下对不同的 $\frac{R_0}{x_1}$ 值计算出 $\frac{u_C}{E_a}$ 对 $\frac{x_0}{x_1}$ 的两族曲线如图 6-8 所示。

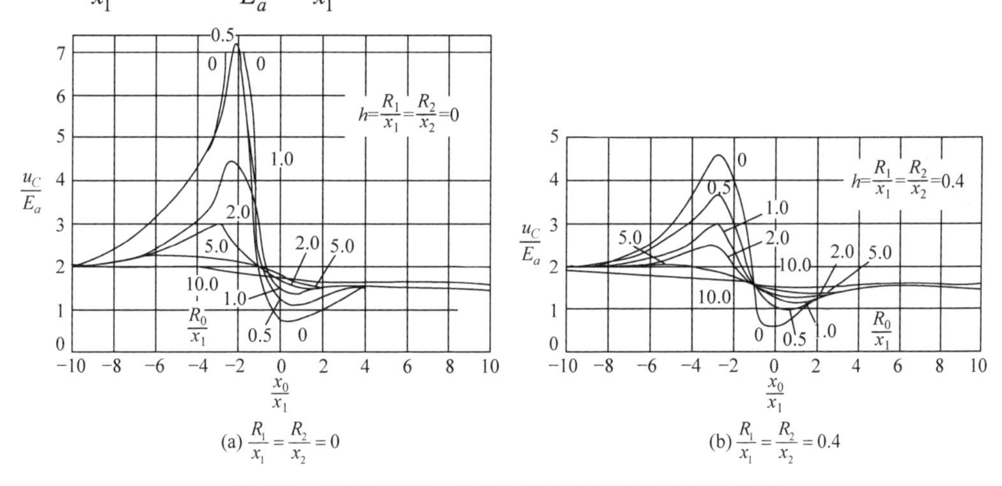

图 6-8　A 相接地时，C 相电压升高与系统阻抗的关系

在中性点接地的系统中，x_0 是感抗，$\frac{x_0}{x_1}$ 为正数，从图 6-8 中可以看到，当 $\frac{x_0}{x_1}$ 增加时，u_C 也增加；$\frac{R_0}{x_1}$ 越大，u_C 也越高。当 $\frac{x_0}{x_1}$ 或 $\frac{R_0}{x_1}$ 趋向于无穷大时，电压 u_C 接近于 1.73 倍相电压的数值。但是，当 $\frac{x_0}{x_1}<3$ 时，即有效接地时，则 C 相的工频电压升高一般不超过 1.3～

1.4 倍相电压的数值。

在中性点绝缘或经消弧线圈接地的系统中，零序电抗主要由系统对地电容所组成，故 x_0 呈现容性，$\frac{x_0}{x_1}$ 为负值。当线路不长时，$\frac{x_0}{x_1}$ 的绝对值很大，健全相的电压可能稍许超过 1.73 倍相电压。

从图 6-8 中可以看到，当 $\frac{x_0}{x_1} \to -2$ 时将出现谐振，健全相上可能达到很高的数值，这种情况只有在线路很长和某些特殊接线时才有可能发生，但也应该注意避免。

如果空载线路的电容效应、单相接地和突然失去负荷几种情况同时发生，则工频电压升高有可能达到 $2U_{\mathrm{xg}}$ 的数值。但是这种同时发生电压升高的概率非常小，一般可以忽略不计，苏联对 500kV 电网产生工频过电压的概率进行了分析，出现超过 1.5 倍的概率为 0.1%，超过 1.4 倍的概率为 0.5%，超过 1.3 倍的概率为 2.4%。我国“电力设计技术规范”中规定不考虑多种形式工频过电压同时发生的情况，并规定在 220kV 及以下的电力网中，一般不需要采取特殊措施来限制工频过电压。在 330kV 电力网中，在出现大气过电压或操作过电压的同时出现的工频过电压一般应限制在(1.3～1.4) U_{xg} 以下，通常需要采用并联电抗器来补偿线路电容效应和采用速断继电保护装置来切除对地短路故障等措施。

6.3　突然甩负荷引起的工频电压升高

除了上述空载长线的电容效应和不对称短路之外，在输电线路传输重负荷时，线路末端断路器跳闸，突然甩去负荷是造成线路工频电压升高的另一原因。

影响甩负荷引起的工频电压升高的主要因素有三个：一是线路输送大功率时，发电机的电势必然高于母线电压，甩负荷后，发电机的磁链不能突变，将在短时内维持输送大功率时的暂态电势 E_{d}'。跳闸前输送功率越大，则 E_{d}' 越高，计算工频电压所用等值电势越大，工频电压升高就越大；二是线末断路器跳闸后，空线仍由电源充电，线路越长，电容效应越显著，工频电压越高；三是原动机的调整器和制动设备有惰性，甩负荷后不能立即收到调速效果，使发电机转速增加(飞逸现象)，造成电势和频率都上升的结果，于是网络工频电压升高就更严重。

系统甩负荷时的等值电路如图 6-9 所示。设输电线路长 l，相位系数为 α，波阻抗为 Z_C，甩负荷前的受端(末端)复功率为 $P-\mathrm{j}Q$，发电机的暂态电势为 E_{d}'。

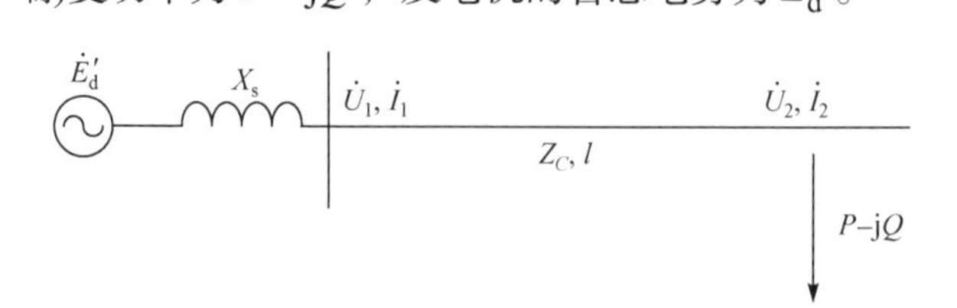

图 6-9　计算甩负荷的等值电路

甩负荷前瞬间的线路首端稳态电压为

$$\dot{U}_1 = \dot{U}_2\cos\alpha l + \mathrm{j}Z_C\dot{I}_2\sin\alpha l = \dot{U}_2\cos\alpha l + \mathrm{j}Z_C\frac{P-\mathrm{j}Q}{\dot{U}_2}\sin\alpha l$$
$$= \dot{U}_2\cos\alpha l[1+\mathrm{j}\tan\alpha l(P^*-\mathrm{j}Q^*)] \tag{6-17}$$

式中，带*者是以 $P_0=\dfrac{U_2^2}{Z_C}$ 为基准的标幺值。

同样，甩负荷前的首端稳态电流为

$$\dot{I}_1 = \dot{I}_2\cos\alpha l + \mathrm{j}\frac{\dot{U}_2}{Z_C}\sin\alpha l = \mathrm{j}\frac{\dot{U}_2}{Z_C}\sin\alpha l[1-\mathrm{j}\cot\alpha l(P^*-\mathrm{j}Q^*)] \tag{6-18}$$

由等值电路可知，$E'_\mathrm{d}=\dot{U}_1+\mathrm{j}X_\mathrm{s}\dot{I}_1$，并将式(6-17)和式(6-18)代入可得甩负荷瞬间的电源暂态电动势的表达式为

$$E'_\mathrm{d} = \dot{U}_2\cos\alpha l\left[1+Q^*\frac{X_\mathrm{s}}{Z_C}+\left(Q^*-\frac{X_\mathrm{s}}{Z_C}\right)\tan\alpha l+\mathrm{j}P^*\left(\frac{X_\mathrm{s}}{Z_C}+\tan\alpha l\right)\right] \tag{6-19}$$

E'_d 的模值为

$$E'_\mathrm{d} = U_2\cos\alpha l\sqrt{\left[1+Q^*\frac{X_\mathrm{s}}{Z_C}+\left(Q^*-\frac{X_\mathrm{s}}{Z_C}\right)\tan\alpha l\right]^2+\left[P^*\left(\frac{X_\mathrm{s}}{Z_C}+\tan\alpha l\right)\right]^2} \tag{6-20}$$

设甩负荷后发电机的短时超速使系统频率增加至原来的 S_f 倍，则暂态电势 E'_d、线路相位系数 α 及电源阻抗均按比例 S_f 成正比增加。

由式(6-14)，可得甩负荷后线路末端的电压表达式为

$$\frac{\dot{U}'_2}{\dot{E}'_\mathrm{d}} = \frac{S_\mathrm{f}}{\cos S_\mathrm{f}\alpha l-\dfrac{S_\mathrm{f}X_\mathrm{s}}{Z_C}\sin S_\mathrm{f}\alpha l} \tag{6-21}$$

甩负荷后，空载线路末端电压升高的倍数为

$$K_2 = \frac{U'_2}{U_2} \tag{6-22}$$

式中，U_2 为甩负荷前线路末端的电压。

习　题

6-1　比较内部过电压与大气过电压有何不同点？内部过电压可分成哪几大类？

6-2　试述电力系统产生工频电压升高的原因及其主要限制措施。

6-3　为什么在超高压电网中很重视工频电压升高？

6-4　试分析电源漏抗和并联电抗器对空载长线电容效应的影响。

6-5　某 500kV 线路，线路长度为 250km，线路波阻抗为 266Ω，电源漏抗为 263Ω。求线路末端开路时末端的电压升高值，并分析电源漏抗的影响。

6-6　某超高压线路全长 540km。已知电源漏抗为 115Ω，无损线路波阻抗为 309Ω，线路中间接有并联电抗器 1210Ω，试计算线路末端空载时，线路中间点电压与末端电压对电源电压的比值。

第 7 章　电力系统中的操作过电压

电力系统中的电容、电感均为储能元件，当操作或故障使其工作状态发生变化时，将有过渡过程产生。在过渡过程中，由于电源继续供给能量，而且储存在电感中的磁能会在某一瞬间转变为静电场能量储存于系统的电容中，所以可产生数倍于电源电压的操作过电压。它们是在几毫秒至几十毫秒之后要消失的暂态过电压。

电力系统中常见的操作过电压有：开断电容性负载(空载线路、电容器组等)过电压；开断电感性负载(空载变压器、电抗器、电动机等)过电压；中性点绝缘电网中的间歇电弧接地过电压；空载线路合闸(包括重合闸)过电压以及系统解列过电压。

操作过电压是决定电力系统绝缘水平的依据之一。随着电网电压等级的提高，操作过电压的幅值也随之增大，再加上避雷器性能的不断改善，大气过电压的保护不断完善，在超高压电网中，操作过电压对某些设备的绝缘选择起着决定性作用。所以，操作过电压的防护和限制是发展超高压的主要研究课题之一。本章着重定性分析几种常见操作过电压的产生机理、影响因素及主要的防护措施。

7.1　切除空载线路时的过电压

切除空载线路是电网中最常见的操作之一，一条线路两端的开关分闸时间总是存在着一定的差异(一般为 0.01～0.05s)，所以无论正常操作还是事故操作，都有可能出现切除空载线路的情况。我国 35～220kV 电网中，虽然绝缘水平选得较高，但也曾因为切除空载线路时的过电压而引起多次绝缘闪络或击穿的事故。产生这种过电压的根本原因是电弧重燃。大量统计表明，切空线过电压不仅幅值高(可达 $3U_{xg}$ 以上)，而且线路侧过电压持续时间可长达 0.5～1 个工频周期以上，且作用在全部线路上。所以在按操作过电压要求确定 220kV 及以下电网的绝缘水平时，主要以切除空载线路的过电压为计算依据。

对于空载线路来说，通过开关的电流是线路的电容电流，通常只有几十安到几百安，比起短路电流要小得多。但是，能够切断巨大短路电流的开关却不一定能够不重燃地切断空载线路，这是开关分闸初期，恢复电压幅值较高，触头间的介质恢复强度耐受不住高幅值恢复电压的作用而引起电弧重燃的缘故。因此，不仅要求高压开关具有足够的断流容量，而且要求它能够通过切空载线路的试验。

在电网中切除电容器组时也有类似的过电压产生。

7.1.1　过电压产生的物理过程

空载线路可采用图 6-7(b)所示电路代替，切空线等值计算电路如图 7-1 所示，图中 $L_s = \frac{1}{3}L_0 l$ ，$C_T = C_0 l$ ，设电源电势 $e(t) = E_m \cos \omega t$ ，因电路电流以容性电流为主，且电压与

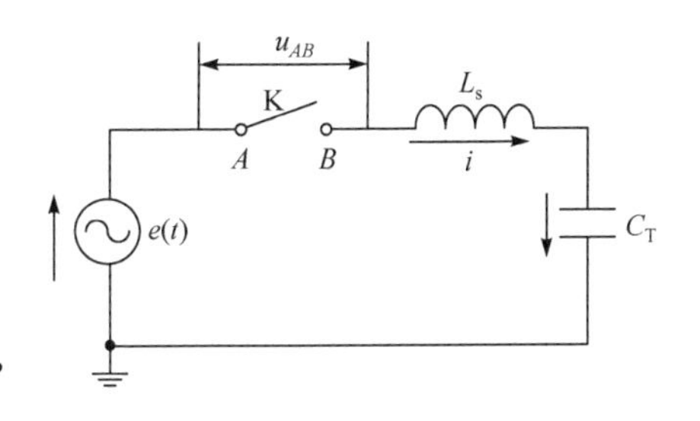

图 7-1 切除空载线路情况下的简化等值计算电路

$e(t)$ -电源电势；u_{AB} -触头 A、B 间的恢复电压

电流相差90°时，电弧重燃现象最严重，因此忽略感性电流仅考虑容性电流，则电流 $i(t)$ 超前电源电压 $e(t)$ 90°。

忽略线路电容效应的影响，则在开关K断开之前线路电压 $u(t)$ (即电容 C_T 上的电压)就等于电源电压，设开关在 t_1 时刻动作(图7-2)，电容 C_T 上的电压为 $-E_m$，此瞬间流过开关的工频电流恰好为零，开关中发生第一次断弧。实际上，开关在此以前的工频半周以内的任何一个时刻动作，只要不发生切断电流现象，开关中电弧总是要到电流过零时刻才会熄灭。开关断开后，线路电容 C_T 上的电荷无处泄漏，使线路上保持这个残余电压 $-E_m$。但开关电源侧触头上(A 点)的电压仍按电源余弦电势变化(图 7-2 中虚线所示)，于是开关触头上出现了越来越高的恢复电压(如图 7-2 中阴影线部分)，其数学表达式为

$$u_{AB} = e(t) - (-E_m) = E_m(1 + \cos\omega t)$$

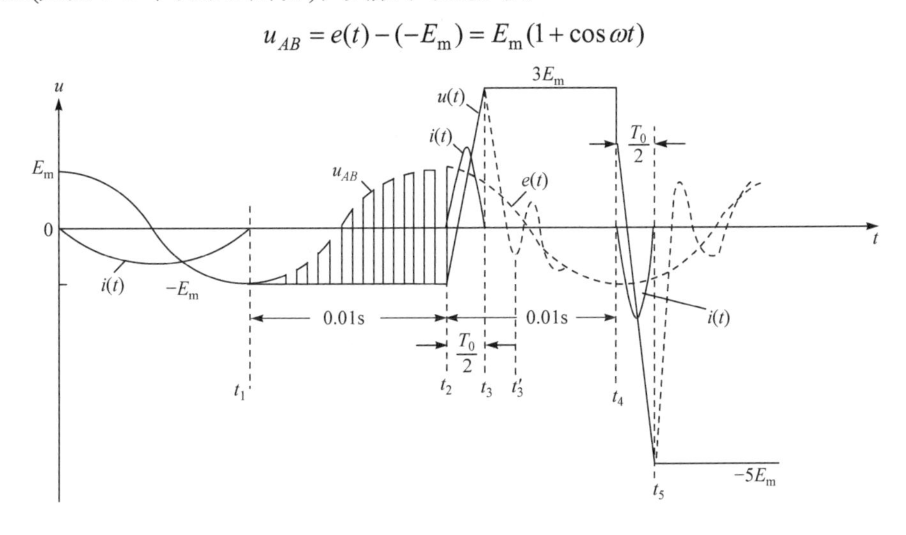

图 7-2 切断空载线路过电压的发展过程

t_1 -第一次断弧；t_2 -第一次重燃；t_3 -第二次断弧；t_4 -第二次重燃；t_5 -第三次断弧

如果开关触头间去游离能力很强，介质恢复强度增长得很快，则电弧从此熄灭，线路被断开，无论在母线侧还是线路侧都不会产生任何过电压。但若开关性能不良，则在恢复电压 u_{AB} 的作用下，触头间可能发生重燃。

为研究最危险的过电压情况，假定重燃发生在 u_{AB} 最大的时刻 t_2，此时 $e(t) = E_m$，$u_{AB} = 2E_m$。在电弧重燃瞬间，电源电压 E_m 突然加在电感 L_s 和具有初始值 $-E_m$ 的电容 C_T 组成的振荡回路上，如图 7-3(a)所示，遂产生过渡过程。由于回路固有振荡频率 $\omega_0 = \dfrac{1}{\sqrt{L_s C_T}}$ (其振荡周期 $T_0 = \dfrac{2\pi}{\omega_0}$)比工频 50Hz 大得多，故此过渡过程为高频振荡形式，可以认为在高频振荡的过渡过程中电源电势 E_m 保持不变，如图 7-3(b)所示。若忽略回路损耗引起的电压衰减，

过渡过程中 C_T 上电压所达到的最高值即线路上的过电压数值，可按下式计算：

$$过电压幅值 = 稳态值 + (稳态值 - 初始值)$$

在此，稳态值=E_m；初始值=$-E_m$。故

$$过电压幅值 = E_m + \left[E_m - \left(-E_m\right)\right] = 3E_m$$

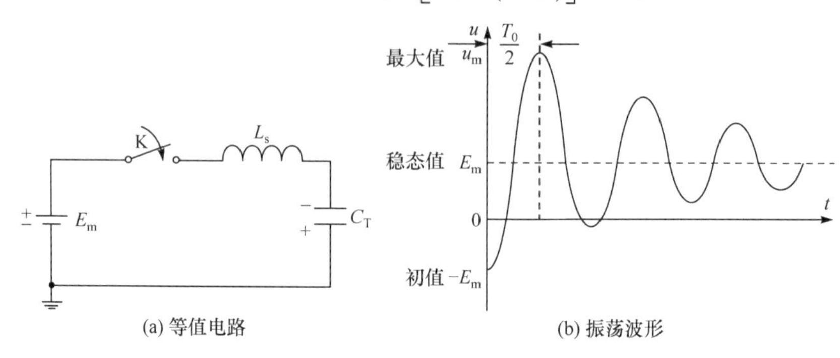

(a) 等值电路　　(b) 振荡波形

图 7-3　电弧重燃时的等值电路及振荡波形

t_3 时刻，线路(C_T)上电压振荡达最大值 $3E_m$，由于回路中流过的是电容电流，故此瞬间开关中流过的高频振荡电流恰好是零。因此，在 t_3 时刻电弧又将熄灭，电弧想灭后，线路上就保持了 $3E_m$ 的残余电压值，假如在 t_3 时刻电弧不能熄灭，就要等到高频电流第二次过零的 t_3' 瞬间，或高频振荡衰减后到工频电流过零值时才会熄灭。从开关试验的示波图看，几乎全都是在高频电流第一次(很少有在第二次的情况)过零值瞬间，即 t_3 时刻电弧就熄灭了，因此高频电流一般只有半个周波。

此后，触头之间的距离越来越大，但恢复电压也越来越高，到 t_4 时刻，恢复电压 u_{AB} 可达 $4E_m$，若在此时再次发生重燃，其 C_T 上的初始值为 $3E_m$，稳态值为 $-E_m$，故过电压幅值为

$$-E_m + (-E_m - 3E_m) = -5E_m$$

假如继续每隔半个工频周期就重燃一次，则过电压将按 $3E_m, -5E_m, 7E_m, \cdots$ 的规律变化，越来越高。

同样，在母线上也将出现过电压。

实际上由于受到一系列复杂因素的影响，过电压幅值不可能无限增大。

首先是电弧熄灭过程的复杂性的影响，即使用同一台开关切除同一条空载线路，重燃的条件也不尽相同，具有强烈的统计性。重燃的次数与开关性能有关，油开关的重燃次数较多，有时可达 6～7 次，压缩空气开关的重燃次数较少或不重燃。重燃次数较多时，发生高幅值过电压的概率也较大。每次拉闸时并不一定发生重燃，即使发生电弧重燃，也不一定是在电源电压为最大值并与线路残余电压呈反极性的时刻，如果电弧重燃在断弧后的 1/4 工频周期内产生，则基本上没有过电压发生。过电压高低与电弧重燃和熄灭的时刻有着密切的关系，而这些都是由电弧燃烧与熄灭的随机性所决定的，因而这种过电压具有随机统计性质，像理想化的理论分析的那种危险情况出现的概率是比较小的。

其次，当过电压较高时，线路上将产生强烈的电晕，电晕损耗将消耗过电压的能量，限制了过电压的升高。此外，在母线上有几回出线时，母线上的等值电容将加大，它能吸收部分振荡能量，且线路上的有功负荷又能增强阻尼效应，使重燃时的过电压降低。

电网中性点的运行方式对切除空载线路过电压也有很大的影响。在中性点直接接地的电网中，各相有自己的独立回路，相间电容影响不大，切除空载线路过程与上面所讨论的情况相同。但当中性点不接地或经消弧线圈接地时，三相开关分闸的不同期性会形成瞬间的不对称电路，中性点将发生偏移，三相之间互相牵连影响，使分闸时开关中电弧燃烧和熄灭的过程变得很复杂，在不利条件下可使过电压显著增高。一般来说，它比中性点直接接地时的过电压高出 20%左右。

7.1.2　限制措施

切除空载线路过电压是选择线路绝缘水平和确定电气设备试验电压的重要依据。因此采取措施消除或限制这种过电压，对于保证系统安全运行和进一步降低电网绝缘水平具有十分重大的经济意义。

切除空载线路时产生过电压的根本原因是电弧重燃，提高断路器的灭弧能力和限制触头间的恢复电压是消除或减少重燃次数的两个重要措施。改善断路器的性能，增大其触头间介质的恢复强度和灭弧能力以避免发生重燃现象，可以从根本上消除这种操作过电压。其他常用措施如下。

采用带并联电阻的开关是一个有效措施。如图 7-4 所示，开关主触头 K_1 上并联一定大小(约 3000Ω)的电阻 R，再加辅助触头 K_2 与主触头串联，以实现线路的逐级断开。在拉闸时，主触头 K_1 先断开，此时并联电阻 R 就被串联在回路之中，抑制了回路中的振荡，而这时 K_1 触头两端的恢复电压只是电阻 R 两端的电压降，主触头 K_1 中的电弧遂不易重燃。同时线路电容中的残余电荷将通过电阻 R 泄放，经 1.5～2 个工频周期，在触头 K_2 分闸时，由于前一阶段回路中的振荡受到了抑制，且线路上残余电压较低，故触头 K_2 上的恢复电压不高，K_2 中电弧也就不易重燃。即使 K_2 中电弧发生重燃，由于电阻 R 的阻尼作用及对线路电容电荷的泄放作用，过电压也就显著下降了。实践证明，即使在最不利的时刻发生重燃，过电压实际上也只有 2.28 倍左右。

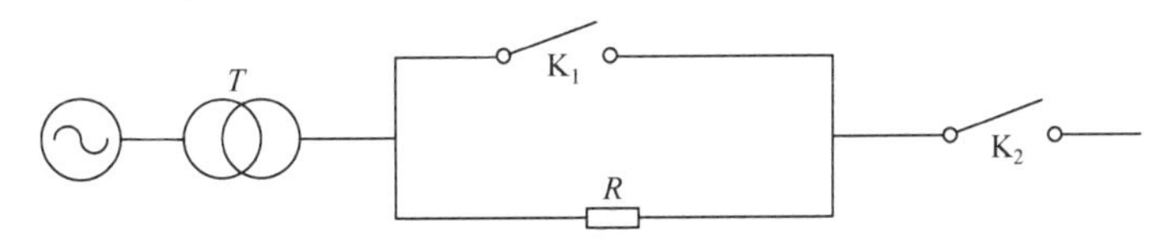

图 7-4　用并联电阻开关以限制切除空载线路时的过电压

当被切除的线路上接有电磁式电压互感器时，断路器开断后，线路电容上的残余电荷将通过互感器泄放，线路上的残余电压很快衰减，使断路器两端的最大恢复电压有所降低，从而避免了重燃或降低重燃后的过电压。我国 220kV 线路的多次拉闸试验表明，线路侧的互感器可使最大重燃过电压倍数降低 30%左右，图 7-5 画出了过电压倍数的统计曲线。同样的道理，在直接接地的系统中，当从变压器低压侧连同变压器切除空载线路时，变压器对线路电容残余电荷的泄流作用也能降低这种过电压。

超高压电网中的并联电抗器由于其电感和线路电容可能引起振荡(其自振频率一般略低于工频)，不能很好地降低线路的残余电压，但计算表明，在振荡中会使开关上的恢复电压增长速度大大降低，因而减少了电弧重燃的机会，也就降低了发生高幅值过电压的概率。

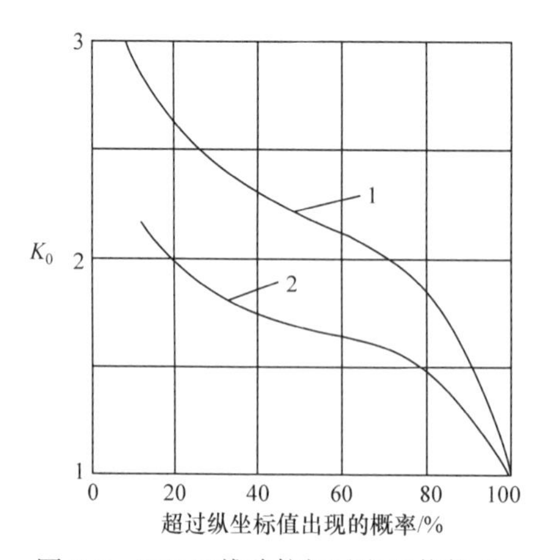

图 7-5　220kV 线路拉闸过电压倍数 K_0 的统计曲线

1-线路侧无互感器；2-线路侧有互感器

此外，也可利用专门的磁吹避雷器来限制切除空载线路时的过电压。

近年来，我国在几十条 110～220kV 线路上进行了数千次的实测，综合处理结果表明，切除空载线路的过电压具有强烈的统计性，其统计分布规律近似于正态分布，出现最大过电压的倍数与所用开关的性能有很大关系。按开关性能分类得到这样的结果：使用重燃次数较少的空气开关时，高于 2.6 倍的过电压出现概率为 0.73%；使用重燃次数较多的空气开关时，高于 3.0 倍过电压的概率为 0.86%；用油开关时测得的最大过电压为 2.8 倍，当使用有中值和低值并联电阻的开关时，过电压值限制在 2.2 倍以下。

在中性点不接地和消弧线圈接地电网中，这种过电压一般不超过 3.5 倍。

在超高压电网中，由于开关都带有并联电阻，基本上消除了重燃现象，也就基本上消除了这种过电压。我国 330kV 线路上的试验结果表明，切除空载长线多次均未发生重燃，最大过电压只测到 1.19 倍，而最大合闸过电压却达 2.03 倍。国外的实测试验结果也与之大致相符。这种情况表明，在超高压电网中，切除空载线路的过电压已被限制，而合闸空载线路时的过电压便成了主要矛盾，成为对超高压电网绝缘水平起决定作用的因素。

7.2　切除空载变压器引起的过电压

切除空载变压器以及切除电动机、电抗器时，有可能在被切除的电器和开关上出现过电压。产生这种过电压的原因是开关中电感电流的突然被“截断”，一般这种截流现象发生在电流下降到零的过程中(如图 7-6 中的 t_2 点)，经验表明截流现象也有可能在电流由零上升的某一时刻(如图 7-6 中 t_1 点)发生。通常在截断大于 100A 的较大交流电流时，开关触头间的电弧在工频电流自然过零时断弧，在这种情况下，电气设备的电感中储存的磁场能量为零，不会产生过电压。但在切除空载变压器中，由于激磁电流很小，一般只有额定电流的 1%～4%，而开关中的去游离作用又很强，故当电流不为零时(如图 7-6 中 i_0 值)就会发生强制熄弧的截流现象，这样电感中储存的能量就将全部转变为电场能，这就是切除空载变压器引起过电压的实质。

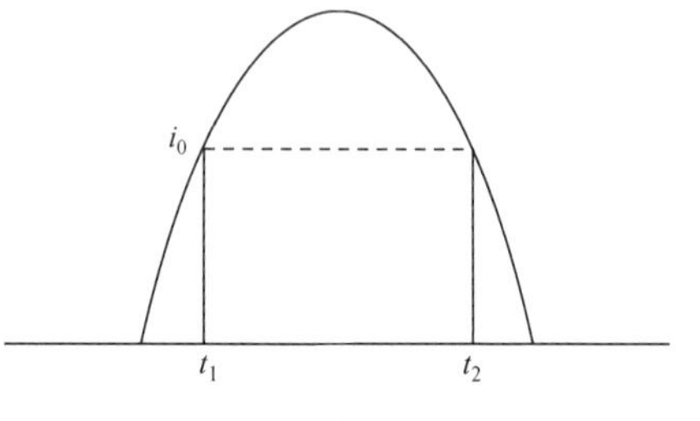

图 7-6　截流现象

t_1-上升时截流；t_2-下降时截流；i_0-截流值

切除空载变压器引起过电压的形成过程可由图 7-7 的等值电路来分析。图中 L_T 为变压器激磁电感，C_T 为变压器对地电容，C_T、L_T 回路中的自振频率为 $f_0=\dfrac{1}{2\pi\sqrt{L_T C_T}}$，对大型变压器约为几百周，其特性阻抗 $Z_{\mathrm{T}}=\sqrt{L_{\mathrm{T}}/C_{\mathrm{T}}}$ ，约为数十 kΩ，切除空载变压器时的波形如图 7-8 所示，设开关动作后，截流的幅值为 $I_0=I_{\mathrm{m}}\sin\alpha$ ，其相应的电容 C_{T} 上的电压为 $U_0=-U_{\mathrm{m}}\cos\alpha$ (U_{m} 为电源相电压幅值， I_{m} 为电流幅值， α 为发生截流时的相角)。

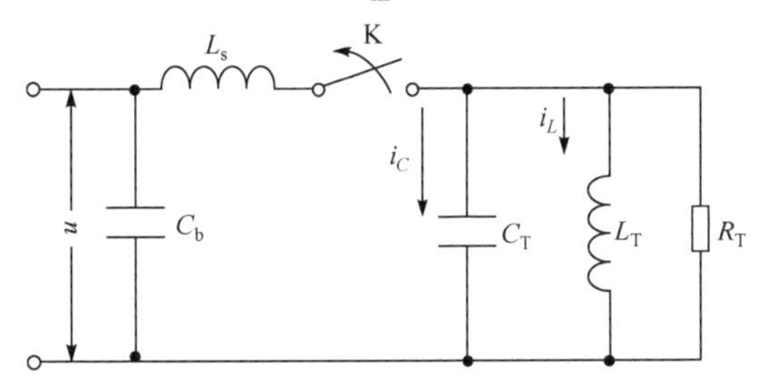

图 7-7　切除空载变压器的等值电路

L_{T} 、 R_{T} -变压器激磁电感和损耗电阻； C_{T} -变压器对地电容及引线电容； L_{s} -母线侧电源等值电感； C_{b} -母线对地电容

这时电感 L_{T} 和电容 C_{T} 储存的磁能和电能分别为

$$W_L=\frac{1}{2}L_{\mathrm{T}}I_{\mathrm{m}}^2\sin^2\alpha$$

$$W_C=\frac{1}{2}C_{\mathrm{T}}U_{\mathrm{m}}^2\cos^2\alpha$$

当电容上暂态电压达到最大值 $U_{C\mathrm{m}}$ 时， $\frac{\mathrm{d}u_C}{\mathrm{d}t}=0$ ，电流 $C_{\mathrm{T}}\frac{\mathrm{d}u_C}{\mathrm{d}t}=0$ ，即这时全部磁场能量转换成为电容中的电场能量，故得

$$\frac{1}{2}C_{\mathrm{T}}U_{C\mathrm{m}}^2=W_L+W_C=\frac{1}{2}L_{\mathrm{T}}I_{\mathrm{m}}^2\sin^2\alpha+\frac{1}{2}C_{\mathrm{T}}U_{\mathrm{m}}^2\cos^2\alpha$$

于是

$$U_{C\mathrm{m}}=\sqrt{U_{\mathrm{m}}^2\cos^2\alpha+\frac{L_{\mathrm{T}}}{C_{\mathrm{T}}}I_{\mathrm{m}}^2\sin^2\alpha} \tag{7-1}$$

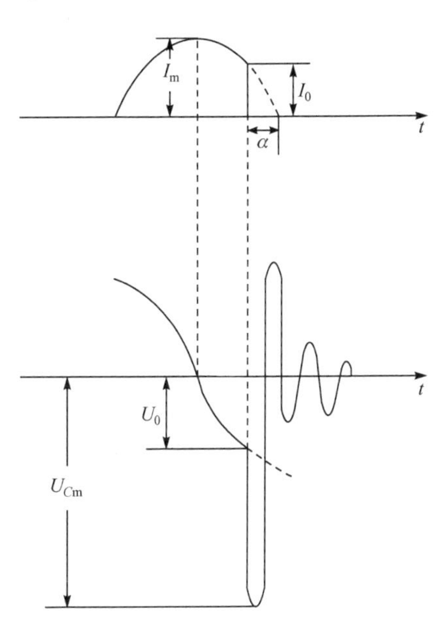

图 7-8　切除空载变压器时变压器上的电压波形

考虑到 $I_{\mathrm{m}}=\frac{U_{\mathrm{m}}}{2\pi fL_{\mathrm{T}}}$ ， $f_0=\frac{1}{2\pi\sqrt{L_{\mathrm{T}}C_{\mathrm{T}}}}$ 代入式(7-1)并加以整理得到过电压倍数 K_0 为

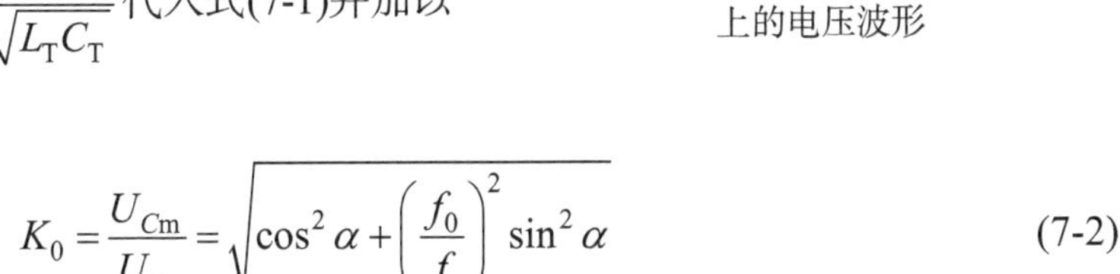

$$K_0=\frac{U_{C\mathrm{m}}}{U_{\mathrm{m}}}=\sqrt{\cos^2\alpha+\left(\frac{f_0}{f}\right)^2\sin^2\alpha} \tag{7-2}$$

式(7-2)中并未考虑磁场能量转化为电场能量的高频振荡过程中变压器的铁损和铜损，即等值电路中 R_{T} 所引起的损耗。若考虑损耗引起的衰减，可在代表磁能的项上乘一个损耗系数 μ_{m} 。式(7-2)变为

$$K_0=\sqrt{\cos^2\alpha+\mu_{\mathrm{m}}\left(\frac{f_0}{f}\right)^2\sin^2\alpha} \tag{7-3}$$

显然，当激磁电流在幅值处截断，即$\alpha = 90°$时，过电压倍数达到最大值。

损耗系数μ_m一般小于 0.5，国外大型变压器的实测数据为 0.3～0.45，自振频率f_0与变压器的参数和结构有关，通常为工频的 10 倍以上，超高压变压器则只有工频的几倍，因而过电压较低。

从式(7-1)可见，过电压的高低与截流值和变压器的特性阻抗$\sqrt{L_T / C_T}$有密切的关系。开关灭弧性能越强，截流的极限值越高，过电压也就越高。当开关去游离作用不强时，由于开关中电弧的多次重燃，过电压的发展即受到开关中介质恢复强度的限制，这种现象称为“自克效应”。在截流值一定时，可能发生的过电压将和被切除变压器的特性阻抗大约成正比，当变压器引线电容较大时(如接有电缆)，其等值C_T增加，过电压将大大降低。

我国对切除 110～220kV 空载变压器做过不少试验，对这种过电压的实测表明：在中性点直接接地的电网中一般不超过$3U_{xg}$；在中性点不接地的电网中一般不超过$4U_{xg}$。这种过电压可用带并联电阻开关来加以限制，因为并联电阻能够让变压器的磁场能量通过它予以释放。此外，由于过电压的能量不大，通常比避雷器能导出的雷电流的能量小一个数量级，故可用阀型避雷器来加以限制。

7.3 间歇电弧接地过电压

在中性点绝缘的电网中发生单相接地时，将会引起健全相的电压升高到线电压。如果单相接地为不稳定的电弧接地，即接地点的电弧间歇性地熄灭和重燃，则在电网健全相和故障相上将会产生很高的过电压，一般把这种过电压称为间歇电弧接地过电压。

通常，这种电弧接地过电压不会使符合标准的良好的电气设备的绝缘发生损坏。但是应该看到：在系统中常常有一些弱绝缘的电气设备或设备绝缘在运行中可能急剧下降以及设备绝缘中有某些潜伏性故障在预防性试验中未检查出来等情况，在这些情况下，遇到电弧接地过电压时就可能发生危险。在少数情况下还可能出现对正常绝缘也有危险的高幅值过电压。因为这种过电压波及的面比较广，单相不稳定电弧接地故障在系统中出现的机会又很多，且这种过电压一旦发生，持续时间极长(因为在中性点绝缘系统中允许带单相接地运行的时间为 0.5～2h)，因此，间歇电弧接地过电压对中性点绝缘系统的危害性是不容忽视的。

间歇电弧接地过电压的发展与电弧的熄灭时刻有关，通常认为电弧的熄灭有可能在两种情况下发生：空气中的开放性电弧大多在工频电流过零时刻熄灭；油中电弧则常常在过渡过程中高频振荡电流过零的时刻熄灭。实际上电弧能否熄灭是由电流过零时间隙介质恢复强度和加在间隙上的恢复电压决定的。为了能很好地阐明这种过电压发展的物理过程，这里将假定电弧的熄灭发生在工频电流过零的时刻。

7.3.1 间歇电弧接地过电压发展的物理过程

图 7-9(a)为中性点绝缘系统的单相接地等值电路，C_1、C_2、C_3为三相对地电容，$C_1=C_2=C_3=C$。设 A 相对地发生电弧，以 D 表示故障点燃弧间隙。当 A 相接地时，中性点

电位 $\dot{U}_N$ 由零升至相电压，即 $\dot{U}_N = -\dot{U}_A$，B、C 相对地电位都升至线电压 $\dot{U}_{BA}$、$\dot{U}_{CA}$。C_2、C_3 中的电流 $\dot{I}_2$、$\dot{I}_3$ 分别超前 $\dot{U}_{BA}$、$\dot{U}_{CA}$ 90°，其幅值为

$$I_2 = I_3 = \sqrt{3}\omega C U_{\mathrm{xg}}$$

其相量图如图 7-9(b)所示。

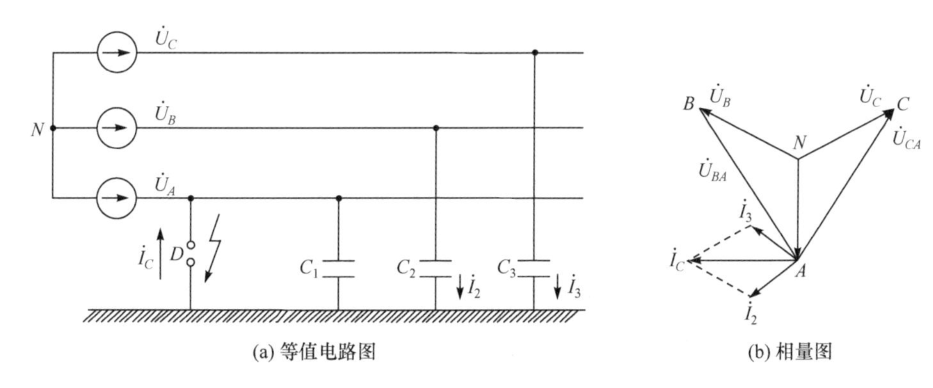

图 7-9　中性点绝缘系统的单相接地

$\dot{I}_2$ 与 $\dot{I}_3$ 相位相差 60°，因此故障点电流幅值为

$$I_C = 3\omega C U_{\mathrm{xg}} \tag{7-4}$$

由此可看出单相接地时流过故障点的电容电流 I_C 和线路对地电容 C 及系统运行相电压 U_{xg} 成正比。

以 u_A、u_B、u_C 代表三相电源电压，设 $u_A = U_{\mathrm{xg}}\sin\omega t$，$u_B = U_{\mathrm{xg}}\sin(\omega t - 120°)$，$u_C = U_{\mathrm{xg}}\sin(\omega t + 120°)$，则 $u_{BA} = \sqrt{3}U_{\mathrm{xg}}\sin(\omega t - 150°)$，$u_{CA} = \sqrt{3}U_{\mathrm{xg}}\sin(\omega t + 150°)$。以 u_1、u_2、u_3 分别代表三相线路的对地电压，即 C_1、C_2、C_3 上的电压。图 7-2 画出了过电压的发展过程。

设 t_1 瞬间(此时 A 相电源电压为最大值 U_{xg})A 相对地发生电弧，发弧前 t_1 瞬间(以 t_1^- 表示)线路电容上的电压分别为

$$u_1(t_1^-) = U_{\mathrm{xg}}$$
$$u_2(t_1^-) = -0.5U_{\mathrm{xg}}$$
$$u_3(t_1^-) = -0.5U_{\mathrm{xg}}$$

故障点发生电弧后瞬间(以 t_1^+ 表示)，A 相电容 C_1 上的电荷通过电弧泄放入地，其电压突降为零，即 $u_1(t_1^+) = 0$。其他两健全相电容 C_2、C_3 则由电源线电压 u_{BA}、u_{CA}(由图 7-10 可知，故障瞬间 u_{BA} 和 u_{CA} 的瞬时值皆为 $-1.5U_{\mathrm{xg}}$)通过电源的电感充电，由原来的电压瞬时值 $-0.5U_{\mathrm{xg}}$ 变为新的电压瞬时值 $-1.5U_{\mathrm{xg}}$，这个充电的过渡过程是高频振荡过程，其振荡频率取决于电源的电感和导线对地电容。

由于电容 C_2、C_3 上的初始值都是 $-0.5U_{\mathrm{xg}}$，稳态值都是 $-1.5U_{\mathrm{xg}}$，故在过渡过程中在 C_2、C_3 上出现的电压最大值为

$$U_{2m}\big|_{t_1} = 2(-1.5U_{xg}) - (-0.5U_{xg}) = -2.5U_{xg} \tag{7-5}$$

$$U_{3m}\big|_{t_1} = 2(-1.5U_{xg}) - (-0.5U_{xg}) = -2.5U_{xg} \tag{7-6}$$

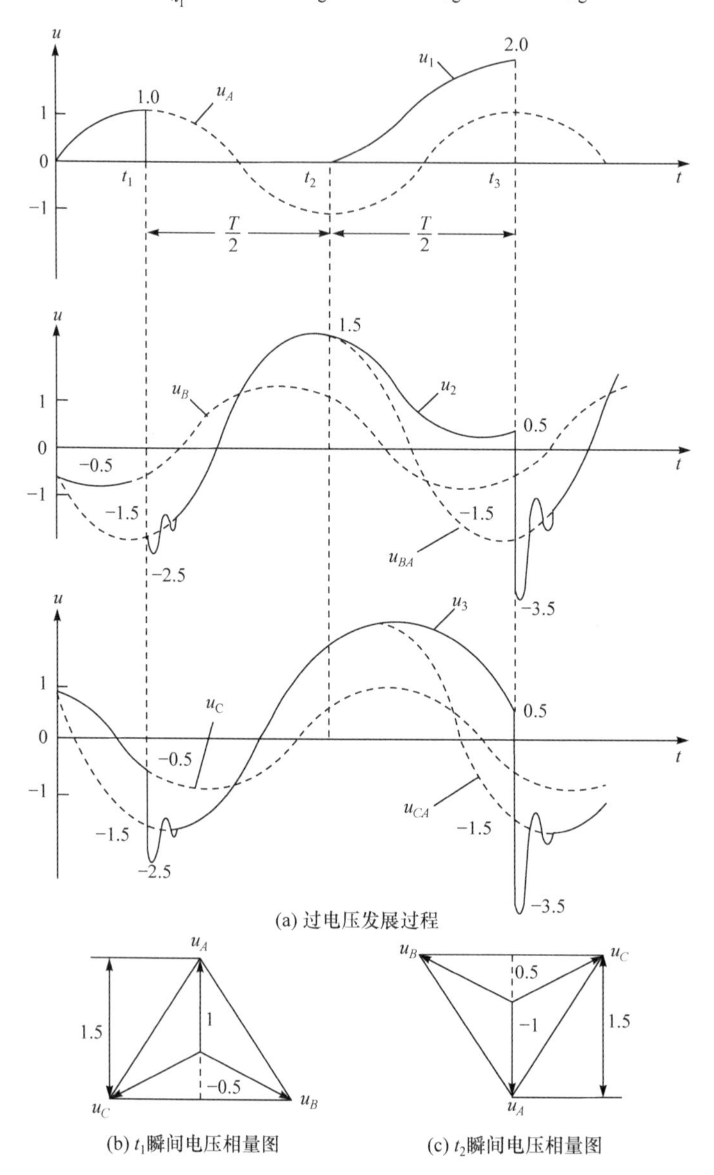

(a) 过电压发展过程

(b) t_1瞬间电压相量图　　(c) t_2瞬间电压相量图

图 7-10　工频电流过零熄弧时电弧接地过电压发展过程

过渡过程结束后，u_2 和 u_3 按图 7-10 中的 u_{BA} 和 u_{CA} 变化。

故障点的电弧电流中包含工频分量和逐渐衰减的高频分量，假定高频电流分量过零时，电弧不熄灭，则故障点的电弧电流将持续半个工频周期，待工频分量(工频分量 I_C 与 A 相电源电压 $\dot{u}_A$ 相位差为 90°，见图 7-9)过零时才熄弧(图 7-10 中 t_2 时刻)。

t_2 时刻电弧熄灭，又要引起过渡过程。这时三相导线上电压的初始值为

$$u_1(t_2^-) = 0$$

$$u_2(t_2^-) = u_3(t_2^-) = 1.5U_{xg}$$

由于是中性点绝缘系统，各导线电容上的电荷在故障点电弧熄弧后仍保留在系统内，但在熄弧瞬间必然有一个很快完成的电荷重新分配过程，这个电荷重新分配的过程实际上是电容 C_2 、C_3 通过电源电感对 C_1 充电的高频振荡过程，其结果是使三相导线对地电压相等，即使对地绝缘的中性点对地有了一个偏移电位，这个偏移电位为

$$u_{ND}\Big|_{t_2} = \frac{0 \times C_1 + 1.5U_{xg}C_2 + 1.5U_{xg}C_3}{C_1 + C_2 + C_3} = U_{xg} \tag{7-7}$$

这样，当故障电流熄灭后，作用在三个导线电容上的是三相电源电压和中性点偏移电压 $u_{ND}\big|_{t_2}$ 之和。在 $t = t_2^+$ 瞬间：

$$u_1(t_2^+) = u_A(t_2^+) + u_{ND}\Big|_{t_2} = -U_{xg} + U_{xg} = 0$$

$$u_2(t_2^+) = u_B(t_2^+) + u_{ND}\Big|_{t_2} = 0.5U_{xg} + U_{xg} = 1.5U_{xg}$$

$$u_3(t_2^+) = u_C(t_2^+) + u_{ND}\Big|_{t_2} = 0.5U_{xg} + U_{xg} = 1.5U_{xg}$$

由于 t_2^+ 时刻各导线电容上的电压瞬时值与 t_2^{-1} 时刻相同，故当 t_2 时刻故障电流熄弧后将不会出现过渡过程。

t_2 时刻以后，电容 C_1 、C_2 、C_3 上的电压就按电源相电压 u_A 、u_B 、u_C 再叠加中性点偏移电压 $u_{ND}\big|_{t_2}$ 而变化，见图 7-10 中 t_2 以后时刻的实线曲线。

再经过半个工频周期以后，即 $t_3=t_2+T/2$ 时，故障相的电压达到最大值 $u_1(t_3^-) = 2U_{xg}$ ，如果这时故障点再次发生电弧，u_1 将再次突然降为零，电路将再次出现过渡过程，其余两相电压初始值为

$$u_2(t_3^-) = u_3(t_3^-) = 0.5U_{xg}$$

新的稳态值由相应线电压在 t_3 时的瞬时值决定，即

$$u_2(t_3^+) = -1.5U_{xg}$$

$$u_3(t_3^+) = -1.5U_{xg}$$

线路电容 C_2 、C_3 分别被电源通过电源电感由 $0.5U_{xg}$ 充电至 $-1.5U_{xg}$ ，过渡过程中过电压最大值可达

$$U_{2m}\Big|_{t_3} = 2(-1.5U_{xg}) - (0.5U_{xg}) = -3.5U_{xg} \tag{7-8}$$

$$U_{3m}\Big|_{t_3} = 2(-1.5U_{xg}) - (0.5U_{xg}) = -3.5U_{xg} \tag{7-9}$$

与此分析相似，可以得出，以后的熄弧及重燃过程将与第二次完全相同，其过电压的幅值也与之相同。

显然，按工频熄弧理论分析得到的过电压倍数(3.5 倍)并不太高，而且从波形图中可以看出过电压的波形具有同一极性，在故障相中不产生振荡过程。健全相的最大过电压为 $-3.5U_{xg}$ ，故障相最大过电压为 $2U_{xg}$ 。在实际情况下，由于过渡过程的衰减、残余电荷的泄漏以及相间电容的降压作用、燃弧相位不同等原因，过电压还要低一些。

长时期来的试验和研究表明：工频和高频熄弧都是可能的，有时断弧会在高频电流过零或几次过零后发生；故障相的电弧重燃也不一定在最大恢复电压值时发生，并具有很大的分散性。因而间歇电弧接地过电压也具有很强烈的随机统计性质。目前普遍认为，间歇电弧接地过电压的最大值不超过 $3.5U_{xg}$，一般在 $3U_{xg}$ 以下。

7.3.2 中性点运行方式对间歇电弧接地过电压的影响及消弧线圈的作用原理

从以上分析可以看出，间歇电弧接地过电压的根本原因在于电网中性点的电位偏移，即中性点的电荷积累，要消除这种过电压，只需将中性点直接接地，电网中性点就不可能累积电荷而可避免发生这种过电压，同时单相接地短路故障也将立即被切除。因而现今110kV 及以上电网大都采用中性点直接接地的运行方式，必须指出，在中性点直接接地的电网中，各种形式的操作过电压均比中性点绝缘的电网要低，原因有两点。

(1) 中性点直接接地电网中，中性点电位始终为地电位，不会累积残余电荷而引起中性点电位偏移。

(2) 暂态分量是叠加在相电压上，而在中性点绝缘的系统中暂态分量则是叠加在线电压上的。

但是，若在较低电压等级的电网中采用中性点接地的运行方式，则事故频繁，操作次数增多，且因此增加许多设备，所以在我国对 35kV 及以下的系统，皆采用中性点不接地的运行方式。在电容电流超过规定值(3～10kV 电网为 30A；20kV 及以上电网为 10A)，故障电弧不易熄灭时，可采用中性点经消弧线圈接地的运行方式。

图 7-11 为中性点经消弧线圈接地电网中单相接地时的电路图。

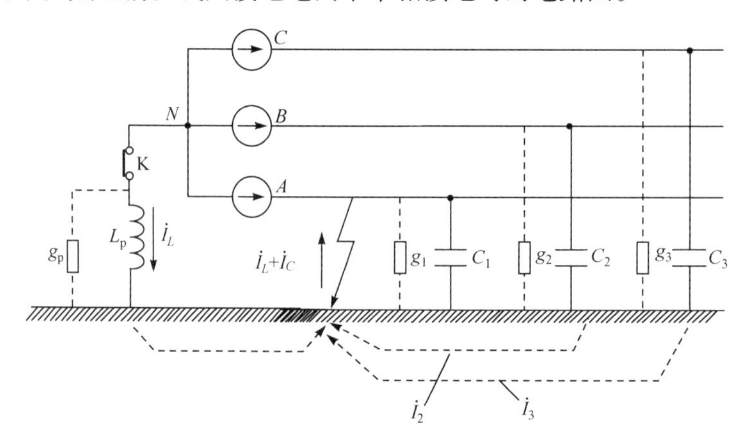

图 7-11 中性点经消弧线圈接地电网的单相接地电路图

L_p、g_p -消弧线圈电感电导；C_1、C_2、C_3 -三相对地电容；g_1、g_2、g_3 -三相对地电导

式(7-4)中已提到在中性点绝缘的电网中，单相接地时流过故障点的电流幅值 $I_C = 3\omega CU_{xg}$，在中性点接入消弧线圈后，故障点还将流过由中性点电压 U_{xg} 经电感 L_p 引起的电感电流幅值 I_L，$I_L = \dfrac{U_{xg}}{\omega L_p}$，其矢量如图 7-12 所示。从图 7-12 可知，I_L 与 I_C 反向，因此流经故障点的电流为 I_C 与 I_L 的差值，称为残流 I_0。由于 I_0 很小，故接地电弧一般不

易重燃，限制了间歇电弧接地过电压的发展，为了确定电感电流和电容电流互相抵偿以后故障点的残流 I_0，可画出图 7-13 的等值计算电路。

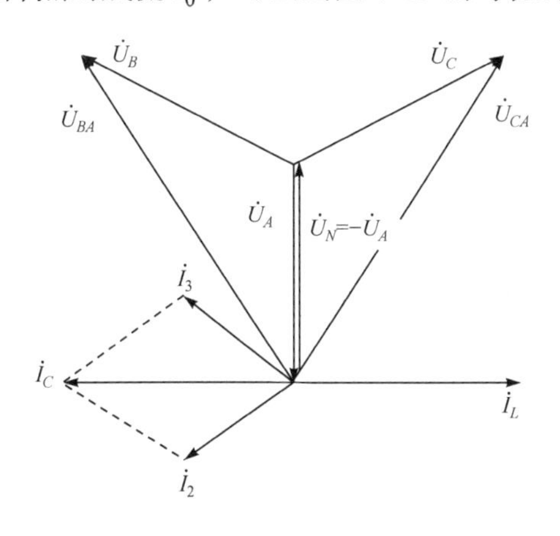

图 7-12　中性点经消弧线圈接地系统中单相(A 相)接地时的矢量图

$\dot{U}_N$ 为中性点电压($U_N=U_{xg}$)

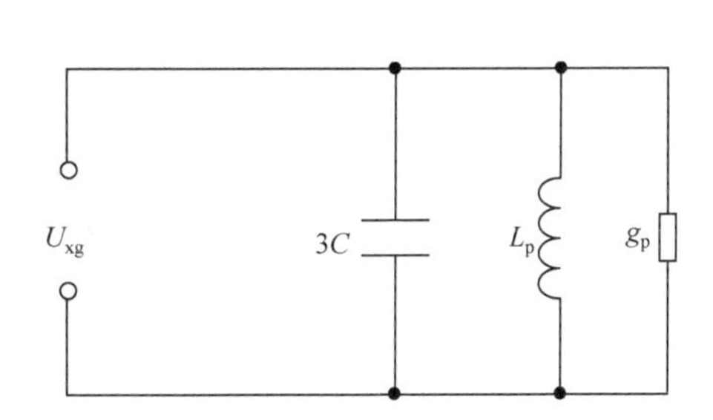

图 7-13　计算残流的等效电路

通常把电感电流补偿电容电流的百分数称为消弧线圈的补偿度(或调谐度) k，其表达式如下：

$$k=\frac{I_L}{I_C}=\frac{U_{xg}/(\omega L_p)}{3\omega CU_{xg}}=\frac{1}{\omega^2 L_p 3C}=\frac{\omega_0^2}{\omega^2}$$

式中，$\omega_0=1/\sqrt{3CL_p}$，为电路中的自振角频率。

将 $1-k$ 称为脱谐度 γ，则有

$$\gamma=1-k=\frac{I_C-I_L}{I_C}=1-\frac{\omega_0^2}{\omega^2} \tag{7-10}$$

当 $k<1$，$\gamma>0$，即 $I_C>I_L$ 时，表示电感电流补偿不足，故障点流过的残流 I_0 为容性电流，称为欠补偿，当 $k>1$，$\gamma<0$，$I_C<I_L$ 时，表示电感电流补偿过头，故障点流过的残流为感性电流，称为过补偿，当 $k=1$，$\gamma=0$ 时，两者恰好抵消，图 7-13 的电路处于并联谐振状态，称为全补偿，故障点流过的就只有纯电阻性的泄漏电流了。根据图 7-13 可算出残流为

$$I_0=\sqrt{I_\alpha^2+(I_C\gamma)^2} \tag{7-11}$$

式中，有功电流 $I_\alpha=g_pU_{xg}$，而 $I_C=3\omega CU_{xg}$；g_p 为消弧线圈有功损耗的等值电导。

消弧线圈的脱谐度不能太大，太大时残流增大；而且进一步的计算表明，脱谐度太大时故障点恢复电压增长速度太快，消弧线圈就起不到消灭单相接地电弧的作用了。脱谐度越小，残流越小，故障点恢复电压速度也减小，电弧容易熄灭。但脱谐度也不能太小，当趋近于零时，在正常运行时中性点电位将发生很大的偏移，其理由如下：如图 7-11 所示，设三相电源电压完全平衡，系统各相泄漏电导彼此相等，$g_1=g_2=g_3=g_0$。但三相对地电容不相等，$C_1\neq C_2\neq C_3$，则利用节点电压法可以得出无消弧线圈时由于三相对地电容不相

等而产生的中性点偏移电压(以 A 相电压 $\dot{U}_{\mathrm{xg}}$ 为参考)：

$$\dot{U}_0=\frac{k_{C_0}}{1-\mathrm{j}d_0}\dot{U}_{\mathrm{xg}}\approx k_{C_0}\dot{U}_{\mathrm{xg}} \tag{7-12}$$

式中，$k_{C_0}=\dfrac{C_1+a^2C_2+aC_3}{3C_0}$ 为网络的不对称度，一般为3%～4%；$d_0=\dfrac{g_0}{\omega C_0}$ 为网络的阻尼率，一般不超过3%～5%；$C_0=\dfrac{1}{3}(C_1+C_2+C_3)$。

接入消弧线圈后，这个电压将作用在消弧线圈电感 L_{p} 和三相对地电容 $3C_0=C_1+C_2+C_3$ 的串联电路上，如图 7-14 所示，可以得出有消弧线圈时的中性点偏移电压为

$$\dot{U}_{OB}=\frac{\dot{U}_0}{\dfrac{1}{g_{\mathrm{p}}+1/(\mathrm{j}\omega L_{\mathrm{p}})}+\dfrac{1}{3g_0+\mathrm{j}3\omega C_0}}\cdot\frac{1}{g_{\mathrm{p}}+1/(\mathrm{j}\omega L_{\mathrm{p}})}=\frac{k_{C_0}}{\gamma-\mathrm{j}d}\dot{U}_{\mathrm{xg}} \tag{7-13}$$

式中，$d=\dfrac{3g_{\mathrm{p}}+g_0}{3\omega C_0}$ 为补偿电网的阻尼率。

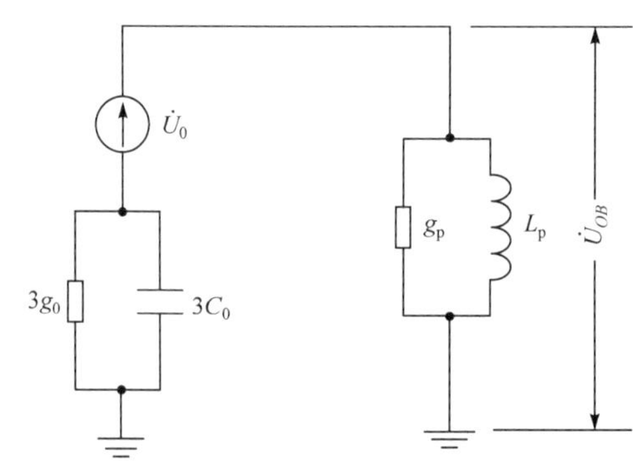

图 7-14　确定补偿电网中性点位移电压的等效电路

由式(7-13)可知，消弧线圈接地系统的中性点偏移电压 $\dot{U}_{OB}$ 是由网络的不对称度 k_{C_0}、脱谐度 γ 和阻尼率 d 所决定的。当系统的运行方式确定后，k_{C_0} 和 d 就为常数，中性点偏移 $\dot{U}_{OB}=\dfrac{k_{C_0}}{\sqrt{\gamma^2+d^2}}\dot{U}_{\mathrm{xg}}$ 只和脱谐度 γ 有关。γ 越小，中性点偏移越大；在完全补偿 $\gamma=0$ 时中性点偏移最大，$\dot{U}_{OBM}=-\dfrac{k_{C_0}}{\mathrm{j}d}\dot{U}_{\mathrm{xg}}$。当阻尼率小到接近不平衡度时中性点偏移可达相电压值。

一般均采用过补偿 5%～10%运行(即 $\gamma=-0.1\sim-0.05$)。采用过补偿是因为在电网发展过程中可以逐渐发展成为欠补偿运行，不致像欠补偿那样因电网的发展而导致脱谐度过大，失去消弧的作用。其次，采用欠补偿时，遇到某些情况如电压发生扰动时，使消弧线圈由于饱和而电感减小，结果将和线路电容形成完全补偿，产生较大的中性点偏移电位，有可能导致零序网络中产生严重的铁磁谐波过电压。关于这方面的问题将在第 8 章加以阐述。

中性点经消弧线圈接地，在大多数情况下能够迅速地消除单相的瞬间接地电弧而不破

坏电网的正常运行，接地电弧一般不重燃，从而把单相电弧接地过电压限制到不超过 $2.5\dot{U}_{xg}$ 的数值。很明显，在很多单相瞬时接地故障的情况下(如多雷地区、大风地区等)，采用消弧线圈可以看作提高供电可靠性的有力措施。但是消弧线圈的阻抗较大，既不能释放线路上的残余电荷，也不能降低过电压的稳态分量，因而对其他形式的操作过电压不起作用，并且在高压电网中有功泄漏电流分量较大，消弧线圈对故障点电容电流的补偿作用也就被削弱了。消弧线圈使用不当时还会引起某些谐振过电压。所以这就限制了它在较高电压等级的电网中使用。

7.4 空载线路的合闸过电压

空载线路的合闸有两种情况，即计划性合闸操作和故障跳闸后的自动重合闸。由于初始条件的差别，重合闸过电压是合闸过电压中较为严重的情况。

7.4.1 计划性合闸引起的过电压

在计划性的合闸之前，线路上不存在接地，系统是对称的，线路上初始电压为零，在合闸初瞬间的暂态过程中，电源电压通过系统等值电感 L_s 对空载线路的等值电容 C_T 充电，回路中将发生高频振荡过程。由于振荡频率很高 $\left(f_0=\dfrac{1}{2\pi\sqrt{L_sC_T}}\right)$，可以认为在振荡初期电源电压为恒定值，故可按图 7-15 的等值电路来计算。其中 $e(t)$ 为 E_m 合闸瞬间的电源电压瞬时值，它由合闸时电源的相角所决定。我们先考虑最严重的情况，即在电源电压 $e(t)$ 为幅值 E_m 时合闸，此时可近似看作合闸于直流电源 E_m 的振荡回路，直流电势 E_m 为电网工频相电压的幅值。于是有回路方程：

$$L_s\frac{di}{dt}+\frac{1}{C_T}\int i dt=E_m$$

$$i=C_T\frac{du_C}{dt}=E_m$$

由此导出

$$u_C+L_sC_T\frac{d^2u_C}{dt^2}=E_m \tag{7-14}$$

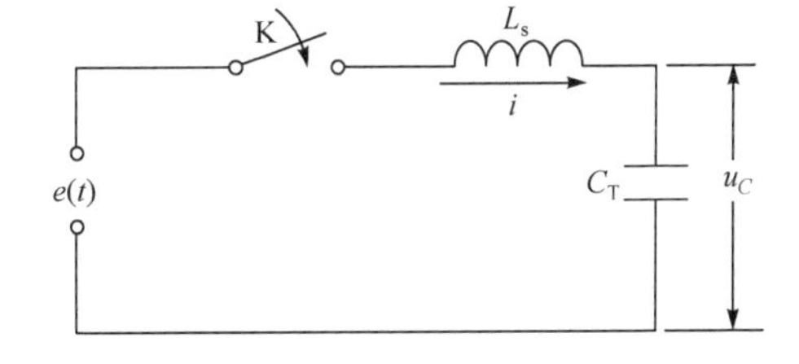

图 7-15 合空载线路的等值计算电路

其解为 $u_C=E_m+A\sin\omega_0t+B\cos\omega_0t$，式中 $\omega_0=1/\sqrt{L_sC_T}$；A、B 为积分常数。

由初始条件 t=0 时，$u_C=0$，$i=C_T\dfrac{du_C}{dt}=0$，得 $A=0$，$B=-E_m$，故

$$u_C=E_m(1-\cos\omega_0t) \tag{7-15}$$

当 $t=\dfrac{\pi}{\omega_0}$ 时，$\cos\omega_0t=-1$，即合闸后 $\dfrac{\pi}{\omega_0}$ 时刻，u_C 达最大值：

$$u_{C\max}=2E_m \tag{7-16}$$

当考虑回路中存在损耗时，实际振荡过程中线路上的电压要比 $2E_m$ 低。

7.4.2 自动重合闸引起的过电压

自动重合闸是线路发生故障跳闸后，由继电保护系统控制的合闸操作，这也是系统中经常遇到的一种操作。重合闸过电压是合闸过电压中较为严重的情况。如图 7-16 所示，当 C 相接地时，K_2 先跳闸，然后 K_1 跳闸。在开关 K_2 先跳闸以后，流经开关 K_1 中健全相的电流是线路电容电流，当电流为零、电源电压达最大值的时刻，开关 K_1 熄弧。但由于系统内存在单相接地，在中性点接地系统内健全相上的电压将为(1.3～1.4) E_m，因此开关 K_1 中健全相熄弧后，线路上的残余电压 u_r 也将为此值，在开关 K_1 重合闸以前，线路上的残余电荷将通过线路泄漏电阻入地，残余电压将按指数规律下降，110～220kV 线路残余电压变化的实测曲线见图 7-17，残余电压下降速度与线路绝缘子的污秽情况，气候的潮湿程度，有无雨、雪等情况有关，它在较广的范围内变化。经 Δt 间隔后开关 K_1 重新合闸，在 Δt 时间间隔后，假定线路残余电压 u_r 已降低了 30%，即 $u_r=(1-0.3)\times(1.3\sim1.4)E_m=(0.91\sim0.98)E_m$。若重合闸时刻的电源电压恰好与线路残余电压反极性，并且峰值为 $-E_m$，则重合闸时的过渡过程中最大过电压将为

$$u_{Cm}=-E_m+(-E_m-u_r)=\left[-2-\ (0.91\sim0.98)\right]E_m=(-2.91\sim-2.98)E_m$$

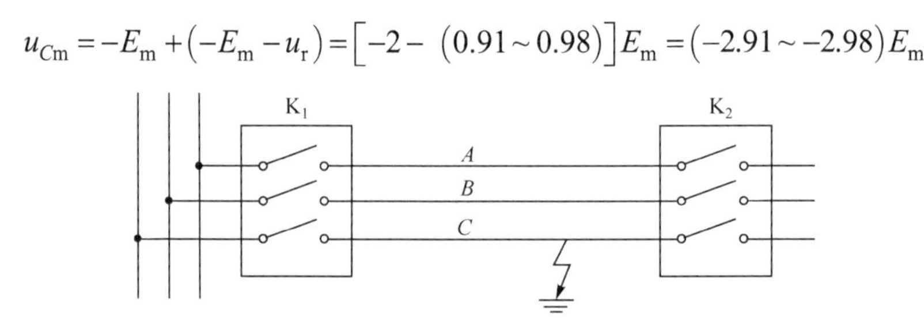

图 7-16　自动重合闸示意图

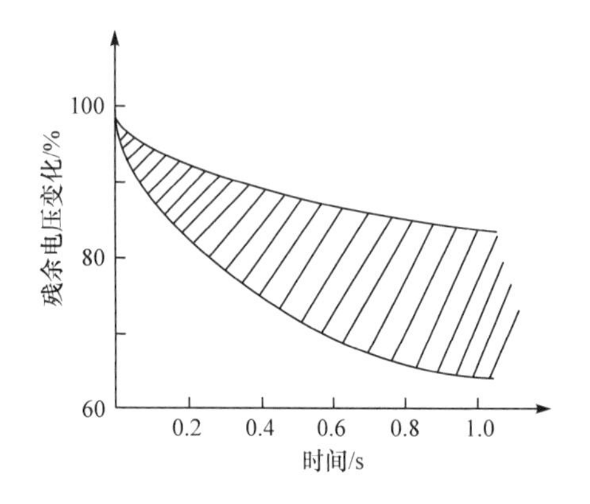

图 7-17　110～220kV 线路残余电压实测曲线

如果不考虑线路泄漏的影响，理论上的过电压可以更高。显然，由于在重合闸时刻电源电压并不一定恰好是最大值，电源电压也并不一定和线路上的残余电压反极性，过电压就较理论值为低。

若采用单相重合闸，只切除故障相，则因线路上不存在残余电荷，重合闸时就不会出现高值过电压。

在超高压系统中，单相重合闸的成功率将由于潜供电流 I_j 的存在而降低，如图 7-18 所示，在 C 相 K 点处发生接地故障，C 相两端断路器动作跳闸使 C 相导线成为孤立导线，A、B 两相将通过相间电磁耦合使 C 相产生感应电压，使故障点的电弧得以维持，此时流经故障点的电弧电流称为潜供电流 I_j，将使单相重合闸的成功发生困难，采用一组中性点经小电感接地的星形连接的并联电抗器可以减小 A、B 两相对故障相导线上的

感应电压，降低潜供电流，提高单相重合闸的成功率。

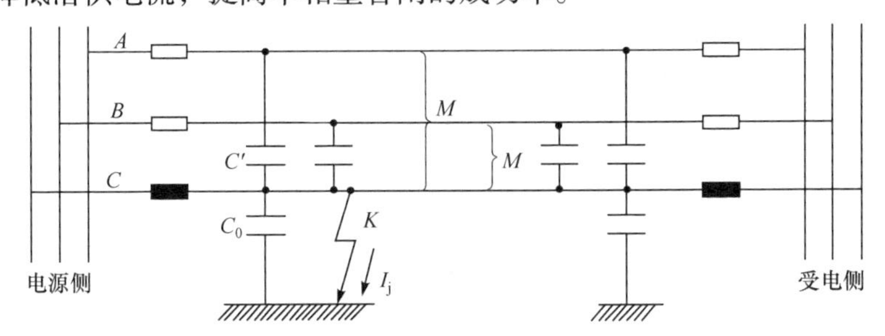

图 7-18　单相重合闸时的潜供电流

M- 导线间互感；C' - 导线间电容；C_0 - 导线对地电容；I_j - 潜供电流；—□— - 断路器合闸；—■— - 断路器分闸

7.4.3　限制合闸过电压的措施

限制合闸过电压特别是重合闸过电压的主要措施是采用带有并联电阻的开关，如图 7-4 所示。带并联电阻开关合闸时，辅助触头 K_2 先接通，电阻 *R* 对回路中的振荡过程起阻尼作用，使过渡过程中的过电压降低，电阻越大，阻尼作用越强，过电压也就越低。经 1.5～2 个工频周期，主触头 K_1 再闭合，将合闸电阻 *R* 短接，完成了合闸操作。由于前一阶段回路振荡受到 *R* 阻尼而被削弱，电阻 *R* 两端的压降较低，主触头是和电阻 *R* 并联的，故主触头两端的电位差也较小，因而主触头闭合后回路中的振荡过程也就较弱，过电压也就较低。很明显，*R* 两端的电位差越小，过电压就越低，即并联电阻 *R* 越小，过电压越低。

从以上分析可见，为了降低过电压，对电阻 *R* 的数值在两个触头动作时期有不同的要求，辅助触头 K_1 合闸时要求并联电阻 *R* 大，而主触头 K_1 合闸时要求并联电阻 *R* 小，因此，合闸过电压的高低是随合闸电阻值的大小而变化的，并呈 V 形区线。在某一适当的电阻值下可将合闸过电压限制到最低。

图 7-19 是 500kV 开关并联电阻与合闸过电压的关系曲线。当合闸电阻为 300Ω 时，合闸过电压可限制到 1.8 倍以下，实际制造时希望 *R* 的数值大一点，便于满足热容量的要求。500kV 开关用 450Ω 并联电阻时，过电压可限制在 2 倍以下，超过 2 倍的概率为 4%。

采用接在线路侧的电磁式电压互感器以释放线路残余电荷，降低线路残留电压的措施也能限制此类过电压。

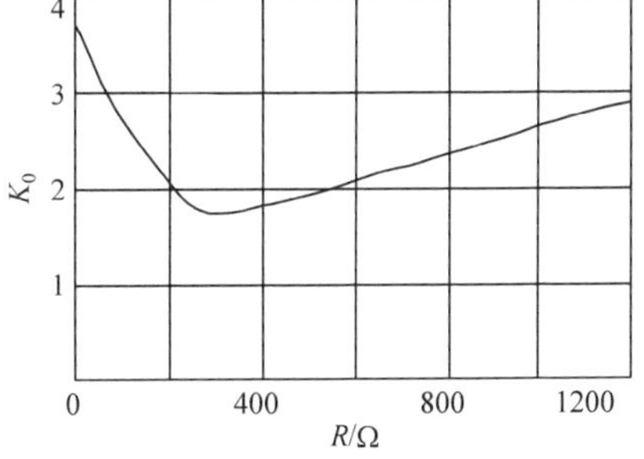

图 7-19　合闸电阻 *R* 与过电压倍数 K_0 的关系

此外，同步合闸也可降低合闸过电压。通过专门的装置控制使开关恰好在触头电位差为零时完成合闸操作，从而基本上消除暂态过程，合闸过电压就大大降低了。

习　　题

7-1　切除空载线路和切除空载变压器时为什么能产生过电压？断路器中电弧的重燃对这两种过电压有什么影响？

7-2　断路器的并联电阻为什么可以限制空载线路分、合闸过电压？它们对并联电阻值的要求是否一致？

7-3　试分析断路器的灭弧性能对操作过电压的影响。

7-4　在分析电弧接地过电压的过程中，若电弧不是在工频电流过零时刻熄灭，而是在高频电流过零时刻熄灭，过电压发展的过程如何？

7-5　运行经验证明，若电网装有补偿功率因数的电容器(它们是接成△的，即接于线间)，则电弧接地过电压大大降低，试分析原因。

7-6　试分析断路器的灭弧性能对操作过电压的影响。

第 8 章　电力系统的谐振过电压

电力系统包含许多电感、电容元件(例如，变压器、互感器、发电机等的电感，输电线路的对地及相间电容以及各种高压设备的电容等)，它们的组合可以构成一系列不同自振频率的振荡回路，因此，在开关操作或发生故障时，电力系统中的某些振荡回路就有可能与外加电源产生谐振现象，导致在系统中的某些部分(或元件)上出现严重的谐振过电压。

谐振，是指振荡系统中的一种周期性的或准周期性的运行状态，其特征是某一个或几个谐波幅值的急剧上升。复杂的电感、电容电路可以有一系列的自振频率，而电源中也往往含有一系列的谐波，因此只要某部分电路的自振频率与电源的谐波频率之一相等(或接近)，这部分电路就会出现谐振现象。在通常情况下，串联谐振现象会在电网的某一部分造成过电压，以致危及电气设备的绝缘，还可能产生过电流而烧毁设备，而且影响过电压保护装置的工作条件，如影响阀型避雷器的灭弧条件等。

谐振是一种稳态现象，因此电力系统中的谐振过电压不仅会在操作或事故时的过渡过程中产生，而且可能在过渡过程结束以后较长时间内稳定存在，直到发生新的操作，谐振条件受到破坏。所以谐振过电压的持续时间要比操作过电压的长得多，这种过电压一旦发生，往往会造成严重后果。运行经验表明，谐振过电压可在各种电压等级的网络中产生，尤其是在 35kV 及以下的电网中，由谐振造成的事故较多，已成为一个普遍注意的问题。因此必须在设计和操作时事先进行必要的计算和安排，避免形成不利的谐振回路，或者采取一定的附加措施(如装设阻尼电阻等)，以防止谐振的产生或降低谐振过电压的幅值及缩短其存在时间。

电力系统中有功负荷是阻尼振荡和限制谐振过电压的有利因素，因此通常只是在空载或轻载下发生谐振。但是，对由于中性点出现位移电压，同时零序回路参数配合不当而形成的谐振现象，系统的有功负荷将不起作用。

在不同电压等级以及不同结构的电力系统中可以产生不同类型的谐振过电压，按其性质来说可以分成线性谐振、铁磁谐振和参数谐振三种类型。

8.1　线性谐振过电压

线性谐振是电力系统中最简单的谐振形式。线性谐振电路中的参数是常数，不随电压或电流而变化，这里主要指不带铁心的电感元件(如输电线路的电感、变压器的漏感)或励磁特性接近线性时的带铁心的电感元件(如消弧线圈，其铁心中通常有空气隙)和系统中的电容元件形成的谐振回路。在正弦交流电源作用下，当电源的频率和系统自振频率相等或接近时，可能产生强烈的线性谐振现象。

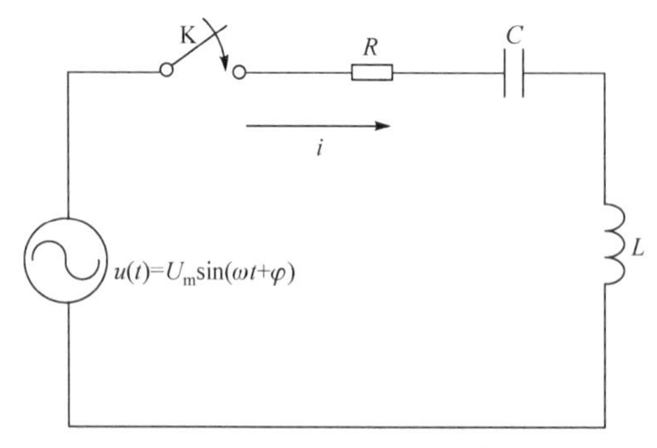

图 8-1　R、L、C 振荡回路接线图

下面研究电感 L、电容 C 和电阻 R 串联的最简单的振荡回路合闸于正弦电源电压的情况(图 8-1)。此时电路中的电压方程为

$$Ri + L\frac{\mathrm{d}i}{\mathrm{d}t} + \frac{1}{C}\int i\mathrm{d}t = U_{\mathrm{m}}\sin(\omega t+\varphi) \tag{8-1}$$

式中，U_{m}为电源电压幅值；φ 为接通电源电压时的初相角。

若以电容 C 上的电压 u_C 为自变量，用 $i = C\frac{\mathrm{d}u_C}{\mathrm{d}t}$ 代入上式，则得

$$LC\frac{\mathrm{d}^2u_C}{\mathrm{d}t^2} + RC\frac{\mathrm{d}u_C}{\mathrm{d}t} + u_C = U_{\mathrm{m}}\sin(\omega t+\varphi) \tag{8-2}$$

电容 C 上的电压 u_C 由稳态分量(强制分量)$u_{C\mathrm{w}}$和暂态分量(自由分量)$u_{C\mathrm{z}}$组成。前者以电源角频率 ω 变化，而后者的自振角频率为 $\omega' = \sqrt{\omega_0^2 - \delta^2}$ ，其中 $\omega_0 = \frac{1}{\sqrt{LC}}$ ，$\delta = \frac{R}{2L}$ 为阻尼率。

在实际情况中通常电阻 R 很小，且 $\frac{\delta^2}{{\omega_0}^2} \ll 1$ 和 $\omega' \approx \omega_0$ ，此时解得电容 C 上的电压 u_C 为

$$u_C = \frac{-U_{\mathrm{m}}}{\sqrt{R^2 + \left(\omega L - \frac{1}{\omega C}\right)}} \times \frac{1}{\omega C}\left[\cos(\omega t+\varphi_i) - \sqrt{\frac{\omega^2}{\omega_0^2}\sin^2\varphi_i + \cos^2\varphi_i}\,\mathrm{e}^{-\delta t}\cos(\omega_0 t+\theta)\right] \tag{8-3}$$

式中，$\varphi_i = \varphi - \arctan\frac{\omega L - \frac{1}{\omega C}}{R}$ ；$\tan\theta = \frac{\omega}{\omega_0}\tan\varphi_i$ 。

式(8-3)中的第一项为电容 C 上的稳态电压分量 $u_{C\mathrm{w}}$，第二项为暂态分量 $u_{C\mathrm{z}}$。以 $\frac{\delta}{\omega_0} = 0.05$ 时的情况为例，在图 8-2 中画出了应用式(8-3)的计算结果。图中实线表示稳态电压幅值与比值 $\frac{\omega}{\omega_0}$ 的关系，当 $\omega=\omega_0$，即振荡回路的感抗等于容抗$\left(\omega L=\frac{1}{\omega C}\right)$时出现线性谐振，此时过电压最大，其过电压倍数为

$$\frac{U_{C\mathrm{w}}}{U_{\mathrm{m}}} = \frac{\omega_0}{2\delta} = \frac{\sqrt{\frac{L}{C}}}{R} \tag{8-4}$$

也就是说，它将完全由振荡回路的特性阻抗与电阻的比值决定。

从图 8-2 可明显看出，只是在狭小的自振角频率 ω_0 变化范围内，电容 C 上的稳态电压幅值才有显著升高(例如，超过$2U_{\mathrm{m}}$的 只在$0.7\frac{\omega}{\omega_0}$～$1.25\frac{\omega}{\omega_0}$范围以内)，这是线性谐振的特点。

过渡过程中电容 C 上出现的最大电压不但与角频率比值 $\frac{\omega}{\omega_0}$ 有关，而且与合闸时初相

位角 φ 有关。如果电源角频率大大高于振荡回路的自振角频率 $\left(\frac{\omega}{\omega_0} \gg 1\right)$，当 $\varphi=0$ 时将出现最大过电压；如果相反，电源角频率大大低于振荡回路的自振角频率 $\left(\frac{\omega}{\omega_0} \ll 1\right)$，则最大过电压将发生在 $\varphi=\frac{\pi}{2}$ 时。在 $\omega=\omega_0$ (完全谐振)的条件下，合闸时刻对电容 C 上的最大电压没有影响，此时电容 C 上的电压将按下述规律变化：

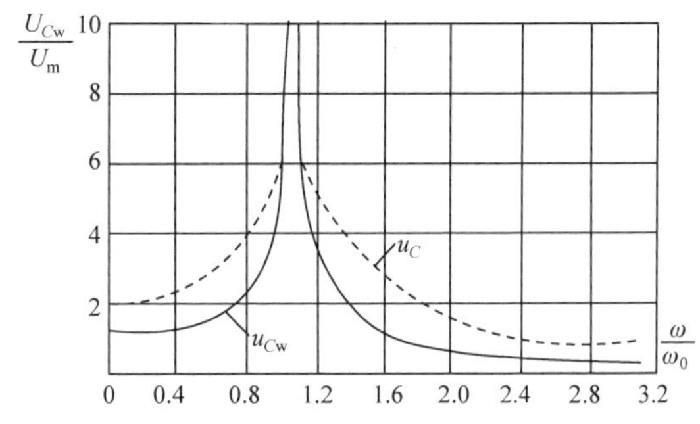

图 8-2　线性振荡回路中电容 C 上的电压与角频率比值 $\frac{\omega}{\omega_0}$ 的关系 $\left(\frac{\delta}{\omega_0}=0.05\right)$

$$u_C = -U_m \frac{\sqrt{\frac{L}{C}}}{R} \cos(\omega t + \varphi)(1 - e^{-\delta t}) \tag{8-5}$$

也就是说，振荡过程中电压幅值将从零逐渐增大，直至达到稳态电压幅值。在图 8-2 中用虚线表示过渡过程中出现的最大电压与角频率比值 $\frac{\omega}{\omega_0}$ 的关系。

8.2　非线性(铁磁)谐振过电压

在电力系统的振荡回路中，往往由于变压器、电压互感器、消弧线圈等铁心电感的磁路饱和作用而激发起持续性的较高幅值的铁磁谐振过电压，它具有与线性谐振过电压完全不同的特点和性能。

铁磁谐振可以是基波谐振、高次谐波谐振，也可以是分次谐波谐振，其表现形式可能是单相、两相或三相对地电压升高；或以低频摆动引起绝缘闪络或避雷器爆炸；或产生高值零序电压分量，出现虚幻接地现象和不正确的接地指示；或者在电压互感器中出现过电流，引起熔断器熔断或互感器烧毁；甚至可能使小容量的异步电动机发生反转等现象。

图 8-3 所示为最简单的电阻 R、电容 C 和铁心电感 L 的串联电路。假设在正常运行条件下其初始感抗大于容抗 $(\omega L > 1/(\omega C))$，电路不具备线性谐振的条件。但是当铁心电感两端的电压有所升高，电感线圈中出现涌流时就有可能使铁心饱和，其感抗随之减小，以致可以降低到 $\omega L=1/(\omega C)$ (即 $\omega_0=\omega$)，使之满足串联谐振条件，在电感、电容两端形成过电压，这种现象称为铁磁谐振现象。因为谐振回路中电感不是常数，回路没有固定的自振频率。同样的回路中，既可能产生谐振频率等于

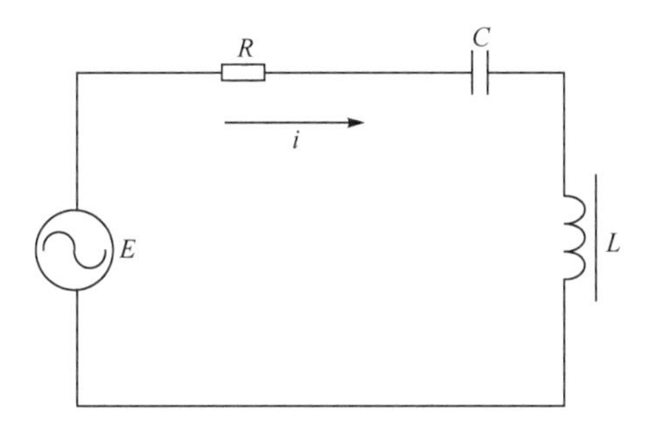

图 8-3　串联铁磁谐振电路

电源频率的基波振荡，也可能产生高次谐波(如 2 次、3 次、5 次等)和分次谐波(如$\frac{1}{2}$次、$\frac{1}{3}$次、$\frac{1}{5}$次等)振荡。因此具有各种谐波振荡的可能性是铁磁谐振的重要特点。下面首先讨论基波铁磁谐振。

图 8-4 中分别画出了电感和电容上的电压随电流变化的曲线 U_L、U_C，电压和电流都用有效值表示，显然，U_C 是一根直线$\left(U_C = \frac{I}{\omega C}\right)$。对铁心电感，在铁心未饱和前，$U_L$ 基本上是一条直线，具有未饱和电感值 L_0，当铁心饱和以后，电感下降，U_L 不再是直线。因此产生基波铁磁谐振的必要条件是

$$\omega L_0 > \frac{1}{\omega C} \tag{8-6}$$

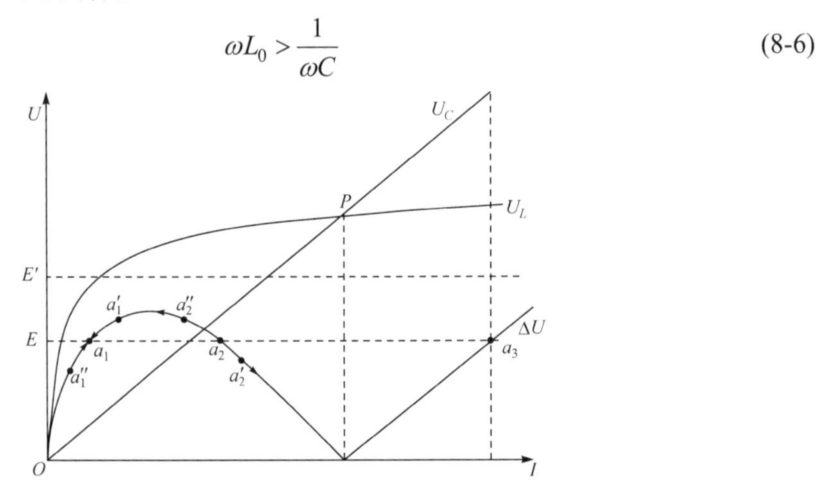

图 8-4　串联铁磁谐振电路的特殊曲线

只有满足以上条件，伏安特性曲线 U_L 和 U_C 才可能相交。从物理意义上可理解为：当满足以上条件，在电感未饱和时电路的自振频率低于电源频率，当谐振时线圈中的电流增加，电感值下降，使回路自振频率正好等于或接近电源频率。若忽略回路电阻，从回路中元件上的压降和电源电势相平衡的条件可以得

$$\dot{E} = \dot{U}_L + \dot{U}_C$$

因 $\dot{U}_L$ 和 $\dot{U}_C$ 相位相反，以上平衡式可用电压降总和的绝对值 ΔU 表示：

$$E = \Delta U = |U_L - U_C| \tag{8-7}$$

根据以上电势平衡条件，在一定的电势 E 作用下，可能有三个平衡点，即图 8-4 中的 a_1、a_2、a_3 三点。从物理概念中可知，平衡点虽满足电势平衡条件，但不一定满足稳定条件，不满足稳定条件就不能成为实际的工作点。物理上可以用“小扰动”来判断平衡点的稳定性，即假定有一个小扰动使回路状态离开平衡点，然后分析回路状态能否回到原来的平衡点。若能回到平衡点，说明平衡点是稳定的，能成为回路的实际工作点；否则，若小扰动以后，回路状态越来越偏离平衡点，则这个平衡点是不稳定的，不能成为回路的工作点。

对 a_1 点来说，若回路中的电流由于某种扰动而有微小的增加，沿 ΔU 曲线偏离 a_1 点到 a_1'

点，则外加电势 E 将小于总压降 ΔU，使电流减小，回到原来的平衡点 a_1 上；相反，若扰动使电流有微小的下降到 a_1'' 点，则外加电势 E 将大于回路上的总压降 ΔU，使电流增加，回到 a_1 点。可见平衡点 a_1 是稳定的。用同样的方法可以证明平衡点 a_3 也是稳定的。

对 a_2 来说，若回路中的电流由于某种扰动而有微小的增加至 a_2' 点，外加电势 E 将大于 U，使回路电流继续增加，以致达到新的稳定的平衡点 a_3 为止；若扰动使电流稍有减小至 a_2'' 点，则外加电势 E 不能维持总压降，使回路电流继续减小，直到稳定的平衡点 a_1。可见平衡点 a_2 不能经受任何微小的扰动，是不稳定的。

由上可见，在一定的外加电势 E 作用下，图 8-3 的铁磁谐振回路在稳态时可能有两个稳定的工作状态：①非谐振工作状态 a_1 点，回路中的 $U_L > U_C$，整个回路属于电感性的，这时作用在电感和电容上的电压都不高，不会产生过电压；②谐振工作状态 a_3 点，这时 $U_L < U_C$，回路是电容性的，此时不仅回路电流较大，而且在电容和电感上都会发生较大的过电压。

串联铁磁谐振现象也可从电源电势 E 增加时回路状态的变化中看出。如图 8-5 所示，当电势 E 由零逐渐增加时，回路的工作点将由 O 点逐渐上升到 m 点，然后突变到 n 点，回路电流将由感性突然变成容性，这种回路电流相位发生 180°的突然变化的现象，称为相位反倾现象。与此同时，回路电流及电容和电感上的电压都将突然大幅度提高，这就是铁磁谐振的基本现象。

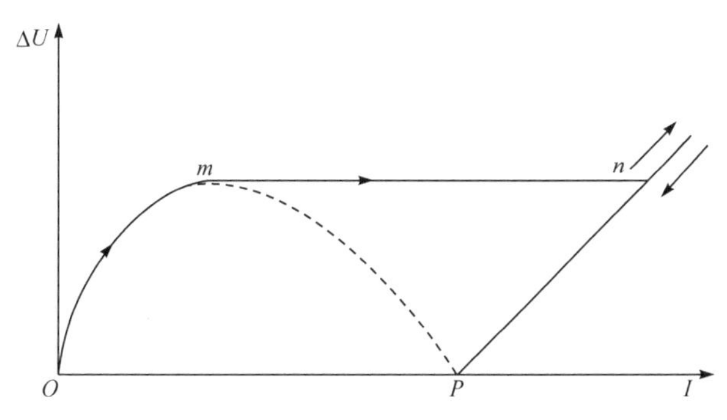

图 8-5　铁磁谐振电路中的跃变现象

从图 8-4 中也可以看到，当电势 E 较小时，回路存在两个可能的工作点 a_1、a_3，而当 E 超过一定值以后，可能只存在一个工作点。当存在两个工作点时，若电源电势没有扰动，则只能处在非谐振工作点 a_1；为了建立起稳定的谐振(a_3 点)，回路必须经过强烈的过渡过程，如电源突然合闸等。这时在两个稳定的工作点中到底工作在哪一点，取决于过渡过程的情况。这种需要经过过渡过程来建立谐振的现象称为铁磁谐振的激发，一旦谐振激发起来以后，谐振状态可能“自保持”，维持很长时间而不会衰减。

再来分析图 8-4 中 P 点的情况，对 P 点来说，$U_L=U_C$，这时回路发生串联谐振：回路的自振角频率 ω_0 等于电源角频率 ω。但是由于铁心的饱和，随着振荡的发展，在外界电势作用下，回路将越发偏离 P 点，最终将稳定在 a_3 点。正由于这样，a_3 称为谐振点。

综上所述，可以总结铁磁谐振的几个主要特点。

(1) 对铁磁谐振电路，在相同的电源电势作用下，回路可能有不止一种稳定的工作状态，如基波的非谐振状态和谐振状态。电路到底稳定在哪种状态要看外界冲击引起的过渡过程的情况。回路处在谐振状态下，将产生过电流和过电压，同时电路从感性突然变成容性，发生相位反倾现象。

(2) 非线性铁磁特性是产生铁磁谐振的根本原因，但铁磁元件饱和效应本身也限制了过电压的幅值。此外，回路损耗也使谐振过电压受到阻尼和限制，当回路电阻大于一定的数值时，就不会出现强烈的铁磁谐振过电压。这就说明了为什么电力系统中的铁磁谐振过电压往往发生在变压器处在空载或轻载的时候。

(3) 对串联谐振电路来说，产生铁磁谐振过电压的必要条件是 $\omega_0 = \dfrac{1}{\sqrt{L_0 C}} < \omega$，因此铁磁谐振可以在很大参数范围内发生。

上面分析了基波铁磁谐振过电压的基本性质，实际运行和实验分析表明，在铁心电感的振荡回路中，如果满足一定条件，还可能出现持续性的其他频率的谐振现象。若其谐振频率等于工频的整数倍，称为高次谐波谐振过电压；若谐振频率等于工频的分数倍($\dfrac{1}{2}$、$\dfrac{1}{3}$、$\dfrac{1}{5}$、$\dfrac{2}{5}$等)，则称为分次谐波谐振过电压。因此，可将谐振角频率 ω_i 概括写成下列一般形式：

$$\begin{cases} \omega_i = K\omega \\ K = \dfrac{n}{m} \end{cases} \tag{8-8}$$

式中，m、n 均为正整数。

在图 8-6 中列出了若干典型的铁磁谐振过电压示波图。在某些特殊情况下，会同时出现两个以上谐振频率的过电压，但通常遇到的是单个角频率的谐振现象。必须指出，即使在单个谐振频率的条件下，实际波形中也往往存在一系列其他谐波分量，只是它们所占的比例要比谐振频率分量小得多，因此在一般的分析计算中只考虑谐振谐波项和基波项，而忽略其他谐波的影响。这样，可得出单频谐波谐振时的相对地电压有效值。

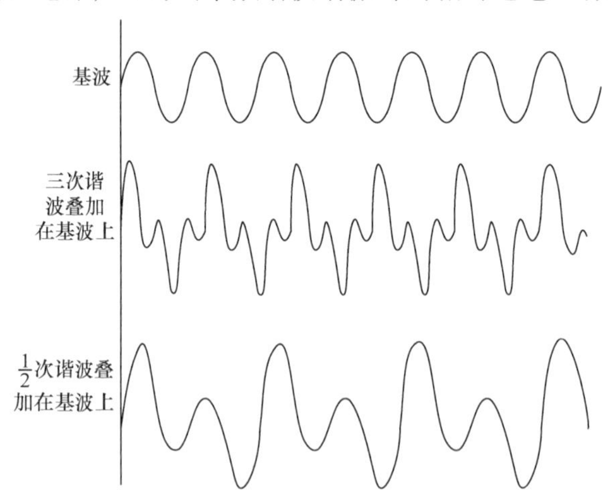

图 8-6　铁磁谐振过电压的典型示波图

$$u = \sqrt{u_x^2 + u_r^2}$$

式中，u_r 为谐振谐波分量电压有效值；u_x 为工频(基波)电压有效值。

与基波铁磁谐振的条件相似，可以得出产生第 K 次谐波谐振的条件是电路中的非线性电感的第 K 次谐波初始感抗大于或接近于第 K 次谐波容抗，即

$$K\omega L > \frac{1}{K\omega C}$$

或写成

$$\omega_0 < K\omega \tag{8-9}$$

因为电源电压中是不存在谐波分量的，因此对于第 K 次谐波($K \neq 1$)来说，为满足电势平衡条件，必须有第 K 次的谐波分量电流在电阻 R、电感 L 和电容 C 上的电压降总和等于零。根据图 8-3 的电路，在图 8-7 中画出了它的第 K 次谐波谐振的电势平衡矢量图。

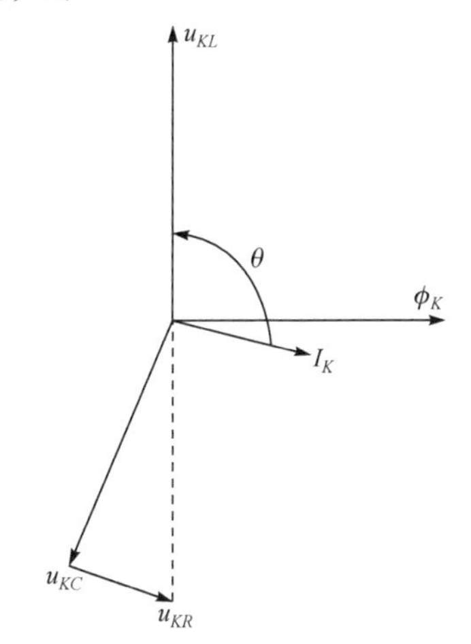

图 8-7　第 K 次谐波的电势平衡矢量图
u_{KL}-电感压降；u_{KC}-电容压降；u_{KR}-电阻压降

从图 8-7 中可以看出，电感压降 u_{KL} 与电流 I_K 的夹角 θ 大于 90°，$u_{KL}I_K\cos\theta$ 将小于零，即非线性电感呈现为负阻抗性质，它不但不从电源吸收功率，而且相反，它相当于一台第 K 次谐波频率的发电机向电路供给功率。这就是说，谐波谐振的能量是通过电感的非线性因素转化得来的。

实际情况是维持谐振振荡和抵偿电阻损耗的能量均由工频电源所供给，为使工频能量转化为其他谐振频率的能量，其转化过程必须是周期性而有节奏的，也就是说：要求电源频率与谐振频率之间必须相互合拍，存在如式(8-8)所示的简单整数或分数的倍率关系。

8.3　参数谐振过电压

在正常的同步运行状态下，水轮发电机(凸极机)的同步电抗在直轴电抗 x_d 与交轴电抗 x_q 之间周期性地变动着，每经过一个电周期，电抗将变动两个周期。另外，无论水轮发电机还是汽轮发电机(隐极机)，当它们处于异步工作状态或者处在定子磁通变动的同步工作状态时，其电抗将在 $x'_d \sim x_q$ 周期性地变动。在所有这些情况下，如果电机的外电路容抗 x_C 满足条件 $x_q < x_C < x_d$ (或 $x'_d < x_C < x_q$)，且损耗电阻 R 又足够小，就有可能在此电感参数周期变化的振荡回路中激发起一种特殊性质的参数谐振现象，在电感参数周期变化的过程中将不断地经过感抗等于容抗的谐振点，导致同步电机的端电压和电流幅值急剧上升，产生倍数较高的自励磁过电压，它不但威胁电气设备绝缘和损毁避雷器，而且使此电机与其他电源不能实现并列运行。

图 8-8 表示最简单的变参数振荡回路及参数谐振的发展过程。为便于分析，假设电感 L

在 L_1～L_2 内做周期性的突变，且令 $\frac{L_1}{L_2}=k>1$，电感的变动周期 $T=T_1+T_2$。

若电容 C 的大小与电感的变动周期 T_1+T_2 相适应，即有

$$4T_1 = 2\pi\sqrt{L_1C}$$

$$4T_2 = 2\pi\sqrt{L_2C}$$

如图 8-8(b)所示，由于某种原因(如剩磁)在 $t=0$ 的起始点 1 具有电流 i_1 和电感 L_1，若此时电感 L 由 L_1 突变到 L_2，则因电感线圈中磁链 ψ 不能突变，电流 i 将由 i_1 突变至 i_2，即有

$$\psi = L_1i_1 = L_2i_2\,,\quad i_2=\frac{L_1}{L_2}i_1 = ki_1$$

而电感线圈中储存的能量分别为

$$W_1=\frac{1}{2}L_1i_1^2$$

$$W_2=\frac{1}{2}L_2i_2^2=\frac{1}{2}L_2\left(\frac{L_1}{L_2}i_1\right)^2=kW_1$$

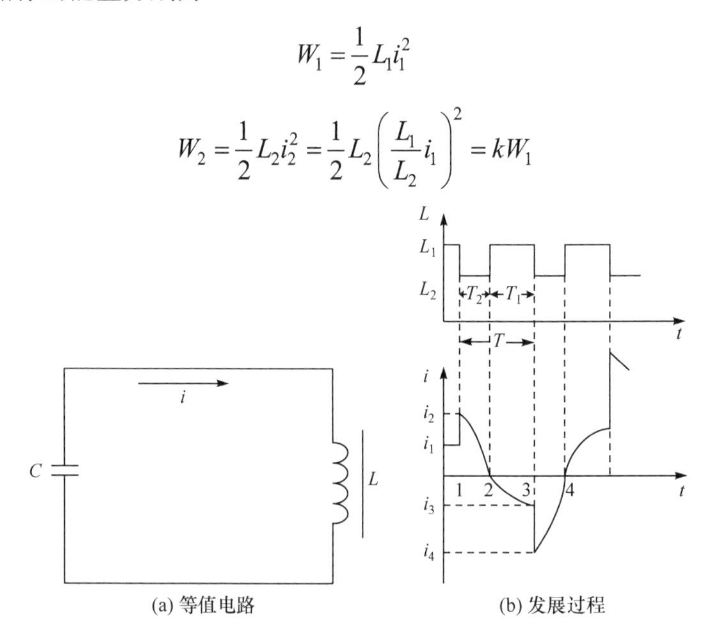

(a) 等值电路　　(b) 发展过程

图 8-8　参数谐振的发展过程

由此可知，电感的突变将使其储能增加 k 倍，显然，这是从改变电感参数的原动机的机械能转化得来的。

由于电感为 L_2 时的自振周期为 $4T_2$，故经过时间 T_2，电流 i_2 将按正弦规律降至零值，则电感中的全部磁场能量 kW_1 将转化为电容 C 中的电场能量，即 $kW_1=\frac{1}{2}u^2C$，使电容上的电压随之升高。同时，电感 L 由 L_2 突变至 L_1。

然后，再经过时间 T_1，电流将升至负半波幅值 i_3，根据能量守恒定律应有

$$\frac{1}{2}L_1i_3^2 = W_2 = kW_1 = \frac{L_1}{L_2}\times\frac{1}{2}L_1i_1^2$$

因此 $i_3=\sqrt{\frac{L_1}{L_2}}i_1=\sqrt{k}i_1$。

若在此时电感 L_1 又突变至 L_2，相应的电流 i_4 为

$$i_4 = \frac{L_1}{L_2} i_3 = k i_3 = k\sqrt{k} i_1$$

$$W_4 = \frac{1}{2} L_2 i_4^2 = \frac{1}{2} k^2 L_1 i_1^2 = k^2 W_1$$

由此可见，如此循环下去，回路中的能量将越积越多，电流 i 和电压 u 也就越来越大，这就是参数谐振过电压的物理过程。当然，在实际情况下，等速转动的同步电机的电抗是按照正弦规律变化的，而不是突变，但就参数谐振的特点来说两者是完全一致的。

根据上述分析可以看出，参数谐振过电压有以下特点。

(1) 谐振所需能量由改变参数的原动机供给，不需要单独的电源。同时，只要回路中具有某些残余的电场或磁场能量，就足以保证谐振现象的发生和发展。

(2) 实际电网中存在一定的电阻，因此要求每次参数变化所引入的能量必须足够大(即电感的变化应足够大)，才能在补偿电阻能量损耗之外，还能使回路中的储能越积越多，促使谐振的进一步发展。

(3) 图 8-8(b)中的曲线表明，当参数变化频率 f 为电流振荡频率 f_0 的两倍时谐振最易发生。实际上只要满足 $\frac{2f_0}{f} = n$ (n 为任意正整数)的条件都可能产生参数谐振，只是随着参数变化频率的减小(n 的增大)，输入能量将相应减小，甚至变成不可能发生谐振。

8.4 常见谐振过电压实例

8.4.1 传递过电压

在正常运行条件下，中性点绝缘或经消弧线圈接地的电网中性点位移电压很小。但是，当电网中发生不对称接地故障、断路器非全相或不同期操作时，中性点位移电压将显著增大，通过静电耦合和电磁耦合，在变压器的不同绕组之间或相邻的输电线路之间会发生电压传递的现象，在不利的参数配合下，耦合回路将产生线性谐振或铁磁谐振传递过电压。

图 8-9(a)为发电机-升压变压器组的接线图，图 8-9(b)为其等值电路，其中 C_{12} 为变压器高低压绕组间的耦合电容；C_0 为低压侧每相对地电容；L 为低压侧对地等值电感。

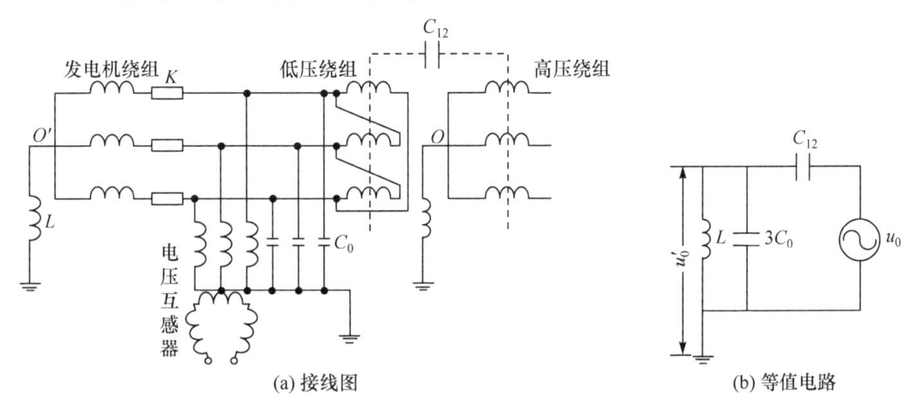

(a) 接线图　　(b) 等值电路

图 8-9　发电机变压器组在传递过电压中的等值电路

如果高压侧中性点由于某种原因出现较高的位移电压 u_0，此电压将通过高低压间的耦合电容 C_{12} 传递到低压侧，形成传递过电压。若满足下列条件：

$$\omega C_{12} = \frac{1}{\omega L} - 3\omega C_0$$

则变压器高低压绕组间的电容 C_{12} 将与低压侧形成串联共振的条件，此时传递过电压将达到很高值。在调整低压侧消弧线圈时，必须注意避开此点。

上述传递电压是工频稳态性质的，传递电压与原有的正序电压叠加，结果造成三相对地电压的不平衡，出现一相高两相低、两相高一相低，甚至三相同时升高的现象。

在运行中，也可能出现暂态性质的传递过电压。

防止传递过电压的办法是：首先，尽量使断路器三相同期动作，不出现非全相操作，避免产生中性点位移电压；其次，适当选择低压侧消弧线圈的脱谐度，不使回路参数形成谐振。

8.4.2 断线引起的谐振过电压

断线过电压属于铁磁谐振过电压，泛指由于导线的断开、开关的不同期切合和熔断器不同期熔断等所引起的铁磁谐振过电压。电网中出现断线谐振过电压时，系统中性点将出现位移、负载变压器时序可能反转、绕组电流急剧增加、铁心发生响声、导线出现电晕，严重时将使绝缘闪络，避雷器爆炸，甚至损坏电力设备。在某些条件下，这种过电压也会传递到绕组的另一侧，造成危害。

图 8-10 所示为中性点绝缘系统，线路末端接有空载变压器，A 相导线断线。

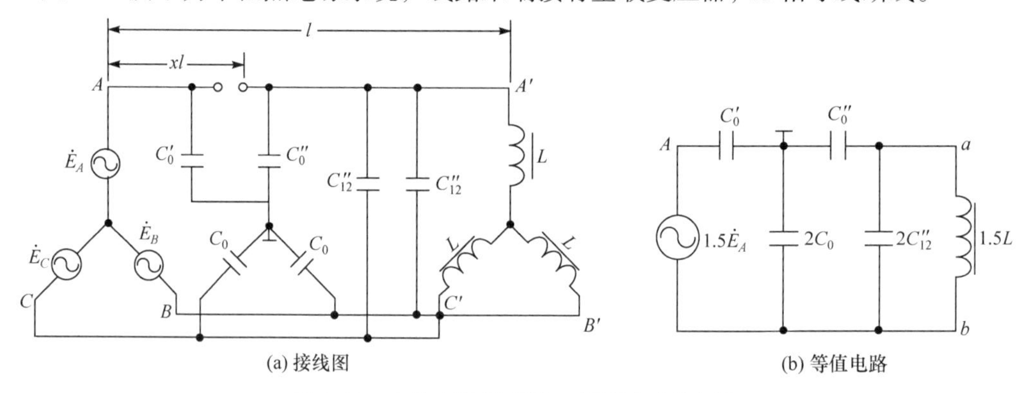

(a) 接线图　　(b) 等值电路

图 8-10　中性点绝缘系统一相断线时的电路

假定电源内阻抗、线路阻抗及变压器励磁阻抗等与线路容抗相比数值很小，可以略去；线路长度为 l，离电源 xl 处发生一相导线折断，线路对地电容和相间电容分别为 C_0、C_{12}，线路正序和零序电容的比值为

$$\delta = \frac{C_0 + 3C_{12}}{C_0}$$

一般 δ=1.5～2.0，由上式 $C_{12} = \frac{1}{3}(\delta - 1)C_0$。在图 8-10 中 $C_0' = xC_0$，$C_0'' = (1-x)C_0$，$C_{12}'' = (1-x)C_{12}$。由于电源三相对称，而且 A 相断线以后，B、C 相从电路上完全对称，因而可以简化为图 8-10(b)的等值单相电路。

对上述电路还可以用有源两端网络的戴维南定理进一步简化为一个串联谐振电路，见图 8-11，等值电源 E 等于 a、b 两端点间的开路电压，等值电容 C 为 a、b 间的入口电容(电压源短接)。因此

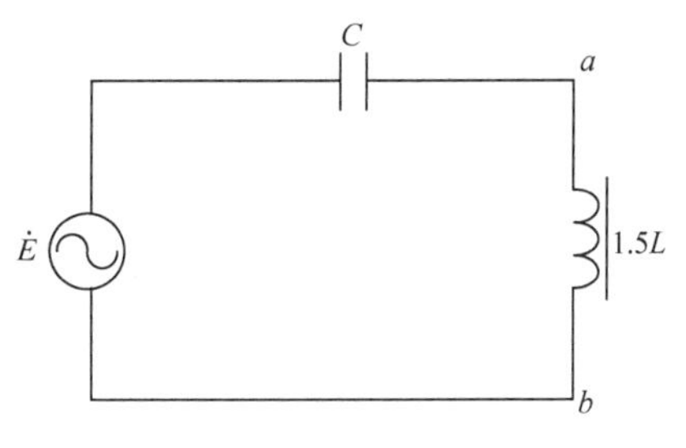

图 8-11　图 8-10(b)的戴维南等值串联谐振电路

$$
\begin{aligned}
C &= \frac{\left(C_0' + 2C_0\right)C_0''}{C_0'' + C_0' + 2C_0} + 2C_{12}'' \\
&= \frac{\left(xC_0 + 2C_0\right)\left(1-x\right)C_0}{3C_0} + 2\left(1+x\right)\frac{1}{3}\left(\delta-1\right)C_0 \\
&= \frac{C_0}{3}\left[\left(x+2\delta\right)\left(1-x\right)\right]
\end{aligned}
\tag{8-10}
$$

$$
\dot{E} = 1.5E_A \frac{C_0'}{C_0' + \left(2C_0 + \dfrac{C_0''\cdot 2C_{12}''}{C_0'' + 2C_{12}''}\right)} \cdot \frac{C_0''}{C_0'' + 2C_{12}''} = 1.5E_A \frac{1}{1+\dfrac{2\delta}{x}} \tag{8-11}
$$

随着断线(非全相运行)的具体情况不同，有相应的等值单相接线图和等值串联谐振回路。表 8-1 中列出了几种有代表性的断线故障的电路以及简化后的等值电容和等值电压源 E 的表示式。

表 8-1　断线故障等值电路及等值电源

序号	断线系统结构图	等值电路	串联等值电路参数	
			E	C
1	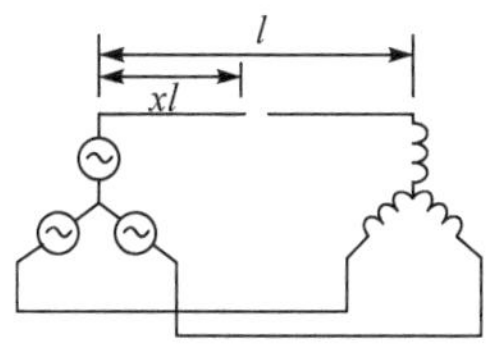	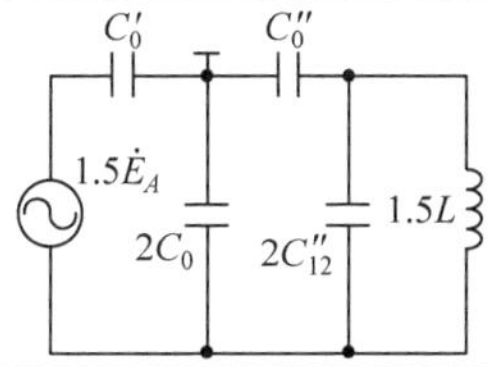	$\dfrac{1.5\dot{E}_A}{1+\dfrac{2\delta}{x}}$	$\dfrac{(1-x)(2\delta+x)}{3}C_0$
2	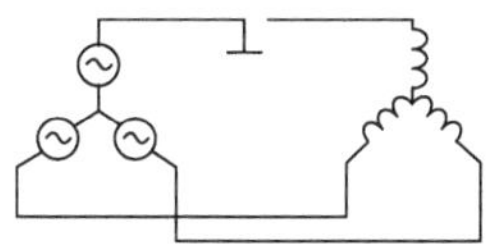	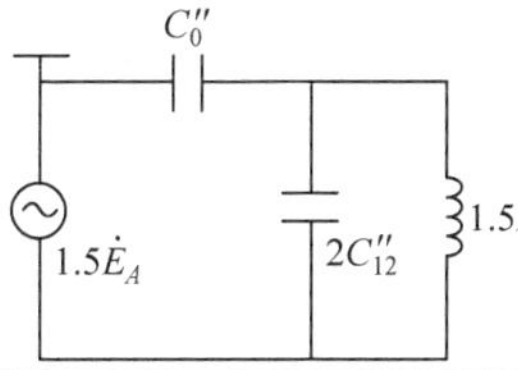	$\dfrac{4.5\dot{E}_A}{1+2\delta}$	$\dfrac{(1-x)(1+2\delta)}{3}C_0$
3	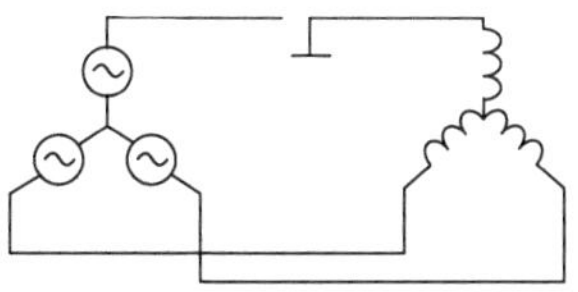	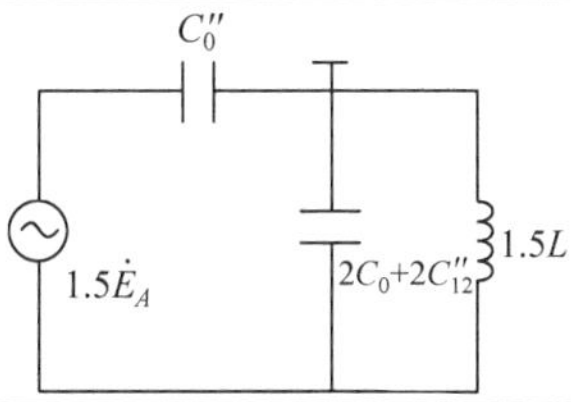	$\dfrac{4.5\dot{E}_A}{4+5x+2\delta(1-x)}$	$\dfrac{4+5x+2\delta(1-x)}{3}C_0$
4	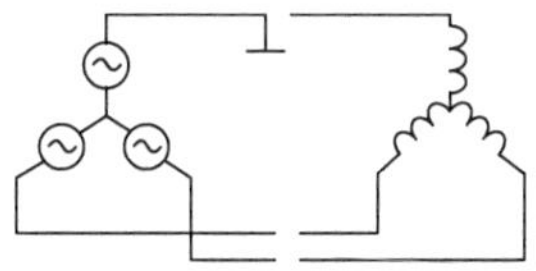	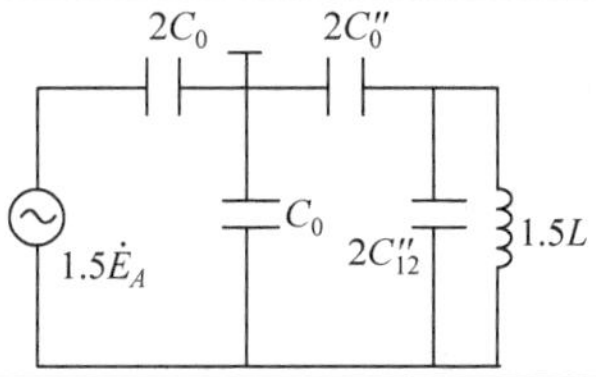	$\dfrac{1.5\dot{E}_A}{1+\dfrac{\delta}{2x}}$	$\dfrac{2(1-x)(\delta+2x)}{3}C_0$

续表

序号	断线系统结构图	等值电路	串联等值电路参数	
			E	C
5	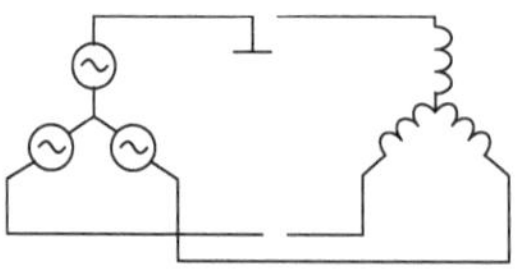	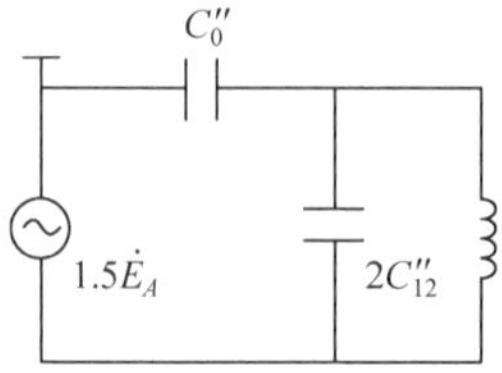 C_0'' $1.5\dot{E}_A$ $2C_{12}''$ $1.5L$	$\dfrac{1.5\dot{E}_A}{1+2\delta}$	$\dfrac{(1-x)(1+2\delta)}{3}C_0$
6	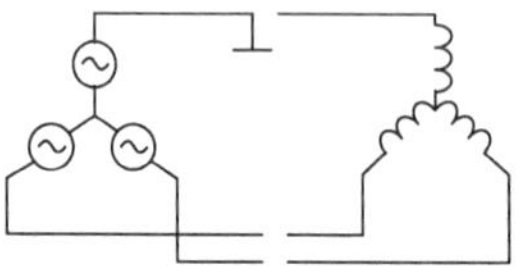	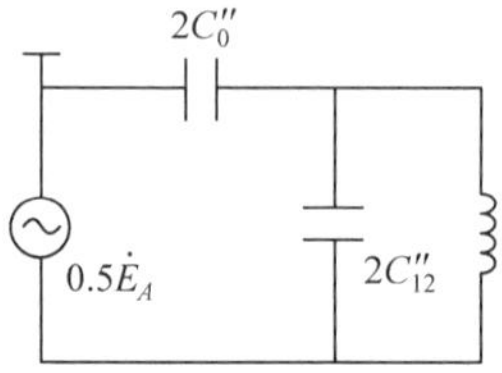 $2C_0''$ $0.5\dot{E}_A$ $2C_{12}''$ $1.5L$	$\dfrac{1.5\dot{E}_A}{1+\dfrac{\delta}{2}}$	$\dfrac{2(1-x)(2+\delta)}{3}C_0$

从表 8-1 中可以看到，以上几种断线故障中，在第三种情况即中性点绝缘系统单相断线且负载侧导线接地的情况下，等值电容 C 的数值较大，尤其是在 $x=1$ 时，即当断线故障发生在负载侧时电容 C 最大，可得出

$$C_{\max}=3C_0 \tag{8-12}$$

因此不发生由断线引起的基波铁磁谐振过电压的条件，根据式(8-6)，为

$$3\omega C_0 \leqslant \frac{1}{1.5\omega L_0}$$

式中，L_0 为变压器不饱和时的励磁电感值。设变压器励磁阻抗 $X_m=\omega L_0$，则以上不发生铁磁谐振的条件可写为

$$C_0 \leqslant \frac{1}{4.5X_m\omega} \tag{8-13}$$

根据变压器的额定电压 U_n(kV)、额定容量 P_n(kV·A)、空载电流 I_0(%)，不难计算出励磁阻抗 X_m 值为

$$X_m=\frac{U_n^2}{I_0P_n}\times 10^5 \quad (\Omega) \tag{8-14}$$

根据式(8-13)和式(8-14)可以计算出断线时可能产生基波铁磁谐振的电容(或线路长度)范围。

【例】 10kV 中性点绝缘系统，线路末端接有空载变压器，其容量为 100kV·A，I_0=3.5%，线路对地电容为 0.005μF/km，试计算断线时不发生基波铁磁谐振的线路长度。

根据式(8-14)得

$$X_m=\frac{10^2}{3.5\times 100}\times 10^5=2.8\times 10^4(\Omega)$$

设线路长度为 l km，$C_0=0.005l\,\mu\text{F}$，根据式(8-13)，不发生基波铁磁谐振的线路长度为

$$l \leqslant \frac{1}{4.5\times 2.8\times 10^4\times 314\times 0.005\times 10^{-6}}=5(\text{km})$$

可见断线故障时，基波铁磁谐振在实际电力系统中是完全可能发生的，虽然以上线路长度是从最严重的断线故障计算得到的。

为防止断线过电压，可采取以下一些措施。

(1) 保证断路器的三相同期动作，避免发生拒动，不采用熔断器设备。

(2) 加强线路巡视和检修，避免发生断线。

(3) 若断路器操作后发生异常现象，应立即复原和进行检查。

(4) 在中性点直接接地的电网中，操作时应将负载变压器的中性点临时接地，此时负载变压器的合闸相的绕组电压已被固定，未合闸相则通过三角形的低压绕组感应出一个恒定电压，谐振回路就被破坏。

(5) 必要时在变压器的中性点装设棒间隙。

8.4.3 电磁式电压互感器饱和引起的过电压

在中性点不接地系统中，为了监视三相对地电压，发电厂、变电站母线上常接有 Y_0 接线的电磁式电压互感器。于是，网络对地参数除了电力设备和导线的对地电容 C_0 之外，还有电压互感器的励磁电感 L，如图 8-12 所示。正常运行时，电压互感器(简称压变)的励磁阻抗是很大的，所以网络对地阻抗仍呈容性，三相基本平衡，电网中性点的位移电压甚小。但系统中出现某些扰动，使电压互感器三相电感饱和程度不同时，电网中性点就有较高的位移电压，可能激发起谐振过电压。

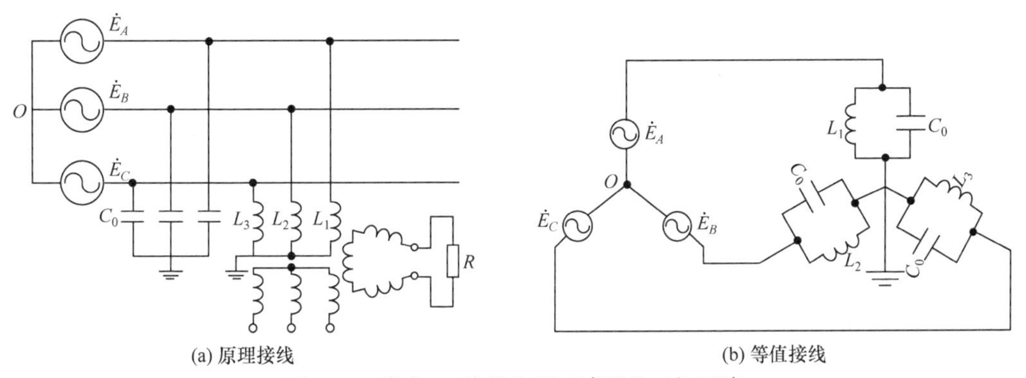

(a) 原理接线　　(b) 等值接线

图 8-12　带有 Y_0 接线电压互感器的三相回路

常见的使电压互感器产生严重饱和的情况有：电压互感器的突然合闸，使其某一相或两相绕组内出现巨大的涌流；由于雷击或其他原因，线路瞬间单相弧光接地，使健全相电压突然升至线电压，而故障相在接地消失时又可能有电压的突然上升，在这些暂态中也会有很大涌流；传递过电压，例如，高压绕组侧发生单相接地或不同期合闸，低压侧有传递过电压使电压互感器铁心饱和等。

由于电压互感器三相电感饱和程度不等，会出现互感器的一相或两相电压升高，也可能三相电压同时升高。与此同时，电源变压器绕组电势 E_A、E_B 和 E_C 则维持不变，它们是由发电机正序电势所决定的。因而，整个电网对地电压的变动表现为电源中性点“O”的位移。所以，这种过电压现象又称为电网中性点的位移现象。

图 8-13 为中性点位移后的相量图，中性点位移电压为 $\dot{E}_0$，在此情况下，$\dot{I}_A+\dot{I}_B+\dot{I}_C=0$，

三相电路平衡。互感器二相(B、C 相)饱和呈感性阻抗，A 相电压低呈容性阻抗。二相对地电压(饱和相 $\dot{U}_B$、$\dot{U}_C$)升高，一相(非饱和相 $\dot{U}_A$)降低，这与系统内出现单相接地时的现象相仿，但实际上并不是单相接地，所以称为虚幻接地现象。显然，中性点位移电压 $\dot{E}_0$ 越高，相对地过电压也越高。

既然过电压是零序电压引起的，只决定于零序回路的参数，所以可以判定，导线的相间电容、改善功率因数用的电容器组、电网内负载变压器及其有功和无功负荷对这种过电压都不起任何作用，它们都是接在相间的，而线电压取决于电源，是固定不变的，所以这些参数在图 8-12 中均未画入。

若电源中性点直接接地，则互感器绕组分别与各相电源电势连接，电网内各点电位被固定，也就不会出现中性点位移过电压。

在中性点经消弧线圈接地的情况下，消弧线圈的电感 L_p 远比互感器的励磁电感 L 小，零序回路中 L 被 L_p 所短接，所以 L 的变化不会引起过电压。但是，中性点直接接地或经消弧线圈接地的电网，由于操作不当，也会临时形成局部电网为中性点不接地的方式运行。

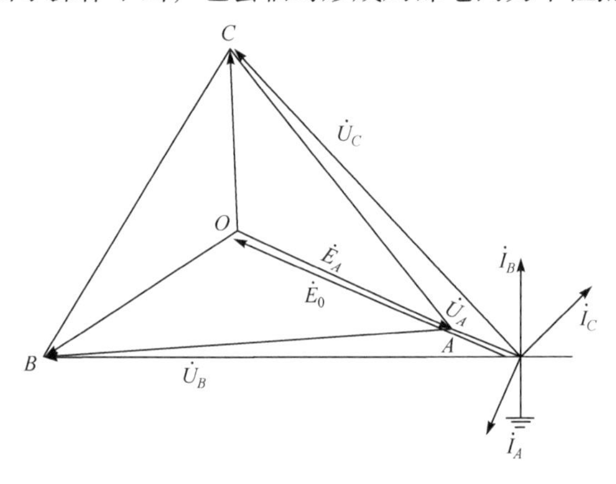

图 8-13　中性点有位移电压 $\dot{E}_0$ 时三相电压相量图

由于铁心的磁饱和会引起电流、电压波形畸变，即产生了谐波，故也可能产生谐波谐振过电压。若线路很长，C_0 很大，或者互感器的励磁电感很大，以致回路的自振频率很低，有可能发生分次谐波(通常为1/2次)谐振过电压；反之，当线路短，C_0 很小，或者互感器的励磁电感很小(例如，互感器的铁心质量很差或电网中有多台电压互感器)时，其自振频率很高，就有可能产生高次谐波谐振过电压。两者的表现形式都是三相对地电压同时升高，但是在分次谐波谐振时过电压具有忽高忽低做低频摆动的特点。有关分次谐波谐振的产生机理目前正在研究中。

我国长期以来的试验研究和实测结果表明，基波和高次谐波谐振过电压很少超过 $3U_{xg}$，因此除非存在弱绝缘设备，一般是不危险的，但经常发生互感器喷油冒烟、高压保险丝熔断等异常现象和引起接地指示的误动作。对于分次谐波谐振来说，由于受到电压互感器铁心严重饱和的限制，过电压一般不超过 $2U_{xg}$，但是励磁电流急剧增加，可高达额定励磁电流的几十倍以上，引起高压保险丝的频繁熔断，或者造成互感器本身的烧毁。

为了限制和消除这种铁磁谐振过电压，可以采取以下措施。

(1) 选用励磁特性较好的电压互感器或改用电容式电压互感器。

(2) 在电磁式电压互感器的开口三角形绕组中加装阻尼电阻 $R \leqslant 0.4x_T$(x_T 为互感器在额定线电压作用下换算到低压侧的单相绕组励磁感抗)，可消除各种谐波的谐振现象。对于 35kV 及以下的电网一般要求 R 值为几欧至几十欧。如果将阻尼电阻长期接在开口三角形绕组中，则由于其容量的限制，阻值不能过小，否则当系统内发生持续单相接地故障时在开口三角形绕组两端将出现 100V 工频零序电压，从而造成互感器的严重过载。为此，最好采用一种非线性电阻，其冷态电阻仅几欧，而投入 100V 工频电压时，经过 2～3s 后电阻值将缓慢上升到 100Ω 左右，做到既保证可靠消谐又能满足互感器的容量要求。

(3) 在母线上加装一定的对地电容，使达到 $\dfrac{x_{C_0}}{x_J} \leqslant 0.01$，谐振也就不能发生了。

(4) 采取临时的倒闸措施，如投入消弧线圈；将变压器中性点临时接地以及投入事先规定的某些线路或设备等。

8.4.4 超高压电网中的谐振过电压

为了降低绝缘水平，超高压电网的中性点均直接接地，由于中性点电位已被固定，所以不可能发生像一般电网中普遍存在的互感器谐振过电压。但由于串联电容和并联电抗器的存在，在某些情况下，会构成一些特殊的谐振回路，从而增加了谐振的可能性，主要有非全相切合并联电抗器时的工频传递谐振，串、并联补偿网络的分频谐振及带电抗器空长线的高频谐振等。

1. 工频传递谐振

线路末端接有并联电抗器 L_0，在线路首端发生非全相操作，如 B、C 相合上，A 相断开，如图 8-14(a)所示，假设电源容量为无限大，忽略导线的电感，即线路用对地电容 C_0 和相间电容 C_{12} 代替，电抗器由三个单相组成，由此可得二相等值电路如图 8-14(b)所示。考虑到图 8-14(a)中 B、C 两点电位被 $\dot{E}_B$ 和 $\dot{E}_C$ 所固定，所以在图 8-14(b)中没有将与 $\dot{E}_B$、$\dot{E}_C$ 直接并联的 C_0、L_0 以及 B、C 相间的 C_{12} 画出。再利用等效发电机原理进行简化，可得图 8-14(c)所示的单相等值电路。由此可见，当参数配合适当时，就会发生串联谐振，在断开相上出现较高的过电压，造成电抗器的绝缘事故。在该例中，虽然 A 相未合上，但由于相间的传递作用，使 A 相在适当的参数配合下产生了谐振过电压，所以称为工频传递谐振。

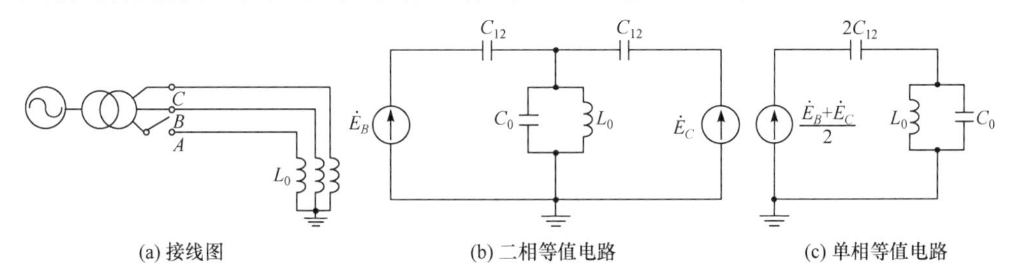

图 8-14 非全相操作时工频传递谐振等值电路

由于超高压线路往往很长，电抗器的补偿度即电抗器的无功功率 P_L 与空线充电功率 P_C 的比值 P_L/P_C 一般在 50%～80%范围内，即其工频感抗比导线容抗大得不多，所以这种谐振的频率总是略低于工频，其振荡波形往往呈拍频性质。

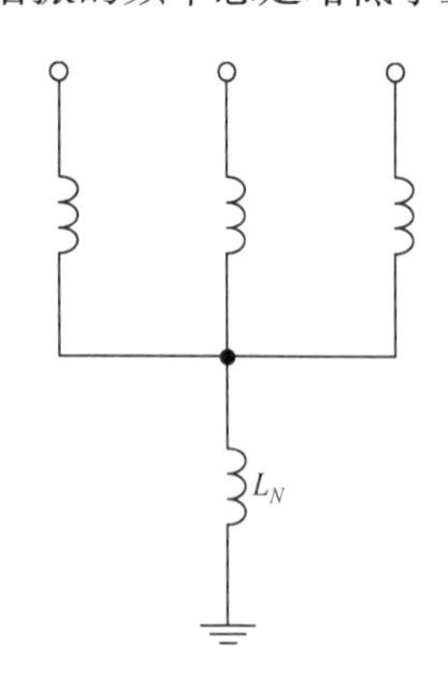

图 8-15 并联电抗器中性点接入小电抗 L_N

为了破坏谐振条件，可在电抗器的中性点接入小电抗 L_N，如图 8-15 所示，当其电抗值大于 100Ω 时，通常都可起到抑制作用。这一数值常常低于为限制潜供电流所要求的阻抗值。

2. 分频谐振

如图 8-16(a)所示，在线路上接有串联补偿电容 C 和并联电抗器 L，在 L 之后线路上发生接地故障，当开关 K 跳闸，切除故障时，随着电抗器上恢复电压的建立，可能出现较大的涌流，同时，线路上的电压也将有强烈的过渡过程，所以有可能激发起谐振。

考虑到线路电容比起串联电容 C 要小得多，可以忽略，线路电感也可忽略，或者把它归并到 L 中，于是可得图 8-16(b)所示等值电路。

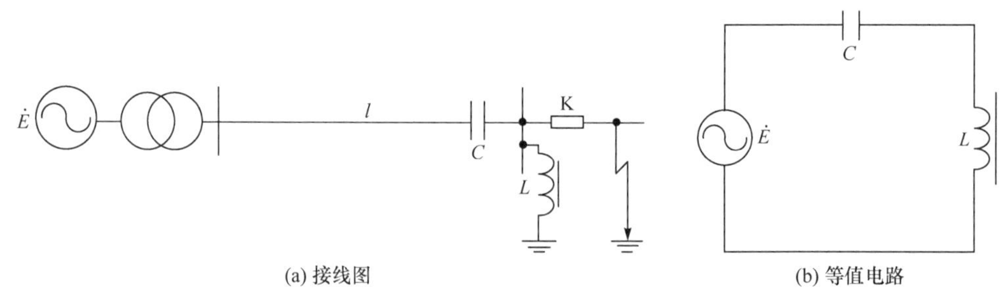

图 8-16 分频谐振时的接线图及等值电路

设电抗器 L 的线性部分电感为 L_0，它与串补电容 C 组成的自振角频率为 $\omega_0 = \dfrac{1}{\sqrt{L_0 C}}$，将 L_0 和 C 用网络补偿度 K_L 和 K_C 表示，而

$$K_L = \frac{1}{\omega L_0 \omega C' l}, \quad K_C = \frac{1}{\omega L' l \omega C'}$$

式中，C' 和 L' 为线路单位长度导线对地电容和电感值；ω 为电源角频率。经变换得

$$\frac{\omega_0}{\omega} = \lambda \sqrt{K_L \cdot K_C}$$

式中

$$\lambda = l\omega \Big/ \frac{1}{\sqrt{L'C'}} = \frac{\omega}{v} l \quad \left(v = \frac{1}{\sqrt{L'C'}} \text{为架空线的波速} \right)$$

通常超高压线路的 $K_L \leqslant 0.8$, $K_C \leqslant 0.4$, 如果线路长度 $l \leqslant 500\text{m}$, 则 $\lambda = 0.52$, 一般有 $\dfrac{\omega_0}{\omega} \leqslant \dfrac{1}{3}$，因此有可能产生 $\dfrac{1}{3}$ 次的分频谐振。

$\dfrac{1}{3}$ 次谐振能否维持下来，还要看回路损耗的大小，损耗大了，$\dfrac{1}{3}$ 次分频谐振就被抑制。

若在电抗器中性点经百欧级的电阻接地，就可阻尼谐振的产生。

习　题

8-1　为什么含有铁心的非线性电感的 LC 串联电路中会出现几个工作点？若回路中有电阻，试分析其工作状态。

8-2　一个线性 LRC 串联回路接通于工频电源，其阻尼率 $\delta=0.05\omega_0$，电源角频率 $\omega=314$，电源电压为 E，合闸相角 $\varphi=\pi/2$，分别计算当 $x_C=3.0x_L$ 和 $x_C=x_L$ 时电容上的稳态电压 u_C。

8-3　某 35kV 系统，线路长度为 30km，末端接有励磁电抗为 3kΩ 的变压器，试画出其等值电路，并分析离电源 10km 处发生单相断线时是否会产生铁磁谐振。线路对地电容 $C_0=0.45\mu F/100km$，相线间互电容 $C_{12}=0.15\mu F/100km$。

8-4　试论述电磁式电压互感器饱和所引起的过电压的物理概念，为什么说在扰动情况下才出现？为什么次级开口三角形接入电阻能抑制过电压的幅值？

第四篇　过电压数值仿真方法

第 9 章　电力系统过电压的数值仿真

在电力系统中，不仅会发生短时的雷电过电压，还会产生长时的内部过电压，再加上线路分布参数特性、各种集中参数元件并存、系统结构复杂等，要对这些暂态过程进行解析求解相当困难，并且为了保证电力系统可靠、安全、经济地运行，在规划、分析和研究电力系统暂态特性时难以采用实验的方法来实现，因此必须采取仿真的手段。电力系统的仿真可分为物理仿真和数值仿真。随着电力系统的发展，系统规模和复杂程度的增加，采取物理模拟的方法对实际系统进行仿真受到限制。电力系统数值仿真具有不受原有系统规模和结构复杂性的限制、保证被研究和实验系统的安全性、具有良好的经济性和便利性、可用于对设计未来系统性能的预测等优点，现已成为分析、研究电力系统必不可少的工具。计算机和数值计算技术的飞速发展，为电力系统数值仿真的发展提供了坚实的基础，使电力系统数值仿真技术得到了迅速的发展。EMTDC/PSCAD 是电力系统暂态仿真软件中应用较为广泛的一种，本章以该软件为例，介绍电力系统的暂态仿真方法。

9.1　EMTDC/PSCAD 简介

Dennis Woodford 于 1976 年在加拿大曼尼托巴水电局开发完成了 EMTDC 的初版，这是一种世界各国广泛使用的电力系统仿真软件，PSCAD 是其用户界面，PSCAD 的开发成功使用户能更方便地使用 EMTDC 进行电力系统分析，使电力系统可视化仿真成为可能。EMTDC/PSCAD 具有大规模的计算容量、完整而准确的元件模型库、稳定高效率的计算内核、友好的界面和良好的开放性等特点，已经被世界各国的科研机构、大学和电气工程师所广泛采用。我国清华大学、浙江大学、中国电力科学研究院和国电南京自动化股份有限公司等都相继引进了 EMTDC/PSCAD。

EMTDC/PSCAD 在时域上描述和求解完整的电力系统微分方程(包括电磁和机电两个系统)，EMTDC/PSCAD 的结果是作为时间的瞬时值被求解。EMTDC/PSCAD 不同于潮流和暂态稳定的模拟工具，后者是用稳态解去描述电路(即电磁过程)，结果只能是基频幅值和相位。所以 EMTDC/PSCAD 在电力系统仿真应用中，更能胜任以下仿真研究情况。

(1) 研究电力系统中由于故障或开关操作引起的过电压，也能模拟变压器的非线性(即饱和)这一关键性因素。

(2) 多运行工具(multiple run facilities)可以用来进行数以百计的模拟仿真，从而确定不同情况下发生故障的最坏情况。

(3) 在电力系统中模拟出雷击发生的过电压，这种模拟必须用非常小的时间步长来进行(毫微秒级)。

(4) 研究电力系统由于 SVC、高压直流接入、STATCOM、变频驱动(事实上任何电力电子装置)所引起的谐波。

(5) 调整和设计控制系统以达到最好的性能。

(6) 当一个大型涡轮发电机系统与串联补偿的线路或电力电子设备互相作用时，研究次同步谐振的影响。

(7) 进行 STATCOM 或电压源转换器的建模，以及它们相关控制的详细建模。

(8) 研究 SVC HVDC 和其他非线性设备之间的相互作用。

(9) 研究谐波谐振、控制、交互作用等引起的不稳定性。

(10) 研究柴油机和风力发电机对电力网的冲击影响。

(11) 绝缘配合。

(12) 各种类型可变速装置的仿真研究，包括双向离子变频器、运输和船舶装置。

(13) 工业系统的仿真研究，包括补偿控制、驱动、电炉、滤波器等。

9.2 PSCAD 工作环境

PSCAD 的工作环境包括用户界面、各工作区域、Workspace 和 Projects 设置。图 9-1 是 PSCAD 的用户应用界面。

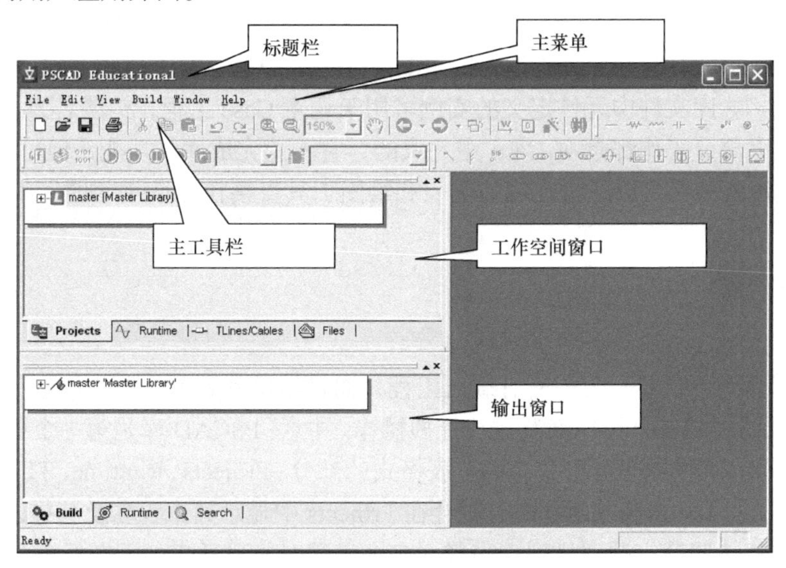

图 9-1 PSCAD 的用户应用界面

9.2.1 常用术语和定义

1. 元件

元件通常代表一个器件模型，有时以框图形式出现，是 PSCAD 中电路的基本组成部

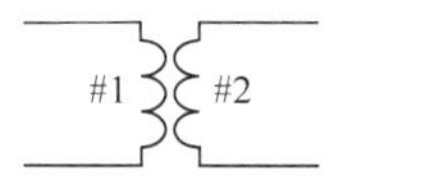

图 9-2　单相变压器元件模型

分。其应用范围比较广泛，通常都有特定的功能，如图 9-2 所示。元件通常包含输入和输出端口，用以连接形成较大的系统。元件模型的参数，如变量和常量，可以双击打开其属性框，通过手动输入。

2. 定义

定义是一个元件的蓝本，可以通过设计编辑器定义其所有参数。一个定义可以包含其图形外观、连接点、输入对话框和模型代码。元件定义并不是图形实体，而是存储在库工程中。存储在库工程中的定义可以在任意工程中生成实例，而案例工程中的定义只限于此工程，不能用于其他工程。

3. 实例

元件实例是元件定义的图形“副本”，即通常所看到的及应用在工程中的实体。准确来讲它不单是副本，因为在一个多元件系统中，同一元件定义可以在一个案例工程中生成多个实例，每一个实例都有自己的实体，而且可以设定不同的参数，甚至是不同于其他实例的图形外观。

4. 模块

模块是一种特殊形式的元件，它由基本元件组合而成，而且可以包含其他模块，从而可以形成分层系统结构。其运行方式相当于普通的元件，除非其不允许参数输入。

5. 工程

PSCAD 允许用户把包括在一个具体仿真里的一切(除了输出文件)存入到一个叫工程的文件中。工程可以包含存放的元件定义、在线画图和在线控制，当然也包含图解结构系统本身。在 PSCAD 中有两种工程类型：库(Library)和算例(Case)。库主要用于存储元件定义及可视元件实例。库文件中元件定义的实例可用于任意 Case 工程，扩展名为“.psl”。对于 Case，用户的大部分工作都是在 Case 中完成的，它不能完成库的功能，但可以进行编译，建立和运行。仿真结果可以通过在线检测表和绘图工具直接在 Case 中观察。其文件扩展名为“.psc”。

9.2.2　工作区介绍

1. 工作空间窗口

工作空间窗口不仅显示当前所有载入工程，而且给出其数据文档、信号、控制、传输线和电缆、显示器件等，并可以对其进行拖拽操作。注意：PSCAD 库是第一个载入的工程，而且不能被卸载。工作空间窗口分为四个表格式的部分：Projects、Runtime、TLines/Cables、Files，如图 9-3 所示。当载入工程时，就会在 Projects 中显示其工程名及其描述。可同时载入多个工程，将按照载入顺序排列。当载入多个工程时，可凭借如下图标来区分各工程当前所处的状态：库工程(Library Project)；未激活案例工程(Inactive Case Projects)；激活案例工程(Active Case Projects)。

Projects 部分主要用于工程间的切换及浏览工程内部，包括直接访问其模块和定义。例如，只要双击列表中的模块，就会直接进入模块的电路页面，双击元件定义则会进入元件编辑页面，双击工程则会进入主页面。前面提到，每一个在 Projects Section 中列出的工程包含其所有的定义以及模块层次，组成标准的树状结构，如图 9-4 所示。

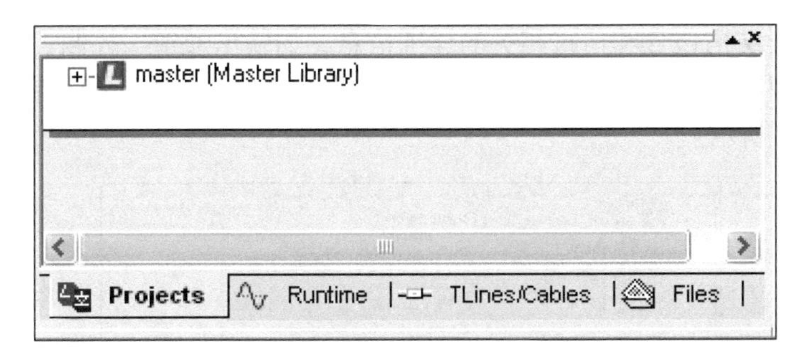

图 9-3　工作空间窗口

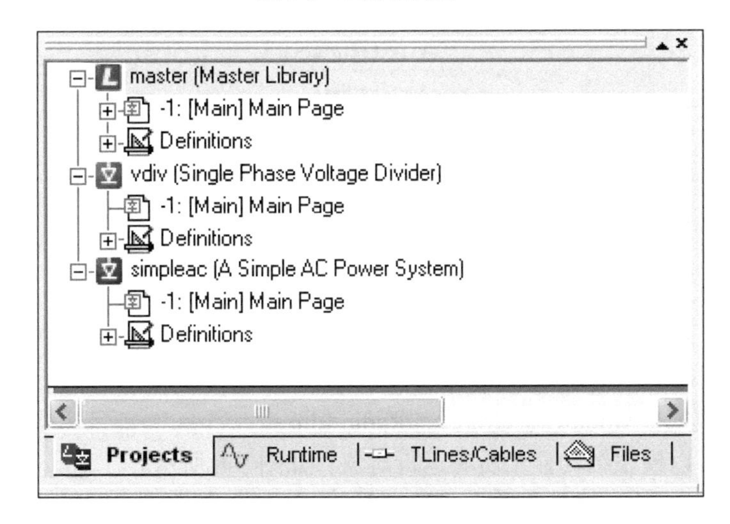

图 9-4　Projects Section 界面

主页面包含了一个工程中所有的模块实例，有助于了解其工程结构，如图 9-5 所示，工程 example01 的主页面中包含 Load、active、Graph、PF 四个模块，而模块 active 又包含了一个模块 ctrl，这些模块组成了工程的基本层次结构。

定义分支(Definitions)包含了工程中元件的定义，而存储于库中的元件定义不在此列。图 9-6 为上例中的定义分支。

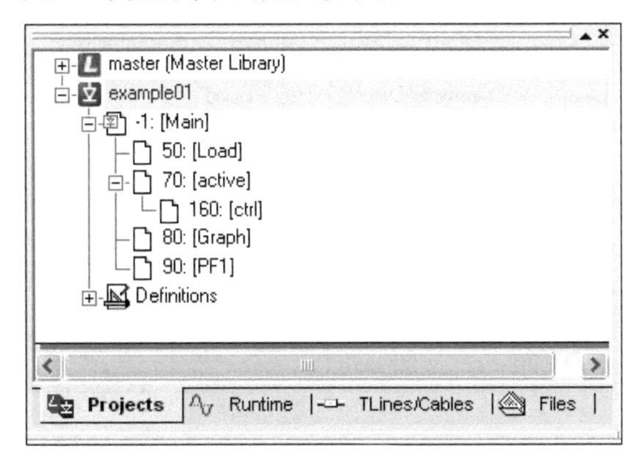

图 9-5　主页面

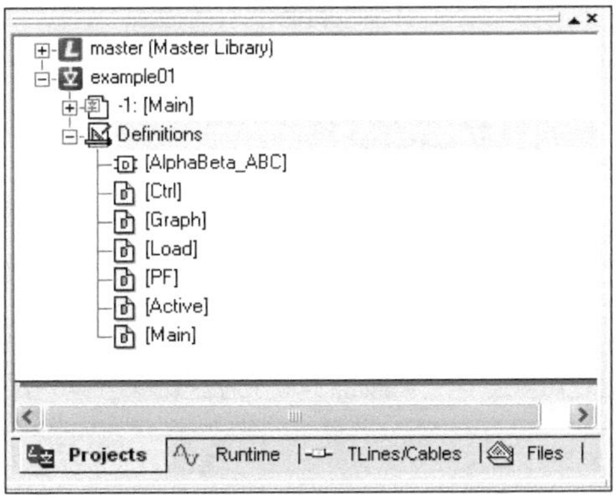

图 9-6　定义分支

Runtime 树形结构包含和运行相关的详细信息，如输出通道、控制、图形等，可以双击名称进入相应界面。注意：只显示当前激活的工程信息。右击 Runtime 界面中的工程名，弹出菜单如图 9-7 所示。

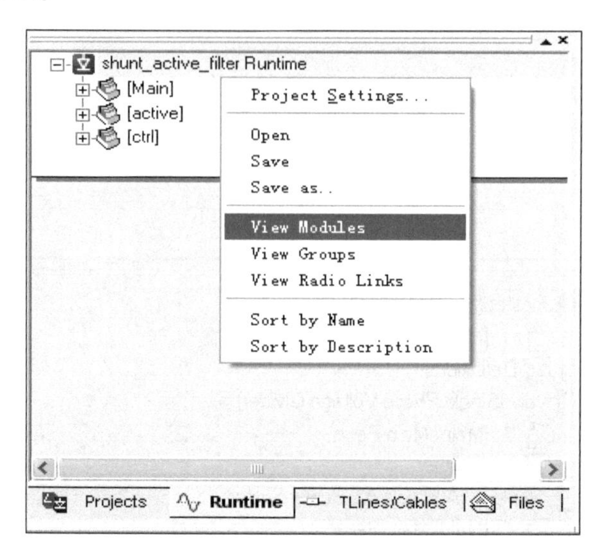

图 9-7　弹出菜单

有三种查看模式：Modules、Groups、Radio Links。

(1) Modules：以模块结构显示所有运行对象，如图 9-8 所示。

(2) Groups：以组的形式显示所有运行对象，如图 9-9 所示。

(3) Radio Links：显示所有无线连接元件，此元件相当于信号传输工具，如图 9-10 所示。

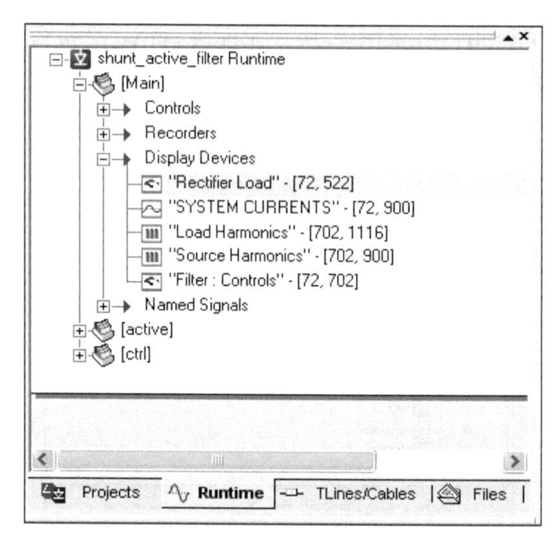

图 9-8　Modules 查看模式

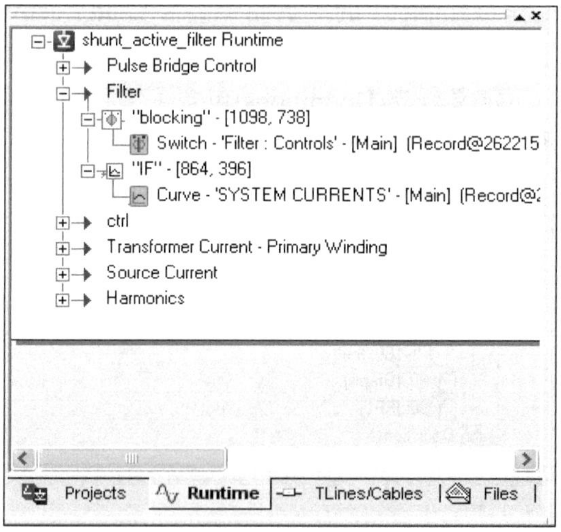

图 9-9　Groups 查看模式

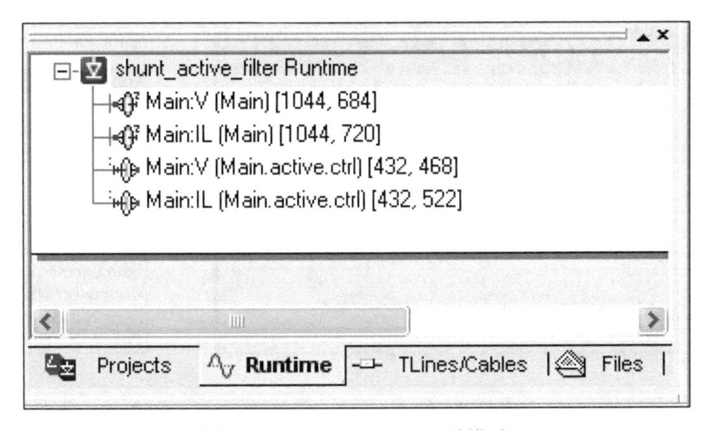

图 9-10　Radio Links 查看模式

2. 输出窗口

输出窗口可以方便地查看仿真反馈和错误警告信息，包括所有由元件、PSCAD 或 EMTDC 引起的错误及警告信息，再细分为 Build 和 Runtime 信息。Build 栏显示主要的元件及 PSCAD 中的错误及警告信息，包括工程的编译、Fortran、数据、图形文件等；Runtime 栏主要提供仿真运行时的错误和警告信息，即来自 EMTDC 算法。另外还有一栏 Search，可显示工程搜索结果。错误和警告(Errors and Warnings)可通过如下图标进行区分：正确，错误，警告。出现警告时，并不会对仿真造成根本性的影响，仍可仿真，但可能影响仿真结果。出现错误时，仿真将会停止。可右击选择 Point to Message source 选项定位信息，如图 9-11 所示。

对于定位信息中显示的内容，可能涉及一些节点或子页面，这时通过搜索功能可以快速定位这些节点，其结果将显示在输出窗口的 Search 栏。单击工具栏中的图标，弹出搜索对话框如图 9-12 所示。也可通过 Search 栏的下拉菜单选择搜索范围如图 9-13 所示，输入所需查找信息的关键字即可。

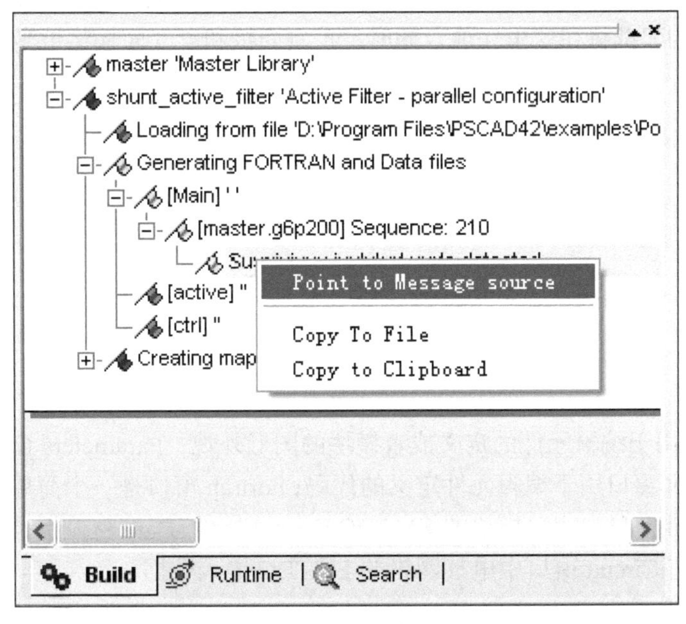

图 9-11　定位信息

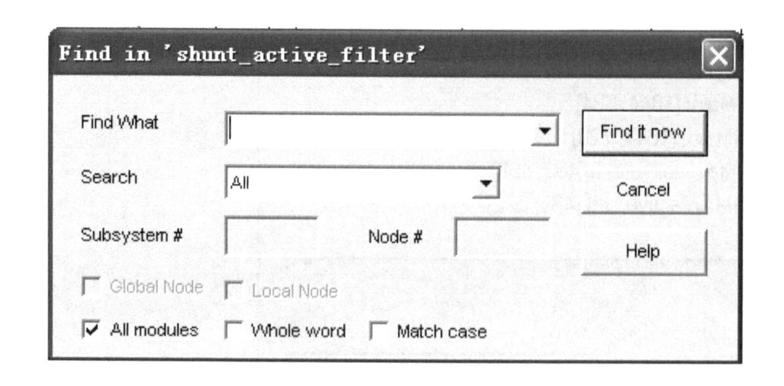

图 9-12　搜索对话框

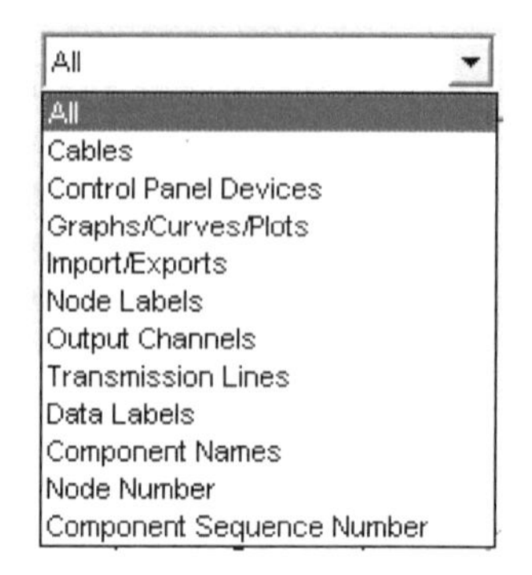

图 9-13　下拉菜单选择搜索范围

3. 设计编辑器

设计编辑器从某种程度上来说是 PSCAD 仿真环境中最重要的一部分，也是完成大部分工作的地方。它主要用于仿真电路图的构建，并包含元件定义编辑器。

当打开一个工程时，设计编辑器会自动打开，如图 9-14 所示，分为六个子窗口。

图 9-14　设计编辑器子窗口

可以看到有一些栏是不可用的，即灰色。这取决于用户所要查看的内容以及这个工程是否已经编译过。Graphic、Parameters 和 Script 栏只用于元件设计，只有在编译一个元件定义时才可用。而当打开一个模块页面时，Graphic 栏也会被激活。按住 Ctrl 键同时双击元件，可以编辑一个元件的定义，或者右击元件，选择 Edit Definition 选项。

Circuit 窗口是工程打开时的默认查看窗口，PSCAD 中的大部分设计工作以及所有的控制和电气电路的构建都将在这里完成。此时，控制面板和电气面板将被激活，如图 9-15、图 9-16 所示。

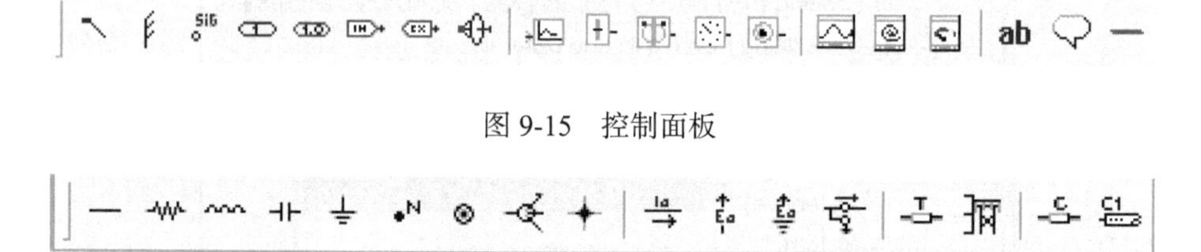

图 9-15　控制面板

图 9-16　设计面板

Graphic 窗口用于编辑元件的定义或者模块的图形外观；Parameters 窗口用于编辑元件定义的参数；Script 窗口用于编辑元件定义的代码；Fortran 窗口是一个简单的文本查看器，提供与当前 Circuit 窗口中相关模块的 EMTDC Fortran 文件；Data 窗口也是一个简单的文本查看器，显示当前 Circuit 窗口中电气网络的 EMTDC 输入数据。

9.3 PSCAD 的基本操作

9.3.1 建立工程

新建工程如图 9-17 所示。选择所要建立工程的类型，将会在工作区窗口出现一个名为 noname 的新工程，如图 9-18 所示。也可以单击工具栏中的新工程按钮 🗋，或按 Ctrl+N 键建立新工程，保存时可以更改工程名。

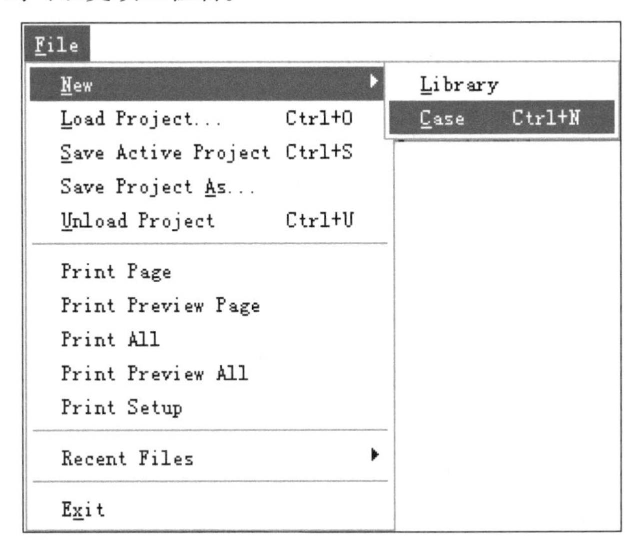

图 9-17 新建工程

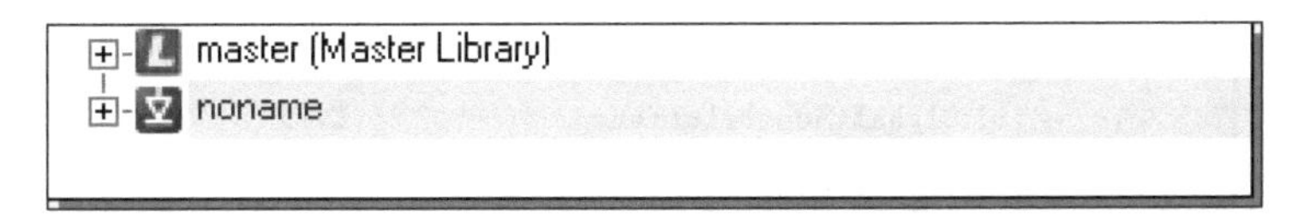

图 9-18 新工程

加载工程，如图 9-19 所示，将会出现图 9-20 所示对话框，包含所有 PSCAD 默认工程文件(*.psc，*.psl)，从中选择所要加载的工程。也可单击工具栏中的按钮 📂 或按 Ctrl+O 键加载工程。右击工程名，在弹出菜单中选择 Open 选项，即可打开工程，也可以双击工程名打开，如图 9-21 所示。如果有多个工程文件同时打开，PSCAD 需要知道是哪一个工程处于激活状态，就需要设定“激活工程”。在工作区窗口中，右击要激活的工程，如图 9-21 所示，选择 Set as Active 选项，那么仿真就是针对此激活工程进行的。

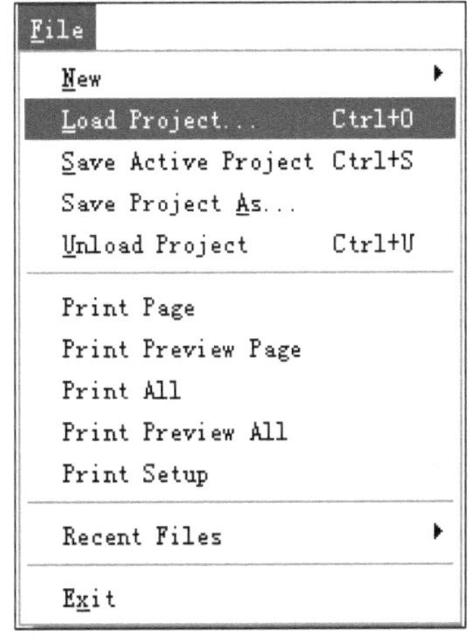

图 9-19 加载工程

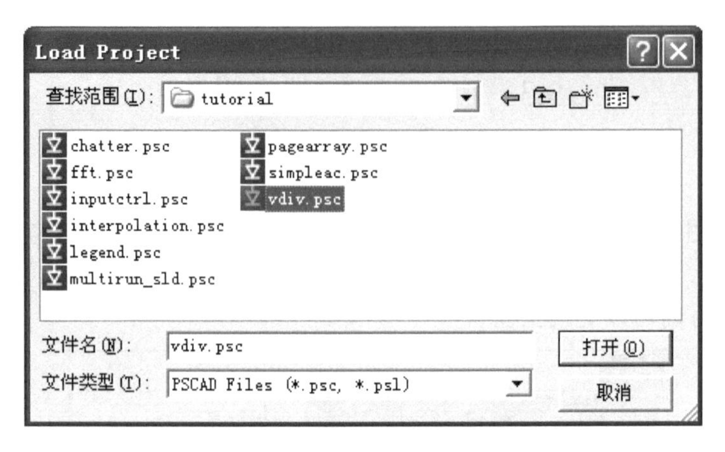

图 9-20　加载对话框

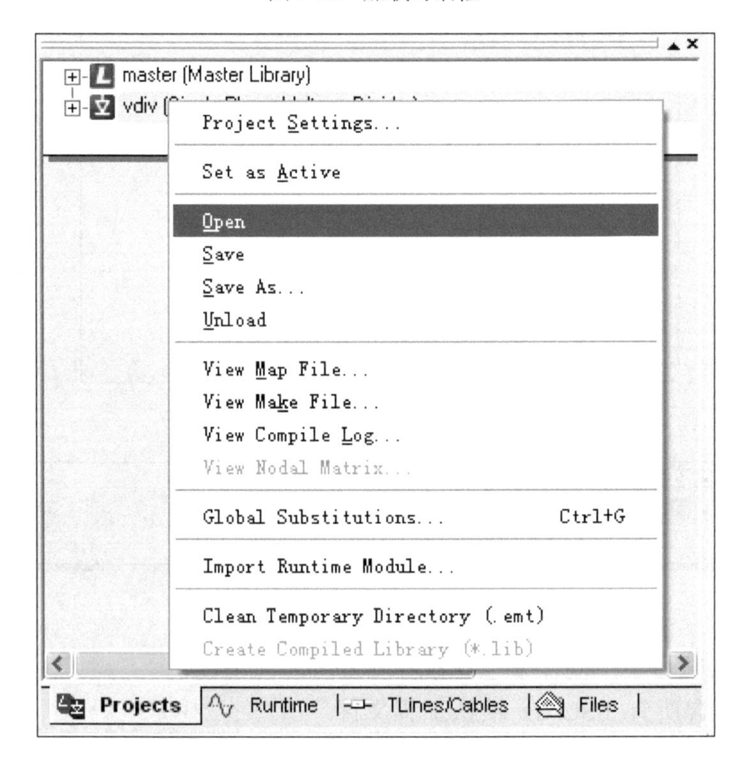

图 9-21　打开工程

其他针对工程的设定，用户可以通过以上方法来操作，如工程的保存、卸载等。下面针对单个工程文件，对其工程参数进行设置，右击工程名，可看到菜单如图 9-22 所示，打开 Project Settings 对话框，用户可根据需要设置，如图 9-23 所示。

9.3.2　添加元件和模块

PSCAD 的元件都存放在库工程中。打开软件后，工作区窗口中会自动加载库文件 master (Master Library) ，双击它可打开，如图 9-24 所示。

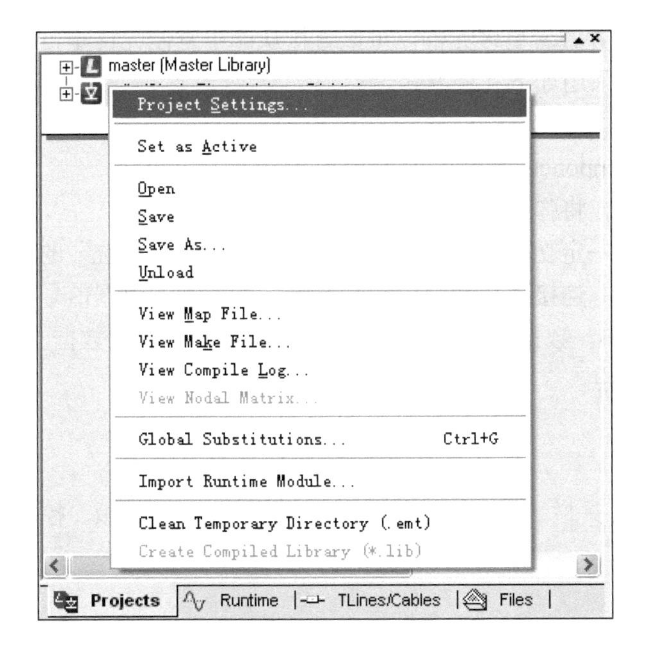

图 9-22　参数设置菜单

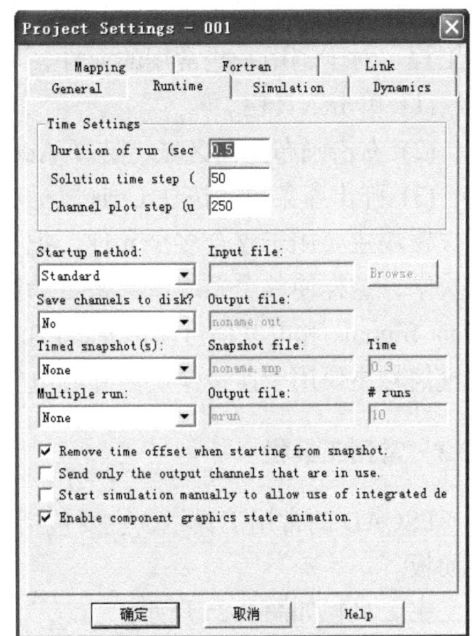

图 9-23　参数设置对话框

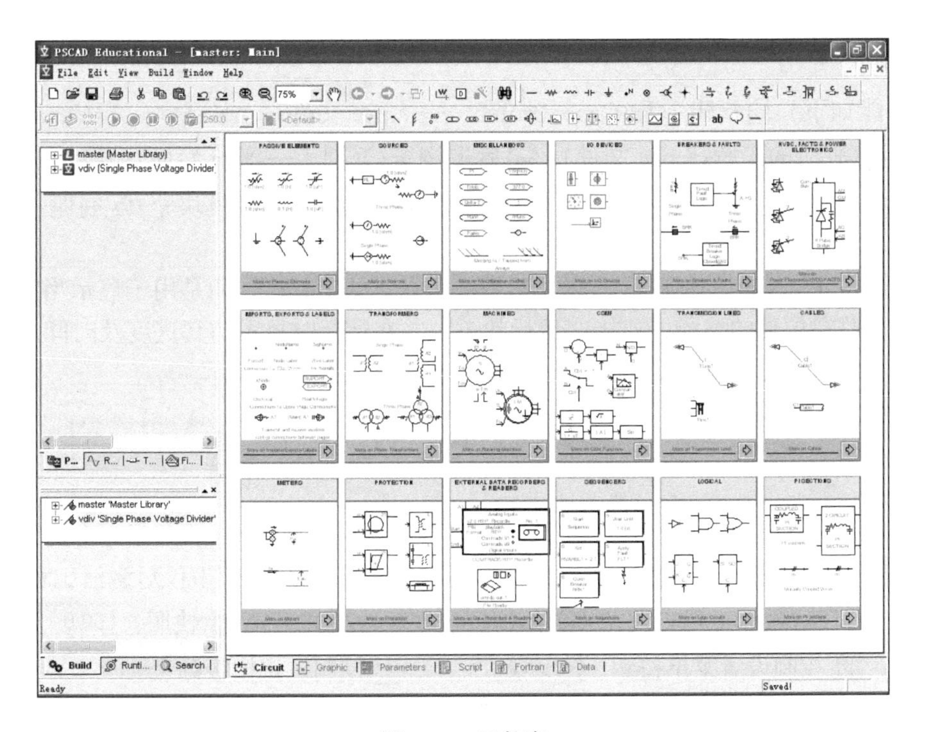

图 9-24　元件库

所有元件都按类分成 18 组，具体为：无源元件，电源，混合元件，I/O 器件，断路器和故障设置，HVDC、FACTS 和电力电子元件，输入、输出和标签，变压器，电机，连续系统功能模型，传输线，电缆，表计，保护，外部数据记录及读取，定序器，逻辑元件，

PI 部件。双击每个图框的下部，即可打开并查看更多元件。可以直接从库中复制元件至目标工程。对于调用一些常用的元件，可以采用如下几种方式。

(1) 单击工具栏。

(2) 右击画布空白区域，选择 Add Component 选项。

(3) 弹出库菜单，按住 Ctrl+鼠标右键，将弹出库菜单选项。

模块主要用于整合多个元件，把具有一定功能的元件组放入一个可称为“子系统”的模块中，这样使整个系统看起来更为简洁。连接模块和外部电路的信号有两种：数据信号(Data Signals)和电气信号(Electrical Signals)。数据信号主要用于传递模块内和外部的数据。电气信号主要用于连接模块内外的电气节点。

9.3.3 常用工具栏

PSCAD 的常用工具栏，主要包括主工具栏、状态栏、翻转栏、运行栏、电气面板、控制面板。

主工具栏如图 9-25 所示。

图 9-25 主工具栏

其功能如下：新建工程(Case Project——*.psc 文件)；载入工程(*.psc 文件)；保存当前激活的工程(*.psc 文件)；后退浏览(返回上一浏览界面)；前进浏览；返回上一模块层；激活画线模式；创建一个新的默认模块；创建一个新的元件。

状态栏在 PSCAD 的最底层，它并不是一个真正的工具栏，而是用于显示当前工程状态。例如，监视仿真的编译、连接、运行状态，并在运行时显示仿真进度及时间。翻转栏主要用于器件的翻转，使电路的构建更方便。运行栏如图 9-26 所示。

图 9-26 运行栏

功能如下：编译改动模块(仅对激活工程有效)；编译所有模块(仅对激活工程有效)；0101 1001 构建工程(仅对激活工程有效)；单步运行(在暂停模式下)；快照；50.0 改变绘图步长；控制设置菜单按钮；<Default> 控制设置模板列表。

电气面板如图 9-27 所示，包含电路构建所需常用的电气元件。

图 9-27 电气面板

功能如下：节点标签；外部节点；分叉；连接点；电流表；电压表；

接地电压表；架空线；架空线接口；电缆；电缆接口。

控制面板如图 9-28 所示，提供常用控制元件。

图 9-28 控制面板

功能如下：数据抽头；数据合并；数据标签；常整数；实常数；输入；输出；无线连接；输出通道；滑动开关；开关；拨码开关；按钮；图形框；相量图；X-Y 直角坐标；控制面板；ab注释框；附着注释；分隔线。

9.3.4 在线绘图和控制

PSCAD 为用户提供了一些特殊的运行元件用于在线控制输入数据，并且可以记录及显示 EMTDC 输出数据，如图形框、图表、曲线和一些仪表。用户可以直接控制 EMTDC 的输入变量，可以在仿真运行时改变这些变量。对于输出的图形信息或者整个图形框，用户可以把其作为图片复制出来，或者提取其中的变量数据信息。

1. 控制或显示数据的获取

因为 PSCAD 是 EMTDC 仿真算法引擎的图形用户界面，所以为了控制输入变量或观察仿真数据，用户必须给 EMTDC 提供一些控制或观察变量的指令，在 PSCAD 中即表现为一些特殊的元件或运行对象。记录、显示或控制任何 PSCAD 中的数据信号，必须首先把信号连接到运行对象上，运行对象被分成三组。

(1) 控制器：滑动开关、开关、拨码盘、按钮。

(2) 记录器：输出通道、PTP/COMTRADE 记录器。

(3) 显示器：控制面板、图形框、XY 直角坐标绘图、万用表、相量计。

每个运行对象都有其特定功能，也可联合使用达到控制或显示数据的目的。提取输出数据：使用输出通道元件导出所需信号，用于图形或表计的在线显示，或送到输出文件。如图 9-29 所示，测量电路中某点对地电压，从电压表中导出数据并显示，或者导出某一未命名信号数据。

注意：输出通道不能直接连接在电气线上，如图 9-29 左侧电压表测电压处，必须间接转换数据。除此之外，可以连接到任意数据信号。

控制输入数据可使用控制运行对象(如滑动开关、拨码盘、开关或按钮)控制输入数据，作为源或特定数据信号。只需在 PSCAD 电路画布上添加相应控制对象即可，如图 9-30 所示。

注意：此时控制对象不能手动调节，即呈现灰色，只有在连接控制接口时才能进行手动调节。

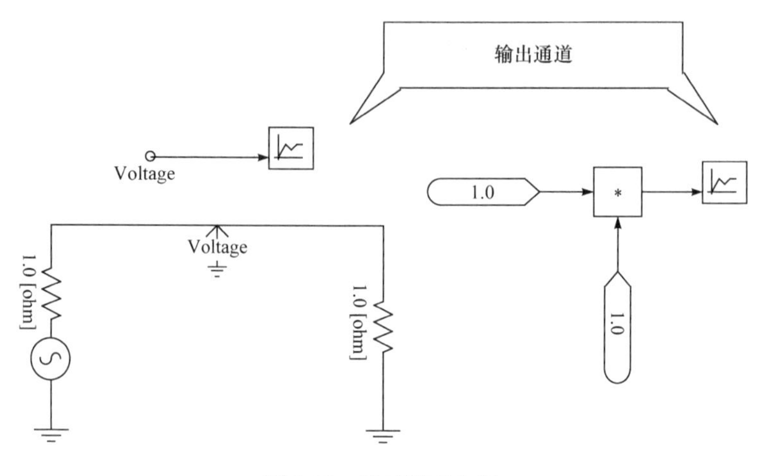

图 9-29　测量某点电压

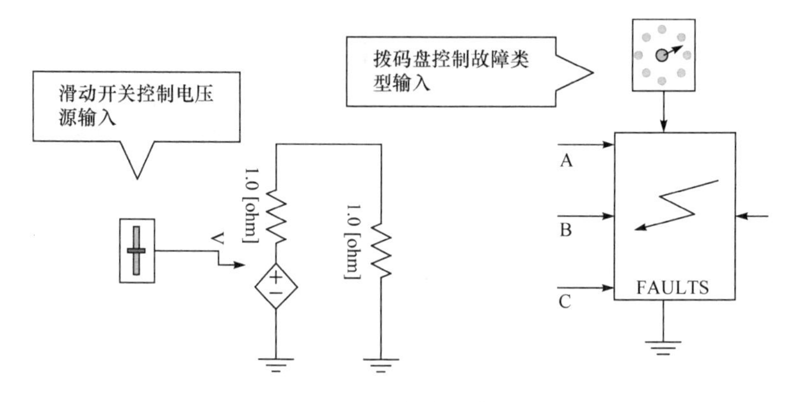

图 9-30　控制输入数据

2. 图形框

图形框用于显示多个图形，放置在电路画布的任何位置，并可根据用户需要添加任意多个图形。图形框只用于绘制曲线-时间图，所以其水平轴始终是 EMTDC 的仿真时间。如果需要绘制其他变量的曲线，可参考 XY 直角坐标系绘图。添加一个图形框时可单击控制板上的图形框图标 ，画布上出现如图 9-31 所示的图形框，其大小可调。

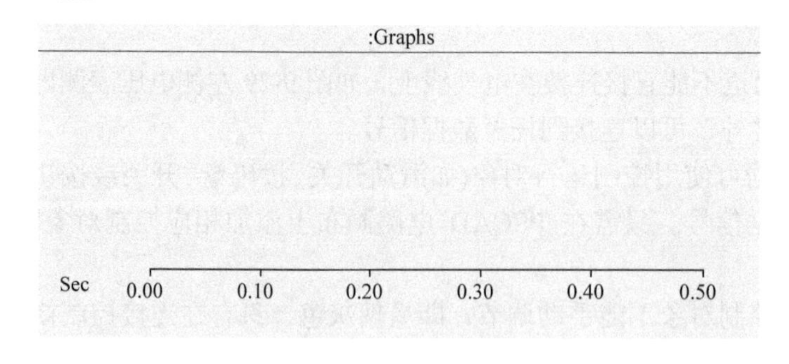

图 9-31　图形框

设置图形框属性可双击其标题栏，或右击选择 Graphic Frame Properties 选项，出现如

图 9-32 所示对话框，用户可根据需要调节其中参数。

3. 调节水平轴属性

双击横轴坐标线，或右击选择 Axis Properties 选项，弹出如图 9-33 所示对话框。

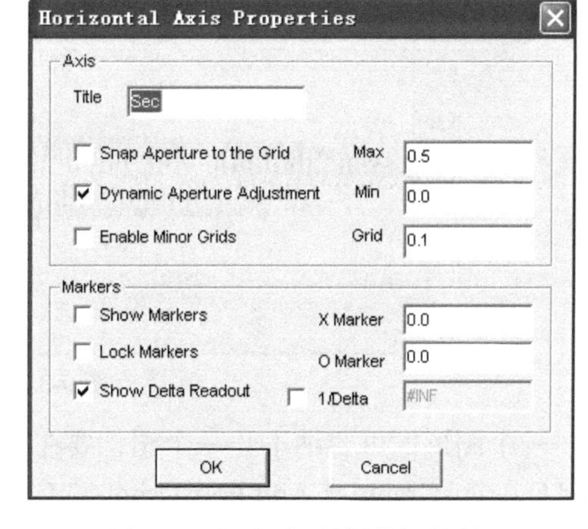

图 9-32　设置图形框属性对话框　　图 9-33　调整水平轴属性对话框

4. 图、曲线及轨迹

图只能通过图形框来显示，在 PSCAD 中有两种图：重叠图和多图。一个图可以显示多个曲线，这些曲线都基于同一个 y 轴尺度。曲线是一串用来描述图形的数据点，每个点代表一个仿真步长点。曲线由连接到输出通道的元件产生，可以是标量(一维信号)或多维数据信号。所以一个曲线可以是多维的，包含很多子曲线或轨迹，每一个轨迹对应一维数据值。三者之间的关系如图 9-34、图 9-35 所示。

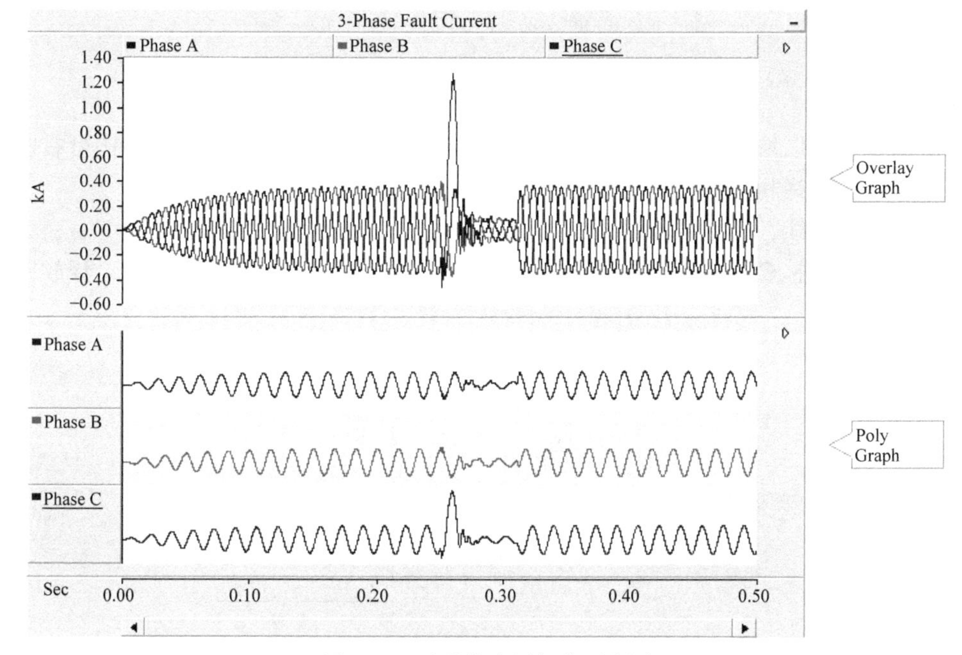

图 9-34　重叠仿真图与分列多图

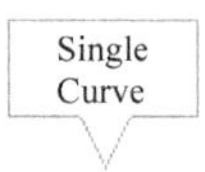

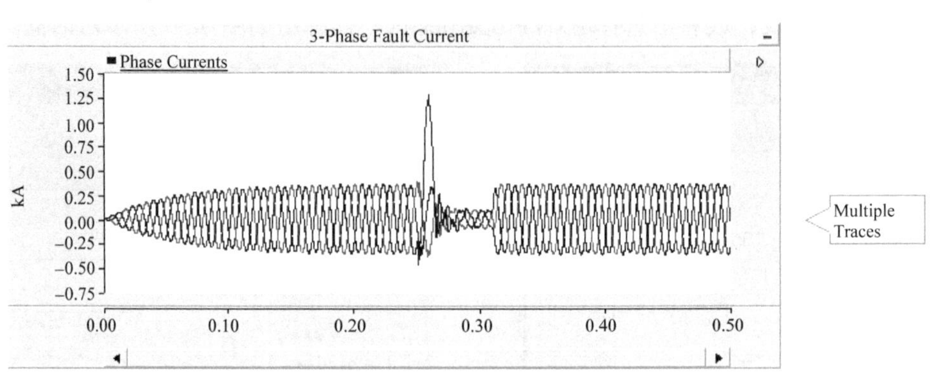

图 9-35　重叠仿真图

一个图形框可容纳不止一个图，要在一个图形框中添加图可右击图形框标题栏，选择 Add Overlay Graph 或 Add Poly Graph 选项，或者单击图形框，按 Insert 键，将会出现图 9-36 所示界面。

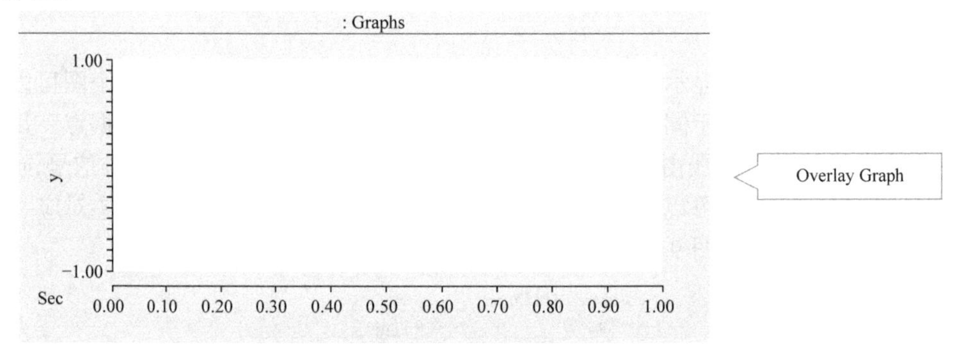

图 9-36　添加图界面

双击图中空白区域，在弹出的对话框中可改变其属性，其他针对图的操作可右击它，在弹出的菜单中选择相应选项。

在图中添加曲线，有两种方法。

(1) 拖放：按住 Ctrl 键，单击想要得到曲线的输出通道，拖至一个图中，释放鼠标，如图 9-37 所示。

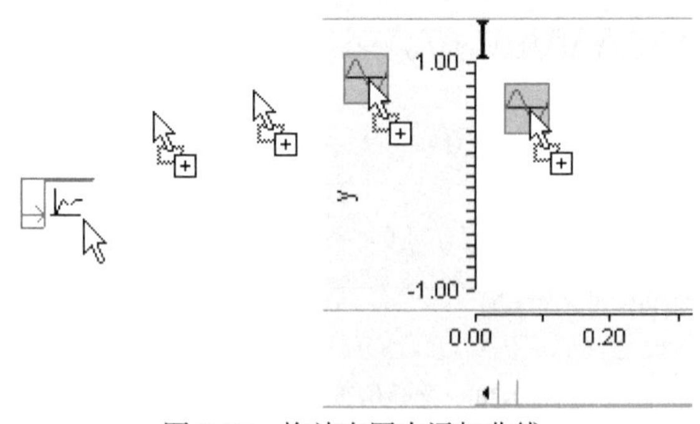

图 9-37　拖放在图中添加曲线

(2) 输入输出参考：右击输出通道元件，选择 Input/Output Reference| Add as Curve 选项，然后选择所要放置曲线的图，右击并选择 Paste Curve 选项，如图 9-38 所示。

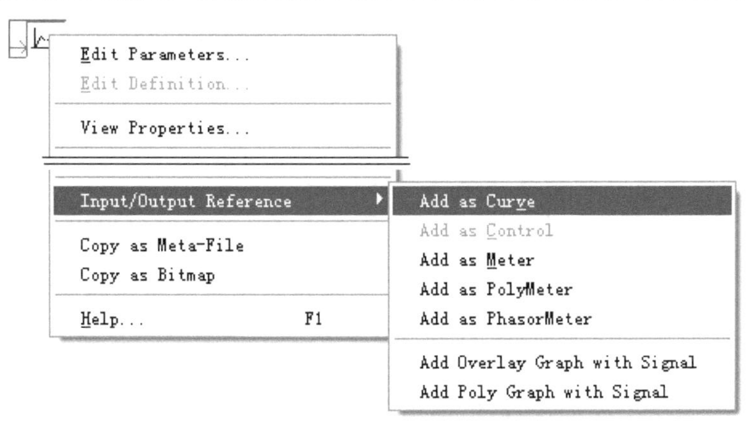

图 9-38 输入输出参考在图中添加曲线

9.4 雷电过电压仿真示例

1. 雷电源模型

根据雷电流幅值分布概率，按规程建议取波形为斜角平顶波、负极性，作为主要研究波形。仿真采用雷电流的波形按照通常情况下的 2.6/50μs，取雷电流 216kA，并取为负极性。按照前面使用双指数函数的电流模型对 2.6/50 μs 雷电流的波形的拟合结果，雷电模型使用的表达式为

$$i = 1.1157(e^{-15900t} - e^{-71200t})$$

反击时雷电通道的波阻抗 Z_0 取 300Ω。仿真模型如图 9-39 所示。

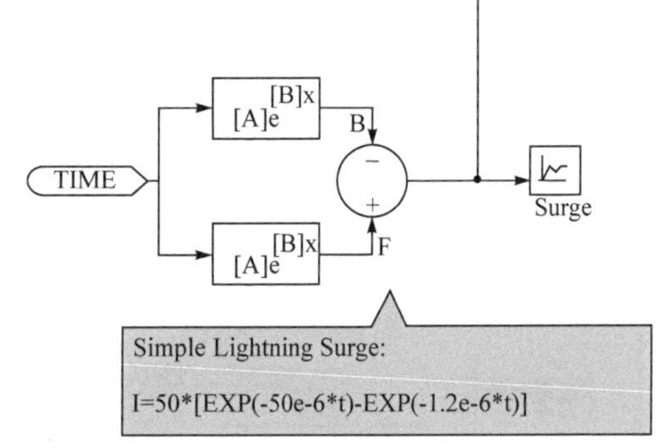

图 9-39 雷电源模型

2. 避雷器模型

EMTDC/PSCAD 已有避雷器模型，仅需对避雷器的型号、伏安特性进行设置。运用 PSCAD 仿真计算时，在提示框内直接输入该型号避雷器在各个电流下的电压值和避雷器的参考电压，程序自动拟合生成其计算所需的伏安特性曲线。仿真模型搭建如图 9-40 所示。

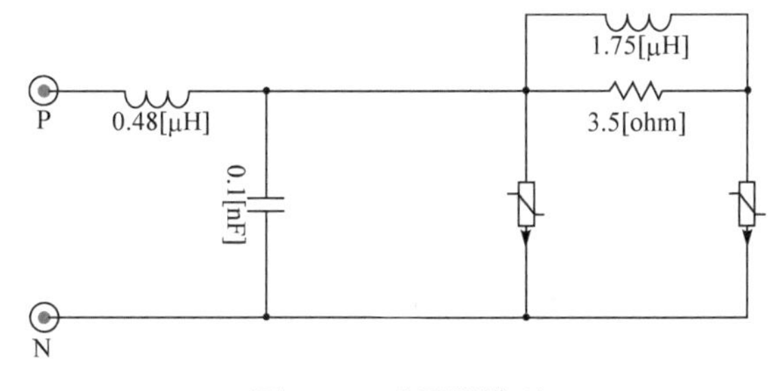

图 9-40 避雷器模型

3. 建立完整的 PSCAD 模型

完善杆塔和输电线路的 PSCAD 模型，完整的雷电仿真模型如图 9-41 所示。

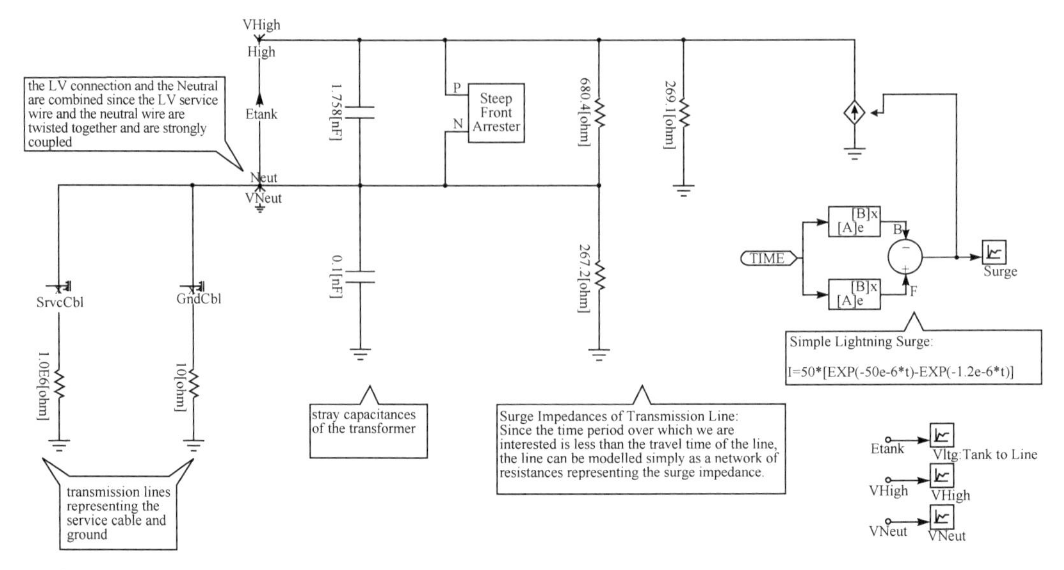

图 9-41　雷电仿真模型

4. 设置仿真参数进行仿真

如图 9-42 所示，正确设置仿真步长和仿真算法等参数，进行仿真，即可得到理想的仿真结果，如图 9-43～图 9-46 所示。

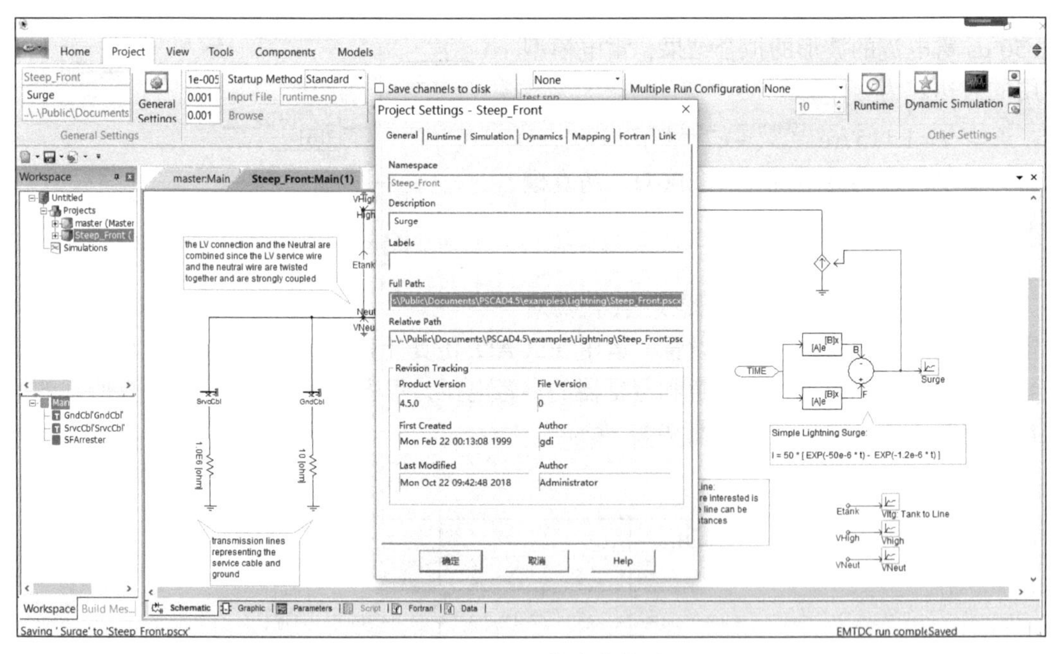

图 9-42　PSCAD 仿真参数设置

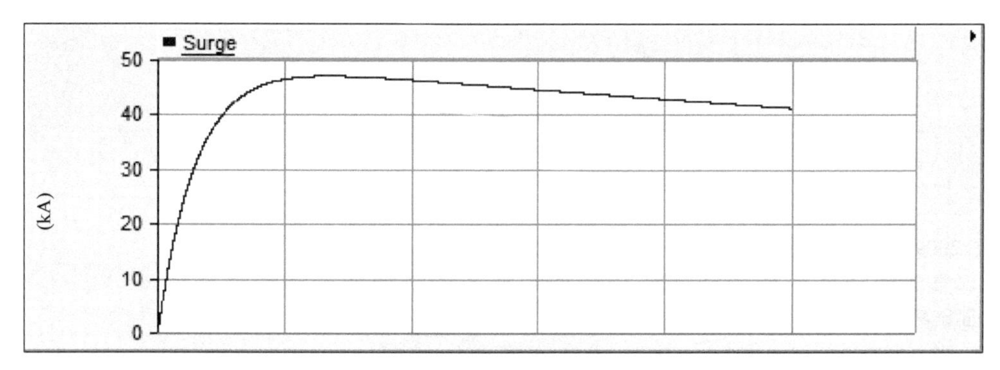

图 9-43　雷电冲击电流

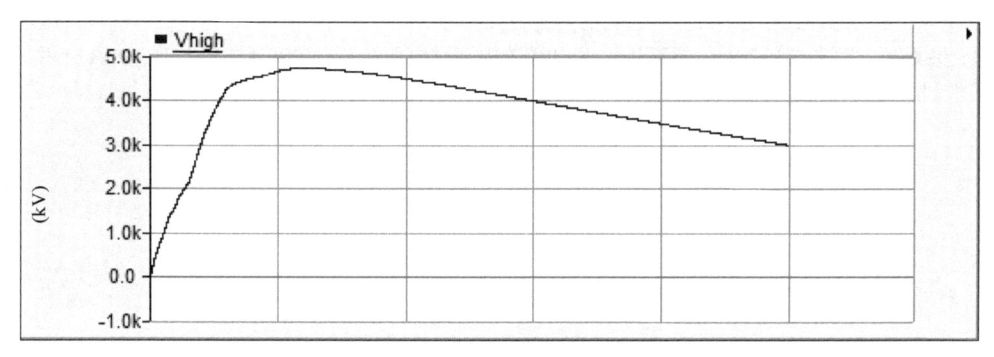

图 9-44　相雷电冲击电压

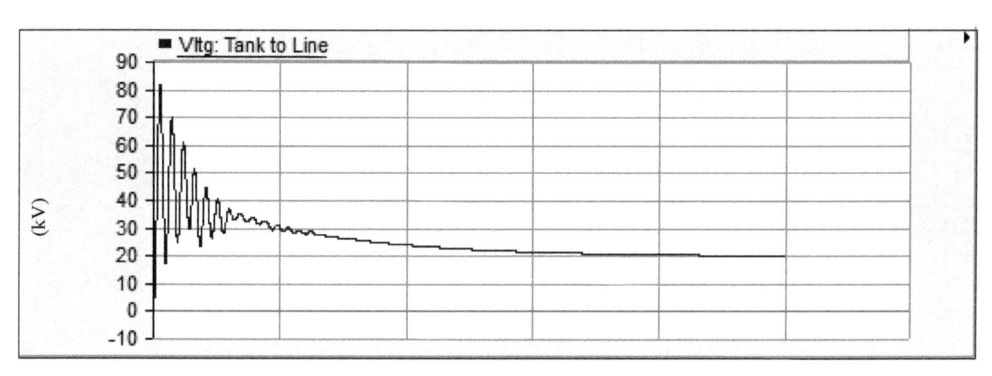

图 9-45　相与中性线间冲击电压

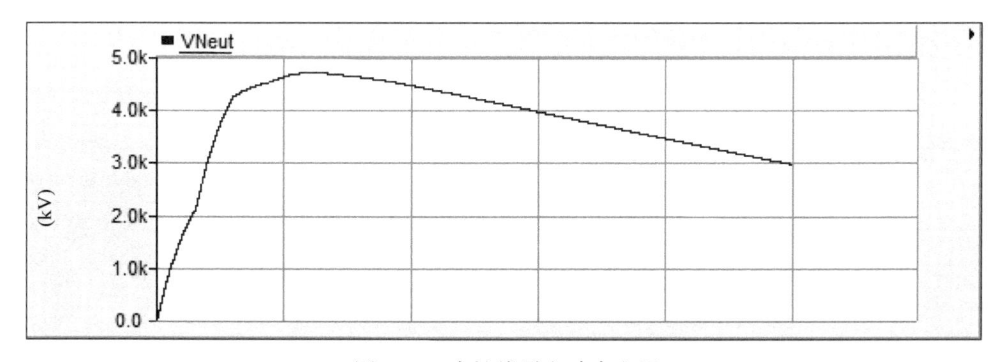

图 9-46　中性线雷电冲击电压

参 考 文 献

鲁铁成, 2009. 电力系统过电压. 北京: 中国水利水电出版社.
施围, 郭洁, 2006. 电力系统过电压计算. 2 版. 北京: 高等教育出版社.
施围, 邱毓昌, 张乔根, 2006. 高电压工程基础. 北京: 机械工业出版社.
屠志健, 张一尘, 2005. 电力绝缘与过电压. 北京: 中国电力出版社.
吴广宁, 2015. 过电压防护的理论与技术. 北京: 中国电力出版社.
解广润, 1985. 电力系统过电压. 北京: 水利电力出版社.
张叔禹, 吴集光, 曹斌, 等, 2014. 超高压输变电系统内部过电压分析与 PSCAD/EMTDC 仿真应用. 北京: 中国水利水电出版社.